计算机基础与实训教材系列

U0146508

中文版
3ds Max 9三维动画创作
实用教程

张瑞兰 编著

清华大学出版社

北 京

内 容 简 介

本书由浅入深、循序渐进地介绍了 3ds Max 9 三维动画制作软件的使用方法。全书共分 12 章，详细介绍了 3ds Max 入门基础、对象的基本变换、创建与编辑基本参数模型、NURBS 建模、复合建模、使用修改器编辑模型对象、设计材质与贴图、设计灯光和摄影机、设置环境与效果、制作基础动画和粒子动画、制作简单角色动画以及动画的渲染与输出。此外，本书还通过多个上机练习来帮助用户巩固本书所介绍的三维动画制作知识。

本书内容丰富，结构清晰，语言简练，图文并茂，具有很强的实用性和可操作性，是一本适合于大中专院校、职业院校及各类社会培训学校的优秀教材，也是广大初、中级电脑用户的自学参考书。

本书对应的电子教案、实例源文件和习题答案可以到 http://www.tupwk.com.cn/edu 网站下载。

图书在版编目(CIP)数据

中文版 3ds Max 9 三维动画创作实用教程/ 张瑞兰 编著. —北京：清华大学出版社，2009.1
(计算机基础与实训教材系列)
ISBN 978-7-302-18924-4

Ⅰ. 中…　Ⅱ. 张…　Ⅲ. 三维—动画—图形软件，3DS MAX 9—教材　Ⅳ. TP391.41

中国版本图书馆 CIP 数据核字(2008)第 180388 号

责任编辑：胡辰浩(huchenhao@263.net)　袁建华
装帧设计：孔祥丰
责任校对：成凤进
责任印制：孟凡玉

出版发行：清华大学出版社　　　　　　　地　　　址：北京清华大学学研大厦 A 座
　　　　　http://www.tup.com.cn　　　邮　　　编：100084
　　　社　　总　　机：010-62770175　　邮　　　购：010-62786544
　　　投稿与读者服务：010-62776969，c-service@tup.tsinghua.edu.cn
　　　质　量　反　馈：010-62772015，zhiliang@tup.tsinghua.edu.cn
印　装　者：北京鑫海金澳胶印有限公司
经　　　销：全国新华书店
开　　　本：190×260　印　张：19.5　字　　数：512 千字
版　　　次：2009 年 1 月第 1 版　　印　　次：2009 年 1 月第 1 次印刷
印　　　数：1～5000
定　　　价：30.00 元

丛书序

计算机已经广泛应用于现代社会的各个领域，熟练使用计算机已经成为人们必备的技能之一。因此，如何快速地掌握计算机知识和使用技术，并应用于现实生活和实际工作中，已成为新世纪人才迫切需要解决的问题。

为适应这种需求，各类高等院校、高职高专、中职中专、培训学校都开设了计算机专业的课程，同时也将非计算机专业学生的计算机知识和技能教育纳入教学计划，并陆续出台了相应的教学大纲。基于以上因素，清华大学出版社组织一线教学精英编写了这套"计算机基础与实训教材系列"丛书，以满足大中专院校、职业院校及各类社会培训学校的教学需要。

一、丛书书目

本套教材涵盖了计算机各个应用领域，包括计算机硬件知识、操作系统、数据库、编程语言、文字录入和排版、办公软件、计算机网络、图形图像、三维动画、网页制作以及多媒体制作等。众多的图书品种，可以满足各类院校相关课程设置的需要。

◉　第一批出版的图书书目

《计算机基础实用教程》	《中文版 AutoCAD 2009 实用教程》
《计算机组装与维护实用教程》	《AutoCAD 机械制图实用教程(2009 版)》
《五笔打字与文档处理实用教程》	《中文版 Flash CS3 动画制作实用教程》
《电脑办公自动化实用教程》	《中文版 Dreamweaver CS3 网页制作实用教程》
《中文版 Photoshop CS3 图像处理实用教程》	《中文版 3ds Max 9 三维动画创作实用教程》
《Authorware 7 多媒体制作实用教程》	《中文版 SQL Server 2005 数据库应用实用教程》

◉　即将出版的图书书目

《中文版 Word 2003 文档处理实用教程》	《中文版 3ds Max 2009 三维动画创作实用教程》
《中文版 PowerPoint 2003 幻灯片制作实用教程》	《中文版 Indesign CS3 实用教程》
《中文版 Excel 2003 电子表格实用教程》	《中文版 CorelDRAW X3 平面设计实用教程》
《中文版 Access 2003 数据库应用实用教程》	《中文版 Windows Vista 实用教程》
《中文版 Project 2003 实用教程》	《电脑入门实用教程》
《中文版 Office 2003 实用教程》	《Java 程序设计实用教程》
《Oracle Database 11g 实用教程》	《JSP 动态网站开发实用教程》
《Director 11 多媒体开发实用教程》	《Visual C#程序设计实用教程》
《中文版 Premiere Pro CS3 多媒体制作实用教程》	《网络组建与管理实用教程》
《中文版 Pro/ENGINEER Wildfire 5.0 实用教程》	《Mastercam X3 实用教程》
《ASP.NET 3.5 动态网站开发实用教程》	《AutoCAD 建筑制图实用教程(2009 版)》

二、丛书特色

1、选题新颖，策划周全——为计算机教学量身打造

本套丛书注重理论知识与实践操作的紧密结合，同时突出上机操作环节。丛书作者均为各大院校的教学专家和业界精英，他们熟悉教学内容的编排，深谙学生的需求和接受能力，并将这种教学理念充分融入本套教材的编写中。

本套丛书全面贯彻"理论→实例→上机→习题"4 阶段教学模式，在内容选择、结构安排上更加符合读者的认知习惯，从而达到老师易教、学生易学的目的。

2、教学结构科学合理，循序渐进——完全掌握"教学"与"自学"两种模式

本套丛书完全以大中专院校、职业院校及各类社会培训学校的教学需要为出发点，紧密结合学科的教学特点，由浅入深地安排章节内容，循序渐进地完成各种复杂知识的讲解，使学生能够一学就会、即学即用。

对教师而言，本套丛书根据实际教学情况安排好课时，提前组织好课前备课内容，使课堂教学过程更加条理化，同时方便学生学习，让学生在学习完后有例可学、有题可练；对自学者而言，可以按照本书的章节安排逐步学习。

3、内容丰富、学习目标明确——全面提升"知识"与"能力"

本套丛书内容丰富，信息量大，章节结构完全按照教学大纲的要求来安排，并细化了每一章内容，符合教学需要和计算机用户的学习习惯。在每章的开始，列出了学习目标和本章重点，便于教师和学生提纲挈领地掌握本章知识点，每章的最后还附带有上机练习和习题两部分内容，教师可以参照上机练习，实时指导学生进行上机操作，使学生及时巩固所学的知识。自学者也可以按照上机练习内容进行自我训练，快速掌握相关知识。

4、实例精彩实用，讲解细致透彻——全方位解决实际遇到的问题

本套丛书精心安排了大量实例讲解，每个实例解决一个问题或是介绍一项技巧，以便读者在最短的时间内掌握计算机应用的操作方法，从而能够顺利解决实践工作中的问题。

范例讲解语言通俗易懂，通过添加大量的"提示"和"知识点"的方式突出重要知识点，以便加深读者对关键技术和理论知识的印象，使读者轻松领悟每一个范例的精髓所在，提高读者的思考能力和分析能力，同时也加强了读者的综合应用能力。

5、版式简洁大方，排版紧凑，标注清晰明确——打造一个轻松阅读的环境

本套丛书的版式简洁、大方，合理安排图与文字的占用空间，对于标题、正文、提示和知识点等都设计了醒目的字体符号，读者阅读起来会感到轻松愉快。

三、读者定位

本丛书为所有从事计算机教学的老师和自学人员而编写，是一套适合于大中专院校、职业院校及各类社会培训学校的优秀教材，也可作为计算机初、中级用户和计算机爱好者的学习计算机知识的自学参考书。

四、周到体贴的售后服务

为了方便教学，本套丛书提供精心制作的 PowerPoint 教学课件(即电子教案)、素材、源文件、习题答案等相关内容，可在网站上免费下载，也可发送电子邮件至 wkservice@vip.163.com 索取。

此外，如果读者在使用本系列图书的过程中遇到疑惑或困难，可以在丛书支持网站(http://www.tupwk.com.cn/edu)的互动论坛上留言，本丛书的作者或技术编辑会及时提供相应的技术支持。咨询电话：010-62796045。

随着计算机技术的迅猛发展，3D 动画制作技术已经广泛应用于人们日常生活中的各行各业，3ds Max 集众多软件之长，提供了非常丰富的造型建模方法及更好的材质渲染功能。它是目前 Windows 平台上最为流行的三维动画软件之一。

本书从教学实际需求出发，合理安排知识结构，从零开始、由浅入深、循序渐进地讲解了 3ds Max 9 的基本知识和使用方法，本书共分为 12 章，主要内容如下：

第 1 章介绍了 3ds Max 的基础知识，包括 3ds Max 的界面、自定义视口的布局、自定义命令和工具的快捷键以及 3ds Max 制作动画的工作流程。

第 2 章介绍了对象的基本变换，包括对象的概念、变换和复制对象的操作方法。

第 3 章介绍了创建与编辑基本参数模型的基本操作方法。

第 4 章介绍了创建 NURBS 曲线和曲面的操作方法。

第 5 章介绍了复合建模的操作方法。

第 6 章介绍了使用修改器编辑模型对象的操作方法。

第 7 章介绍了设计材质与贴图的操作方法。

第 8 章介绍了设计灯光和摄影机的操作方法。

第 9 章介绍了设置环境与效果的方法，包括雾和体积光的创建与编辑方法。

第 10 章介绍了制作基础动画和粒子动画的操作方法。

第 11 章介绍了制作简单角色动画的方法，包括层级与运动的关系、正向运动和反向运动、创建骨骼并为骨骼蒙皮、创建简单的人物或动物角色动画等。

第 12 章介绍了动画的渲染与输出，以及各参数选项的设置方法。

本书图文并茂，条理清晰，通俗易懂，内容丰富，在讲解每个知识点时都配有相应的实例，方便读者上机实践。同时在难于理解和掌握的部分内容上给出相关提示，让读者能够快速地提高操作技能。此外，本书配有大量综合实例和练习，让读者在不断的实际操作中更加牢固地掌握书中讲解的内容。

本书是集体智慧的结晶，参加本书编写和制作的人员还有陈笑、洪妍、方峻、何亚军、王通、高娟妮、严晓雯、杜思明、孔祥娜、张立浩、孔祥亮、王维、牛静敏、何俊杰、王维、葛剑雄等人。由于作者水平有限，本书不足之处在所难免，欢迎广大读者批评指正。我们的邮箱是：huchenhao@263.net，电话：010-62796045。

作者
2008 年 10 月

推荐课时安排

章　名	重点掌握内容	教学课时
第1章　3ds Max 入门基础	1. 3ds Max 的界面 2. 自定义视口的布局 3. 自定义命令和工具的快捷键 4. 3ds Max 制作动画的工作流程	2学时
第2章　对象的基本变换	1. 对象的概念 2. 坐标系的使用 3. 变换对象的操作方法 4. 复制对象的操作方法	2学时
第3章　创建与编辑基本参数模型	1. 创建二维基本参数模型的操作方法 2. 编辑顶点 3. 创建标准基本模型的操作方法 4. 创建扩展基本模型的操作方法	3学时
第4章　NURBS 建模	1. 创建 NURBS 曲线和曲面的操作方法 2. 编辑点子对象的操作方法 3. 编辑 NURBS 曲面的操作方法	3学时
第5章　复合建模	1. 【散布】、【布尔】和【一致】复合建模工具的操作方法 2. 多重放样建模的操作方法 3. 编辑放样模型的操作方法	3学时
第6章　使用修改器编辑模型对象	1. 【锥化】、FFD、【噪波】和【涟漪】修改器的操作方法 2. 常用二维修改器的操作方法 3. 【网格】修改器的操作方法	2学时
第7章　设计材质与贴图	1. 设定材质的参数选项 2. 创建贴图坐标的操作方法 3. 设定对象贴图类型的方法 4. 设置贴图方式	3学时
第8章　设计灯光和摄影机	1. 创建和编辑泛光灯的操作方法 2. 创建和编辑聚光灯的操作方法 3. 设置摄影机拍摄范围的操作方法	2学时

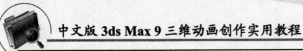

(续表)

章 名	重 点 掌 握 内 容	教 学 课 时
第 9 章 设置环境与效果	1. 创建和编辑标准雾的操作方法 2. 创建和编辑分层雾的操作方法 3. 创建和编辑体积光的操作方法	2 学时
第 10 章 制作基础动画和粒子动画	1. 动画时间控件的使用 2. 设置关键点动画的方法 3. 创建与编辑暴风雪粒子系统的方法	2 学时
第 11 章 制作简单角色动画	1. 层级与运动的关系 2. 正向运动和反向运动 3. 利用链接工具创建正向运动和反向运动动画 4. 创建骨骼并为骨骼蒙皮 5. 创建简单的人物或动物角色动画 6. Character Studio 的群组动画功能	3 学时
第 12 章 动画的渲染与输出	1. 快速渲染类型的设置方法 2. 【公用】选项卡中参数选项的设置方法 3. 编辑 NURBS 曲面的操作方法	2 学时

注：1、教学课时安排仅供参考，授课教师可根据情况作调整。

2、建议每章安排与教学课时相同时间的上机练习。

目录

计算机
基础
与
实训
教材
系列

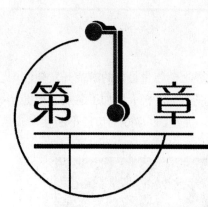

第1章

3ds Max 入门基础

学习目标

Autodesk 公司的 3ds Max 为用户提供了一个集成化的操作环境,在其图形化的界面窗口中,可以完成建模、渲染、动画制作等操作。同时,它也是一个面向对象的智能化应用软件,用户可以通过菜单选项、命令、按钮等操作方式轻松实现对象的创建与编辑。

本章重点

- ◉ 3ds Max 的界面
- ◉ 自定义视口的布局
- ◉ 自定义命令和工具的快捷键
- ◉ 3ds Max 制作动画的工作流程

1.1 3ds Max 简介

3ds Max 是 3D Studio Max 的简称,它是在 3D Studio 的基础上发展的三维实体造型及动画制作系统。3ds Max 集众多软件之长,提供了非常丰富的造型建模方法及更好的材质渲染功能。它是目前 Windows 平台上最为流行的三维动画软件之一,也是当前世界上销售量最大的三维建模、动画及渲染解决方案之一。

1.1.1 3ds Max 的应用领域

作为性能卓越的三维动画软件,3ds Max 广泛应用于影视制作、产品设计、建筑设计、多媒体制作、游戏开发、辅助教学、工程展示等诸多领域。

1. 电脑游戏

3ds Max 是 3D 业内使用量最大的三维软件之一，也是世界上销售量最好的游戏开发软件之一。3D 效果的电脑游戏具有画面细腻、场景宏伟和造型逼真等特点，极大增加了游戏的视觉效果、真实性和可玩性。由于游戏玩家对于该类游戏青睐有加，促使 3D 游戏的市场不断壮大。图 1-1 所示为使用 3ds Max 参与开发的游戏场景画面。

图 1-1　使用 3ds Max 参与开发的游戏场景画面

2. 建筑设计

在建筑设计领域中，3ds Max 占据绝对主导地位。通过使用该软件，用户可以自由地根据环境来设计和制作不同类型和风格的室内外效果图。此外，该软件对于实际的工程施工也有着一定的指导作用。图 1-2 所示为使用 3ds Max 制作的室内外效果图。

图 1-2　使用 3ds Max 制作的室内外效果图

3. 展示设计

使用 3ds Max 设计和制作的展示效果，不但可以体现设计者丰富的想象力、创造力、较高的审美观和艺术造诣，而且还可以在建模、结构布局、色彩、材质、灯光和特殊效果等制作方面自由地进行调整，以协调不同类型场馆环境的需要。图 1-3 所示为使用 3ds Max 制作的展示台效果图。

图 1-3　使用 3ds Max 制作的展示台效果图

4. 产品设计

在现代生活中，人们对于生活消费品和家用电器的外观、结构以及易用性有了更高的要求。通过使用 3ds Max 参与产品造型的设计，可以很直观地模拟企业产品的材质、造型和外观等特性，从而降低产品的研发成本，加快研发速度，提高产品的市场竞争力。图 1-4 所示为使用 3ds Max 制作的产品效果图。

图 1-4　使用 3ds Max 制作的产品效果图

5. 影视制作

3ds Max 配有丰富的效果插件，可以制作出逼真的视觉效果和鲜明的色彩分级，因而受到各大电影制片厂和后期制作公司的青睐。现在，大量的电影、电视及广告画面制作都有三维软件的参与。Autodesk 的视觉效果技术可以实现电影制作人天马行空的奇思妙想，同时也将观众带入各种神奇的世界，创造出多部经典作品。《哈利波特与火焰杯》中的奇幻场景、《怪兽屋》中人物丰富的表情、《赛车总动员》中多款三维赛车效果、《后天》中冰雪覆盖的曼哈顿无一不把 3ds Max 的特效表现得淋漓尽致。图 1-5 所示为使用 3ds Max 参与制作的电影画面。

《怪兽屋》电影画面   《赛车总动员》电影画面

图 1-5 使用 3ds Max 参与制作的电影画面

①.1.2 3ds Max 9 的运行要求

每个应用程序都会对计算机的配置有一些最基本的要求，因此在安装 3ds Max 9 之前，必须对其所需的计算机基本配置有所了解。3ds Max 9 在运行时会消耗较多的系统资源，该版本支持 32 位和 64 位系统架构(仅限 Windows)，要想正确安装和使用 3ds Max 9，必须满足以下软件和硬件要求。

1. 软件要求

基于 32 位系统架构安装 3ds Max 9 时，要求操作系统为 Windows XP Professional(SP2)、Windows XP Home Edition(SP2)或 Windows 2000 (SP4)；基于 64 位系统架构安装 3ds Max 9 时，要求操作系统为 Windows XP Professional x64。

 提示 --

　　3ds Max 9 不支持 Windows 98 和 Windows Me 操作系统。

2. 硬件要求

- ⊙ CPU：CPU 的性能和运行速度是计算机整体性能最主要的指标之一。基于 32 位系统架构，要求 CPU 至少是 Intel 的 Pentium 4 处理器或 AMD 的 Athlon XP(或更高)处理器；基于 64 位系统架构，要求 CPU 是基于 64 位架构的 Intel 或 AMD 处理器。
- ⊙ 内存：内存是 CPU 与硬盘等设备进行数据交换的主要场所。基于 32 位系统架构使用 3ds Max 9 时，要求内存至少为 512MB(推荐使用 1GB)；基于 64 位系统架构使用 3ds Max 9 时，要求内存至少为 1GB(推荐使用 4GB)。
- ⊙ 硬盘：用于安装 3ds Max 9 的磁盘分区至少要具有 1GB 的可用硬盘空间；用于运行 3ds Max 9 交换文件的磁盘分区至少要具有 500MB 的可用硬盘空间(推荐使用 2GB)。
- ⊙ 显示卡：要求显示卡至少具有 32MB 显存，并且支持 1024×768 分辨率、16 位真彩色、OpenGL 和 Direct 3D 硬件加速。

定点设备：使用与 Microsoft 兼容的定点设备或 Wacom 数位板。3ds Max 具有针对三键鼠标或 Microsoft Intellimouse 的特殊优化设置，可以支持滚轮。建议使用 Microsoft 兼容的三键滚轮鼠标。

提示

　　数位板是带有光笔的电子绘图工具。光笔是一种压力传感器，与鼠标相比，它能更精确地模仿铅笔、笔刷和钢笔等绘画工具进行绘图，因此这种工具很受专业设计师的青睐，常用于对图形图像进行更细致的描绘。

1.2　3ds Max 的界面

　　3ds Max 9 虽然功能复杂，操作命令繁多，但是各命令、按钮和面板安排得井然有序，用户可以很容易地找到执行操作所需的功能命令、面板或按钮。安装 3ds Max 9 以后，第一次启动该软件时并不是直接进入工作界面，而是打开如图 1-6 所示的【欢迎屏幕】对话框。

提示

　　3ds Max 9 提供了 7 部基本技能影片供初学人员学习，分别介绍用户界面、视口的导航控制、对象的创建和基本变换、材质、动画等方面，用户只需在对话框中单击对应选项即可观看。

图 1-6　【欢迎屏幕】对话框

计算机 基础与实训教材系列

　　在该对话框中，用户可以选择 3ds Max 9 提供的 7 部基本技能影片进行观看学习。为了在下次开启 3ds Max 9 时不打开【欢迎屏幕】对话框，取消【在启动时显示该对话框】复选框的选中状态即可。单击【欢迎屏幕】对话框中的【关闭】按钮，即可关闭该对话框并打开 3ds Max 9 默认的工作界面，如图 1-7 所示。

 提示

　　有些用户在安装完中文版 3ds Max 9 以后，无法正常启动，或启动后总是提示有语法错误，这是由于用户机器上没有安装.NET Framework 2.0。此外，如果 DirectX 的版本低于 9.0，也会出现上述问题。

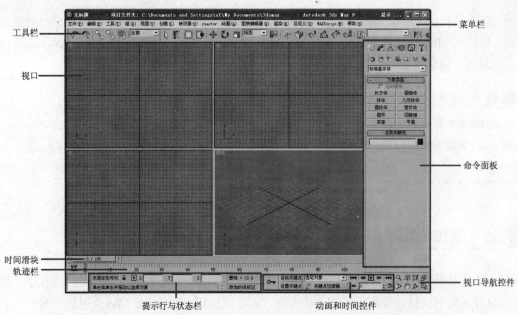

图 1-7　3ds Max 9 默认的工作界面

①.2.1　菜单栏

菜单栏位于 3ds Max 9 工作界面的上部，通过它可以快速选择命令。在 3ds Max 9 菜单栏中主要有以下主菜单命令选项。

- ◉ 【文件】菜单：用于文件的新建、保存、打开，以及实现与其他三维软件之间的模型调用等文件管理。
- ◉ 【编辑】菜单：用于在场景中选择和编辑对象。
- ◉ 【工具】菜单：用于更改和管理 3ds Max 场景中的对象和对象集合。
- ◉ 【组】菜单：用于将场景中的对象成组和解组。
- ◉ 【视图】菜单：用于设置和控制视图。
- ◉ 【创建】菜单：提供了创建几何体、灯光、摄影机和辅助对象等对象的命令，并与【创建】命令面板中的选项相对应。
- ◉ 【修改器】菜单：提供了快速应用常用修改器的方式，如选择子对象的编辑器、编辑样条和面片的编辑器、编辑网格的编辑器、动画编辑器、UV 坐标贴图的编辑器等。
- ◉ 【Reactor(反应器)】菜单：包含了与 3ds Max 内置的 Reactor 动力学产品有关的命令。
- ◉ 【动画】菜单：提供了有关动画、约束和控制器、反向运动学解算器的命令以及用于管理角色集合和骨骼的命令。
- ◉ 【图表编辑器】菜单：可以访问用于管理场景及其层次和动画的图表窗口。
- ◉ 【渲染】菜单：提供了用于渲染场景、设置环境和渲染效果、使用 Video Post 合成场景以及访问 RAM 播放器的命令。

- 　【自定义】菜单：用于自定义 3ds Max 的用户界面(UI)。
- 　【MAXScript(脚本)】菜单：用于处理脚本，这些脚本是用户使用软件内置脚本语言 MAXScript 创建的。
- 　【帮助】菜单：用于打开 3ds Max 提供的帮助文件及软件注册的相关信息。

在使用菜单命令时，应注意以下几点。

- 　菜单命令呈现灰色：表示该菜单命令在当前状态下不能使用。
- 　菜单命令后标有黑色小三角按钮符号▶：表示该菜单命令有级联菜单。
- 　菜单命令后标有键盘按键名称：表示该菜单命令可以通过标识的快捷键执行。
- 　菜单命令后标有省略符号：表示执行该菜单命令会打开对话框。

①.2.2　工具栏

工具栏位于 3ds Max 菜单栏的下方，用于放置建模辅助、渲染、变换对象等常用工具。由于工具栏中的工具数量较多，因此在显示分辨率为 1024×768 时不能完全显示。这时，可以移动光标至工具栏上，当光标变为手掌形状时拖动，即可移动工具栏的显示区域。

 提示

在 3ds Max 9 中还提供了浮动的工具栏，它们用于对象的特殊编辑，如【轴约束】、【捕捉】浮动工具栏等。要显示浮动工具栏，只需右击工具栏的空白区域，在弹出的快捷菜单中选择相应的命令即可。

3ds Max 中工具按钮的形象很直观，通过观察按钮图标的图形就可以快速识别工具的用途，如✚按钮用于移动操作、↻按钮用于旋转操作。如果不能通过按钮图标辨别工具的功能，可以移动光标至工具按钮上并停留几秒钟，即可显示该工具的功能提示，如图 1-8 所示。

图 1-8　工具的功能提示

①.2.3　命令面板

3ds Max 中的命令面板位于工作界面的右侧，有【创建】、【修改】、【层次】、【运动】、【显示】和【工具】6 个命令面板。单击不同的命令选项标签，即可实现各命令面板之间的切换。通过对各选项命令面板中卷展栏的设置操作，可以编辑更多的参数选项。图 1-9 所示为【修改】命令面板。

在 3ds Max 9 中，各命令面板的主要功能如下。

- ◉ 【创建】命令面板：单击命令面板中的【创建】标签 ，即可打开【创建】命令面板。该命令面板提供了用于创建对象的控件，如添加渲染场景时需要多个灯光。通过【创建】命令面板中的功能按钮，可以创建 7 个类别的对象。

- ◉ 【修改】命令面板：单击命令面板中的【修改】标签 ，即可打开【修改】命令面板。在该命令面板中，用户可以更改现有对象的创建参数、应用修改器调整对象或组对象、更改修改器的参数并选择它们的组件、转化参量对象为可编辑对象等。

- ◉ 【层次】命令面板：单击命令面板中的【层次】标签 ，即可打开【层次】命令面板。该命令面板提供了用于管理层次、关节和反向运动学中链接的控件，如使用对象间的层次链接工具，创建对象间的父子关系或更复杂的层级关系。

- ◉ 【运动】命令面板：单击命令面板中的【运动】标签 ，即可打开【运动】命令面板。该命令面板提供用于调整选定对象运动的工具，如使用【运动】命令面板中的工具，调整关键点的时间及其缓入和缓出效果。

- ◉ 【显示】命令面板：单击命令面板中的【显示】标签 ，即可打开【显示】命令面板。该命令面板提供了用于隐藏和显示对象控件的一些显示选项，例如可以隐藏和取消隐藏、冻结和解冻对象、改变对象显示特性、加速视口显示以及简化建模步骤等。

- ◉ 【工具】命令面板：单击命令面板中的【工具】标签 ，即可打开【工具】命令面板。该命令面板用于 3ds Max 中的其他工具程序和插件的参数选项设置。

1.2.4 视口

视口是 3ds Max 的具体执行操作区域，默认的 3ds Max 9 工作界面是 4 个大小相同的视口布局方式。这 4 个视口中可以显示不同的视图，默认状态下分别显示的是【顶】视图、【左】视图、【前】视图和【透视】视图。用户可以右击视图左上角显示的标签，在弹出的快捷菜单中选择其他视图方式，如图 1-10 所示。

图 1-9 【修改】命令面板   图 1-10 通过快捷菜单选择视图

在 3ds Max 9 中，每个视图都具有如下特性。

- 可以显示创建的模型对象、灯光、摄影机等。
- 可以显示场景中模型对象的简单材质和简单照明效果。
- 可以改变模型对象在视图中的显示方式，如线框方式。

在视图快捷菜单中，主要命令的作用如下。

- 【视图】命令：用于设置视图显示的方式，如【左】视图方式、【右】视图方式等。
- 【平滑+高光】命令：选择该命令，可以显示模型对象的平滑度、亮度及对象表面的贴图效果。
- 【线框】命令：用于以线框模式显示模型对象。
- 【其他】命令：用于设置模型对象的其他显示着色模式，有【平滑】、【面+高光】、【面】、【平面】、【隐藏线】、【亮线框】和边界框】7 种方式供选择。
- 【边面】命令：用于显示对象的线框边缘及着色表面，该命令对于着色显示编辑网格非常有用。只有在当前视图处于着色模式时，【边面】命令才成为可使用状态。
- 【透明】命令：用于设置透明度显示的质量，有【最佳】、【简单】和【无】3 种方式供选择。
- 【显示栅格】命令：用于控制栅格的显示或隐藏。
- 【显示背景】命令：用于控制背景图像(或动画)的显示或隐藏。
- 【显示安全框】命令：用于控制安全框的显示或隐藏，如图 1-11 所示。
- 【显示统计】：用于显示多边形数量、顶点数量和每秒帧数的参数信息。
- 【视口剪切】命令：用于设置视口的近距离范围和远距离范围。只显示视口剪切范围内的几何体，不显示该范围之外的面。该命令对于处理使视图模糊细节的复杂场景非常有用。选择【视口剪切】命令后，在视口的边缘会显示两个黄色的滑块箭头，调整下箭头，可以设置近距离范围；调整上箭头，可以设置远距离范围，如图 1-11 所示。

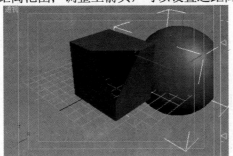

图 1-11　在视口中显示安全框和调节视口剪切范围

- 【纹理校正】命令：用于使用像素插值重画视图(更正透视)。
- 【禁用视图】命令：用于禁用视图，当更改其他视口中的场景时，在激活禁用的视口前不会更改其中的视图。
- 【撤销】命令：用于撤销上一次视图更改。
- 【重做】命令：用于取消先前的【撤销视图更改】。

- ◎ 【配置】命令：选择该命令，可以打开【视口配置】对话框，在其中对工作界面的布局等参数选项进行进一步设置。

1.2.5 提示行与状态栏

提示行与状态栏(如图 1-12 所示)位于工作界面的底部。提示行是基于当前光标位置和当前程序活动提供动态反馈信息的。根据用户的操作不同，提示行会显示与之相关的说明信息、提示程序的进展程度或下一步的具体操作。当光标放置在任意工具栏和状态栏的图标上时，工具提示也会显示在提示行中。状态栏包括【状态行】、【选择锁定切换】按钮 、【坐标显示】区域、【栅格设置显示】和【时间标记】，通过使用它们可以了解有关场景和活动命令的提示和状态信息。

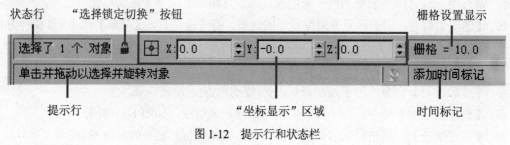

图 1-12 提示行和状态栏

1.2.6 时间滑块与轨迹栏

在 3ds Max 9 中，时间滑块用于显示当前帧和总时间帧数，并可以移动它至轨迹栏的时间段中任何帧上。轨迹栏用于显示帧数(或相应的显示单位)的时间线，并且还可以用于移动、复制和删除关键点及更改关键点属性。另外，轨迹栏中还可以同时显示单个或多个选定对象的关键点。

1.2.7 动画和时间控件

动画和时间控件位于工作界面中的状态栏和视口导航控件之间，用于在视口中选择动画关键点的创建模式和控制动画的播放。

- ◎ 【设置关键点】按钮 ：单击该按钮，可以设置当前时间帧为动画关键点位置。
- ◎ 【自动关键点】按钮：用于选中或禁用自动创建关键点模式。选中自动创建关键点模式时，所有运动、旋转和缩放的更改都会被自动设置成关键帧。
- ◎ 【设置关键点】按钮 设置关键点 ：单击该按钮将启动设置关键点模式来制作动画，通常配合 按钮一起使用。
- ◎ 【新建关键点的默认入/出切线】按钮 ：提供使用【设置关键点】模式或【自动关键点】模式来创建新动画关键点默认切线类型的快速方法。

- ◉ 【关键点过滤器】按钮：单击该按钮，可以在设置关键点模式下为所选对象的独立轨迹创建动画。
- ◉ 【转至开头】按钮◄◄和【转至结尾】按钮►►：用于调整时间滑块到动画的第一帧或者最后一帧。
- ◉ 【上一帧】按钮◄Ⅱ和【下一帧】按钮Ⅱ►：用于将时间滑块向后或向前移动一帧。
- ◉ 【播放动画】按钮▶：用于播放与停止播放动画。
- ◉ 【关键点模式切换】按钮►►Ⅰ：用于在动画的关键帧之间直接跳转。
- ◉ 【当前帧(转到帧)】文本框▯：用于显示或设置当前时间帧位置。
- ◉ 【时间配置】按钮▥：单击该按钮，会打开【时间配置】对话框，如图 1-13 所示。该对话框用于设置帧速率、时间显示、播放和动画等相关参数选项。

①.2.8　捕捉工具

捕捉工具用于确定光标空间上的位置，在建模操作中常利用捕捉功能实现模型对象的精确创建。3ds Max 的工具栏中提供了 4 种捕捉按钮，它们的作用如下。

- ◉ 【捕捉开关】按钮▨：用于捕捉处于活动状态的 3D 空间的控制范围，包含 2D、2.5D、3D 捕捉 3 种方式。
- ◉ 【角度捕捉切换】按钮△：用于影响对象的旋转变换，对象将以设置的增量围绕指定轴旋转。
- ◉ 【百分比捕捉切换】按钮％：用于通过指定的百分比增加对象的缩放。
- ◉ 【微调器捕捉切换】按钮▥：用于设置 3ds Max 中所有微调器每次单击增加或减少的数值。

右击任一捕捉按钮，可以打开如图 1-14 所示的【栅格和捕捉设置】对话框。该对话框用于设置捕捉的具体参数选项。

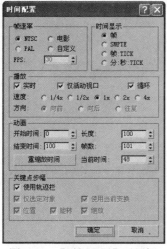

图 1-13　【时间配置】对话框

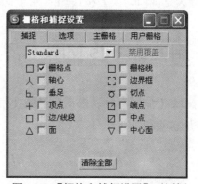

图 1-14　【栅格和捕捉设置】对话框

①.2.9 视口导航控件

视口导航控件用于视图的缩放、旋转等变换操作。图 1-15 所示为当前视口中显示不同视图时的视口导航控件状态。

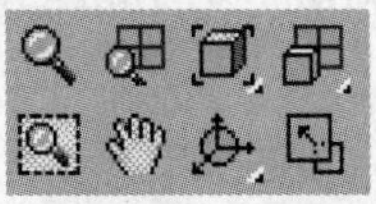

当前视口为平面视图时的视口导航控件 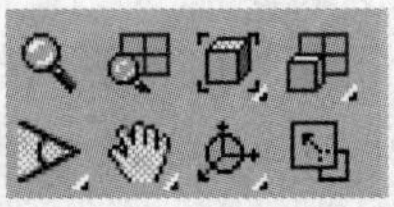   当前视口为【透视】视图时的视口导航控件

图 1-15 当前视口为不同视图时的视口导航控件状态

- ◉ 【缩放】按钮：用于缩小或放大视图，包括【透视】视图。
- ◉ 【缩放所有视图】按钮：用于同时缩放 4 个视图。需要注意的是，该工具不能缩放【摄影机】视图。
- ◉ 【最大化显示】按钮：该按钮中长方体图案为灰色时，用于在当前的【透视】或【正交】视口中居中最大化地显示所有可见的对象；该按钮中长方体图案为白色时，用于在当前的【透视】或【正交】视口中最大化地显示选择的对象。用户可以单击该按钮右下角的三角图形，在打开的两个按钮之间切换选择使用。
- ◉ 【所有视图最大化显示】按钮：该按钮功能与【最大化显示】按钮的作用相同，不同之处在于它是同时针对 4 个视口进行作用的。
- ◉ 【缩放区域】按钮：用于放大用户在视口内拖动的矩形区域，不过仅在视图为【正交】或【透视】视图时使用。当前视图为【透视】视图时，该按钮位置会显示为【视野】按钮，用于调整视口中可见的对象数量和透视角度。
- ◉ 【平移视图】按钮：用于在与当前视口平面平行的方向移动视图。
- ◉ 【弧形旋转】按钮：用于使视口围绕中心自由旋转。单击该按钮后，当前选择的视图窗口中会显示一个带有 4 个方块的黄色圆圈。单击该按钮右下角的三角图形，可以选择【弧形旋转】、【弧形旋转选定对象】和【弧形旋转子对象】3 种类型进行操作。
- ◉ 【最大化视口切换】按钮：用于切换当前视口为正常或全屏显示方式。

①.3 自定义 3ds Max 9 界面

在 3ds Max 中，用户可以根据自己的使用习惯设置 3ds Max 的工作界面，以便于更好地创建模型、添加材质和制作动画。

1.3.1　自定义工具栏

要更改 3ds Max 工具栏中的按钮设置，可以选择【自定义】|【自定义用户界面】命令，打开【自定义用户界面】对话框。然后单击【工具栏】标签，打开【工具栏】选项卡，如图 1-16 所示。

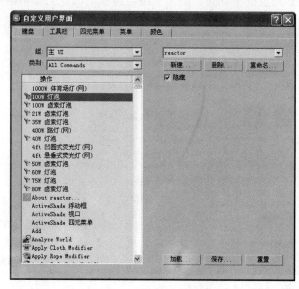

图 1-16　【工具栏】选项卡

在【工具栏】选项卡的左侧项目列表中，选择需添加的工具或命令，然后拖动其至工具栏中的相应位置释放鼠标，即可添加该工具或命令至工具栏中，如图 1-17 所示。

右击新添加工具的按钮，可以弹出如图 1-18 所示的快捷菜单。在该快捷菜单中，选择【编辑按钮外观】命令，打开【编辑宏按钮】对话框。通过该对话框，可以对添加的工具按钮图标进行重新设置。选择【删除按钮】命令，可以从工具栏中删除添加的工具按钮。

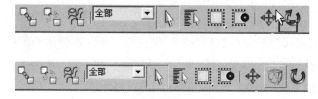

图 1-17　添加工具至工具栏中

图 1-18　新添加工具按钮的快捷菜单

1.3.2　自定义菜单

在 3ds Max 9 中，也可以根据用户的习惯设置菜单栏中的菜单选项。要自定义菜单，可以选择【自定义】|【自定义用户界面】命令，打开【自定义用户界面】对话框。然后单击【菜单】

标签，打开如图 1-19 所示的【菜单】选项卡。

在【菜单】选项卡的【菜单】列表框中，可以选择所需添加的菜单组，然后拖动其至右侧【当前菜单】列表框中释放鼠标，即可在工作界面的菜单栏中创建选择的菜单组。

要新建菜单组，可以右击【菜单】列表框，在弹出的如图 1-20 所示的快捷菜单中选择【新建菜单】命令，打开如图 1-21 所示的【新建菜单】对话框，在其中设置所需菜单名称，单击【确定】按钮即可在【菜单】列表框中创建新的菜单组。再拖动创建的菜单组至右侧【当前菜单】列表框中所需位置释放鼠标，即可在工作界面的菜单栏中创建新的菜单组。

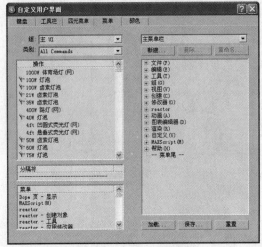

图 1-19　【菜单】选项卡　　　　图 1-20　快捷菜单

提示

用户也可以单击【菜单】选项卡中的【新建】按钮，通过【新建菜单】对话框创建新的菜单组。然后在【菜单】列表框中，拖动新创建的菜单组至右侧【当前菜单】列表框中的所需位置释放鼠标，即可在工作界面的菜单栏中创建新的菜单组。

要更改创建的菜单组名称，只需右击【当前菜单】列表框中的该菜单组，在弹出的菜单中选择【编辑菜单项名称】命令，打开如图 1-22 所示的【编辑菜单项名称】对话框，选中【自定义名称】复选框并在【名称】文本框中设置所需名称，然后单击【确定】按钮。

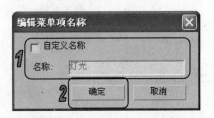

图 1-21　【新建菜单】对话框　　　　图 1-22　【编辑菜单项名称】对话框

1.3.3 自定义视口布局

通常 3ds Max 工作界面中的视口都是按照 4 个视口分布的，有时为了操作方便，用户可以对视口的布局形式进行更改。

【例 1-1】 在 3ds Max 中打开一个模型文件，然后改变 3ds Max 的视口布局。

(1) 启动 3ds Max 9 后，选择【文件】|【打开】命令，打开【打开文件】对话框，在其中选择 3ds Max 9 安装光盘里的 Tutorials | worldwide_designs | wwdesigns_finished.max 文件(此文件需要从光盘打开，或在安装软件时复制到计算机中)，再单击【打开】按钮，打开选择的文件。

(2) 移动光标至 4 个视口的中间位置，当光标变成 ✛ 形状时，按下鼠标并向左上方拖动，拖动至适合位置即可改变视口布局，如图 1-23 所示。

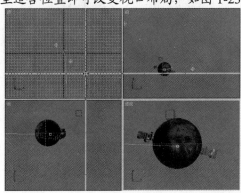
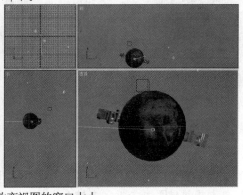

图 1-23 使用光标改变视图的窗口大小

(3) 右击视口交界位置，在弹出的快捷菜单中选择【重置布局】命令，恢复视口布局至初始状态。

(4) 右击【前】视图名称，在弹出的快捷菜单中选择【配置】命令，打开如图 1-24 所示的【视口配置】对话框。也可以选择菜单栏中的【自定义】|【视口配置】命令，打开【视口配置】对话框。

(5) 在该对话框中，单击【布局】标签，打开【布局】选项卡。

(6) 在【布局】选项卡中，单击如图 1-25 所示的视口图像，设置更改布局模式。设置完成后，单击【确定】按钮，即可改变视口的布局，如图 1-26 所示。

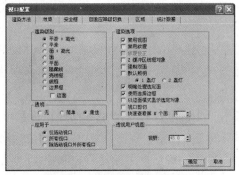
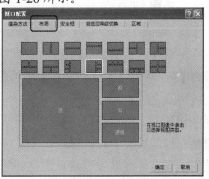

图 1-24 【视口配置】对话框   图 1-25 设置【布局】选项卡的参数选项

1.3.4 自定义命令和工具的快捷键

在 3ds Max 9 中默认设置了很多命令和操作工具的快捷键，不过有些快捷键的设置可能与用户的使用习惯不一致，因此可以通过自定义键盘快捷键的方式重新设置快捷键。

【例 1-2】 在 3ds Max 中设置【另存为】命令的快捷键为 Alt+Ctrl+S。

(1) 选择【自定义】|【自定义用户界面】命令，打开【自定义用户界面】对话框。

(2) 单击【键盘】标签，打开如图 1-27 所示的【键盘】选项卡。

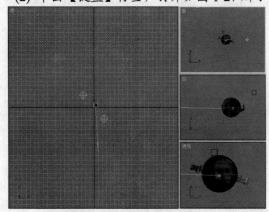
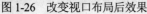

图 1-26 改变视口布局后效果   图 1-27 【键盘】选项卡

(3) 在【键盘】选项卡左侧的【操作】列表框中，选择【另存为】命令。

(4) 单击【热键】文本框，在键盘上按下 Alt+Ctrl+S 键。

(5) 单击【指定】按钮，即可设置【另存为】命令的快捷键为 Alt+Ctrl+S。

 提示

要删除设置的命令或操作的快捷键，可以在【自定义用户界面】对话框的【键盘】选项卡中选择所需的命令或操作，然后单击【移除】按钮。

1.3.5 设置栅格

利用 3ds Max 视口中显示的栅格，可以很大程度地提高工作效率和精确度。3ds Max 中的栅格线分为【主栅格线】和【栅格线】两种。默认情况下，每两条主栅格线之间有 9 条栅格线，将两条主栅格线之间的区域分为 10 等份。

要重新设置视口中的栅格，可以选择菜单栏中的【自定义】|【栅格和捕捉设置】命令，打开【栅格和捕捉设置】对话框。单击该对话框中的【主栅格】标签，打开如图 1-28 所示的【主栅格】选项卡，在其中设置所需的栅格规格。设置完成后，关闭【栅格和捕捉设置】对话框即可。

在【主栅格】选项卡中，主要参数选项的作用如下。

- 【栅格间距】文本框：用于设置栅格的最小方形的大小。用户可以在文本框中直接设置参数数值，也可以使用微调器调整间距。

- 【每 N 条栅格线有一条主线】文本框：用于设置每两条主栅格线之间的栅格线数。该文本框中可设置的最小数值为 2。

- 【透视视图栅格范围】文本框：用于设置【透视】视图中的主栅格大小。

- 【禁止低于栅格间距的栅格细分】复选框：选中该复选框，当在主栅格上放大时，3ds Max会将栅格视为一组固定的线，即栅格在栅格间距设置位置停止。如果保持缩放，固定栅格将从视图中丢失，但不影响缩小；当缩小时，主栅格将不扩展，以保持主栅格细分。默认设置为选中状态。取消选中该复选框时，可以不缩放到主栅格的任何平面中，每个方形栅格细分为相同数量的小栅格间距。

- 【禁止透视视图栅格调整大小】复选框：选中该复选框，当放大或缩小时，将【透视】视图中的栅格视为一组固定的线，即无论缩放多大或多小，栅格将保持固定的大小。默认设置为选中状态。取消该复选框时，【透视】视图中的栅格将进行细分，以调整进行放大或缩小时栅格的大小。

- 【动态更新】选项组：选择【活动视口】单选按钮，当设置【栅格间距】和【每 N 条栅格线有一条主线】文本框中的参数数值后，只更新活动视口。设置完成后，关闭【栅格和捕捉设置】对话框，其他视口才会进行更新；选择【所有视口】单选按钮，可在更改值时更新所有视口。

如果对栅格线的颜色不满意，可以调暗或调亮栅格线的灰度，也可以重新设置栅格线的颜色。要改变栅格线的颜色，可以选择菜单栏中的【自定义菜单】|【自定义用户界面】命令，在打开的【自定义用户界面】对话框中，打开【颜色】选项卡。在该选项卡的【元素】下拉列表框中，选择【栅格】选项，如图 1-29 所示。然后根据需要设置相关的参数选项。设置完成后，关闭【自定义用户界面】对话框即可。

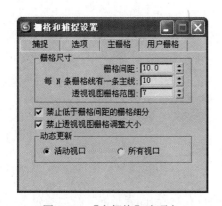

图 1-28　【主栅格】选项卡

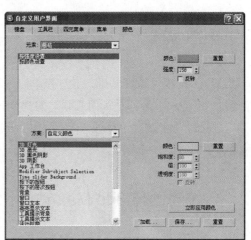

图 1-29　在【元素】下拉列表框中选择【栅格】选项

在【颜色】选项卡中，各主要参数选项作用如下。

◉ 【按强度设置】选项：用于设置栅格线的灰色程度。【强度】文本框中的数值用于设置栅格的灰度数值，其数值范围为 0~255。选中【反转】复选框，主栅格线会变成浅色，而普通的栅格线会变成深色。要恢复栅格线的默认灰度，单击【颜色】选项卡中的【重置】按钮即可。

◉ 【按颜色设置】选项：用于设置栅格线为不同的颜色。单击【颜色色块】按钮，在打开的【颜色选择器】对话框中，通过 RGB 颜色数值设定栅格线的颜色，也可以直接在调色板中选择合适的颜色。要恢复栅格线的默认颜色，单击【颜色】选项卡中的【重置】按钮即可。

 提示

单击【颜色】选项卡中的【立即应用颜色】按钮，可以根据用户设置立即改变场景中栅格线的颜色，这样有利于用户在不关闭对话框的情况下调整栅格线的颜色。

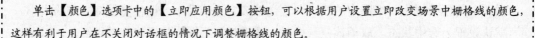

1.4 制作动画的基础知识

使用 3ds Max，用户可以为各种应用创建 3D 电脑动画，例如为电脑游戏设置角色动画，为电影设置特殊效果的动画等。3ds Max 是一个功能强大的环境，可以实现各种目的的动画。

动画的使用贯穿整个 3ds Max，因此在 3ds Max 中不仅可以为对象的位置、旋转和缩放，以及影响对象形状和曲面的任意参数设置创建动画，也可以使用正向和反向运动学链接层次动画的对象，还可以在【轨迹】视图中编辑动画。

1.4.1 动画原理

动画建立于人的视觉原理基础，通过在单位时间内快速地播放连续的画面，使人眼感觉画面的连续运动。电视和电影都是利用人眼睛的视觉暂留生理现象，在一秒钟内快速播放 24 或者 30(25)个静态画面，从而在人的视觉神经系统中形成活动的画面。一般来说，人的视觉所能感觉到的运动介于每秒 10~60 帧。

1.4.2 传统动画与 3ds Max 动画比较

相对于传统动画，电脑动画通过电脑绘制图形，并且可以随时随意修改，使得编辑更为简捷方便，从而大大提高了工作效率。3ds Max 作为最优秀的电脑三维动画制作软件之一，几乎可以为场景中的任意参数创建动画。

1. 传统动画方法

通常，创建动画的主要难点在于动画必须生成大量帧，一分钟的动画大概需要 720~1800 个单独图像。动画中的大多数帧都是例程，从上一帧直接向一些目标不断增加变化。传统动画在制作中提高工作效率的方法是让主要的艺术家只绘制重要的帧(关键帧)，再由助手计算出关键帧之间需要的帧(即中间帧)然后进行填充。画出所有关键帧和中间帧后，需要链接或渲染图像以产生最终的动画。即使在今天，传统动画的制作过程通常都需要数百名艺术家生成上千个图像。

2. 3ds Max 方法

在 3ds Max 中，只需创建记录每个动画序列起点和终点的关键帧(这些关键帧的值称为关键点)，然后通过计算每个关键点值之间的插补值，生成完整动画。3ds Max 可以为场景中的任意参数创建动画，并且还可以设置修改器参数的动画、材质参数的动画(例如对象的颜色或透明度)等。设置完成动画的参数后，通过渲染器着色和渲染每个关键帧生成高质量的动画。

3. 动画时间方面的比较

传统动画与早期三维动画制作都是僵化地逐帧生成动画，这种动画只能适用于单一格式，而且不能在特定时间指定动画效果。3ds Max 制作的动画是基于时间的动画，它测量时间并存储动画值，通过【时间配置】对话框可以选择最符合作品的时间格式，很好地解决了基于时间动画和基于帧动画之间的对应问题。

1.4.3　3ds Max 的动画分类

3ds Max 中设置动画的基本方式非常简单，用户可以设置任何对象变换参数的动画，以随着时间改变其位置、旋转和缩放。启用自动关键点按钮并移动时间滑块所处位置时，可以将选定对象所做的任何更改自动创建为动画。3ds Max 中的动画基本上可以分为角色动画、动力学动画、粒子动画等类型，它们的功能和适用场合各不相同。

1. 角色动画

角色动画是一套完整的动画制作流程，主要用于模拟人物或动物的动画效果，制作比较复杂，涉及到正向运动、反向运动、骨骼系统、蒙皮、表情变形等操作。3ds Max 将 character studio 高级人物动作工具套件集成于角色动画中，为角色动画提供了强大的过滤软件，可以让动画在角色之间转移，并且数据在转换过程中会自动计算角色的大小比例。

2. 动力学动画

动力学动画是基于物理算法的特性动画效果。通过 3ds Max 中有关动力学方面的工具和命令，可以制作出模拟物体的受力、碰撞、变形等动画效果。

3. 粒子动画

在 3ds Max 中，通过粒子系统自定义粒子的行为方式，可以模拟雪花、雨滴、流水等动画效果。其中，粒子流是全新的事件驱动的粒子系统，允许自定义粒子的行为，能够制作出更为灵活的一些粒子特效，使中文版 3ds Max 9 在粒子动画方面功能更加强大。

1.4.4 3ds Max 制作动画的工作流程

在 3ds Max 中，制作动画可以按照创建模型、设置对象的材质、添加场景的灯光与摄影机、设置与调节动画、添加环境特效、渲染输出这 6 个工作阶段进行制作。在实际制作过程中，有时为了得到一个满意的效果，往往需要在某个阶段反复调节，如在设置对象材质时就需要反复进行渲染和设置材质的操作，以获得更加符合需求的对象材质效果。

1. 创建模型

建模就是创建物体的模型，是进行三维制作的基础。在 3ds Max 中，最基本的建模方法是二维建模和三维建模。另外，常用的高级建模方法有多边形建模、面片建模、细分建模、NURBS 建模、复合建模等，它们的优势和应用领域各不相同，在具体应用时应根据实际情况择优使用。图 1-30 所示为创建的躺椅模型。

图 1-30 躺椅模型

2. 设置对象的材质

广义上的材质包括材质和贴图两种。材质用于标明物体的内部属性，模拟物体质地和内在结构组成；而贴图用于标明物体的外部形式。材质与贴图通常结合使用，从而使创建的模型更为贴近实物。如果没有了材质与贴图，物体会显得非常单调和粗糙。

3. 添加场景的灯光与摄影机

灯光与摄影机用于控制场景中对象的明暗。如果忽视灯光与摄影机的运用，会造成对象与场景格格不入，造型缺乏真实感。图 1-31 所示为添加场景中的灯光效果。

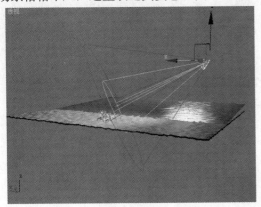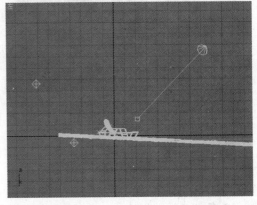

图 1-31　添加场景中的灯光效果

4．设置与调节动画

在 3ds Max 中，动画的制作就是在场景中加入时间，通过记录同一物体或不同物体位置、形状、环境的变化，从而使静态的物体显示出动态的效果。图 1-32 所示为设置场景中对象的动画效果。

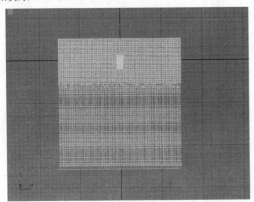

图 1-32　设置场景中对象的动画效果

5．添加环境特效

通过 3ds Max 创建的三维虚拟世界是绝对真空的理想状态，不管多么遥远，物体总是像在眼前一样清晰。为了达到真实的效果，需要为场景添加一些特殊效果，如雾效、光效、火焰效果及各种背景等。

6．渲染输出

在三维动画制作过程中，要输出图像、视频等，就必须用到渲染。渲染不同于着色，着色只是简单地将颜色赋予物体，而渲染还要对场景的灯光、纹理等进行处理。图 1-33 所示为对动画添加环境特效并渲染输出的结果。

提示

中文版 3ds Max 9 提供 4 种动画的渲染类型：快速渲染、实时渲染、最终渲染场景、合成渲染，它们用于动画制作的不同时期。

图 1-33　为动画添加环境特效并渲染输出

提示

渲染是动画制作中比较关键的环节，不一定要放到最后使用，可以在制作的各个环节中进行渲染查看效果，特别是在材质和贴图过程中，需要不断地进行快速渲染，不断调节以获得合适的材质。

1.5　上机练习

本章的上机实验主要练习制作正向运动的地球仪动画，使用户了解 3ds Max 9 的动画制作流程。

(1) 启动 3ds Max 9，在【创建】命令面板中单击【几何体】按钮，在下拉列表框中选择【标准基本体】选项，然后单击【对象类型】选项组中的【球体】按钮，在场景中创建一个球体对象，并设置球体造型的名称为【地球】，【半径】文本框中的数值为 25，其余参数保持默认值不变。

(2) 在【创建】命令面板中单击【图形】按钮，在下拉列表框中选择【样条线】选项，然后单击【对象类型】选项组中的【圆环】按钮，在【前】视图中创建一个圆环造型。

(3) 打开【修改】命令面板，在【插值】卷展栏下设置【步数】为 10，使圆环比较光滑。然后在【参数】卷展栏下设置【半径 1】为 27，【半径 2】为 30。

(4) 在【修改】命令面板的【修改器列表】下拉列表框中，选择【挤出】修改器。然后在【参数】卷展栏下设置【数量】参数为 3，其余参数保持默认值不变，此时圆环造型如图 1-34 所示。

(5) 选中圆环造型，在【修改器列表】下拉列表框中选择【编辑面片】修改器，单击【选择】卷展栏下的【面片】按钮，进入次物体层级。在【前】视图中框选圆环的左半部分，这时该部分变为红色，视口中的场景造型如图 1-35 所示。

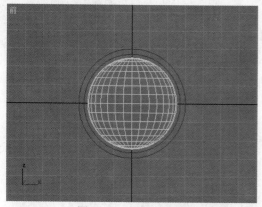

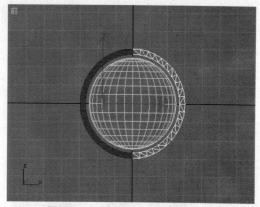

图 1-34　拉伸后的圆环造型　　　　　　　图 1-35　选中圆环左半部分网格

（6）按 Delete 键将选中的网格删除，这时圆环只剩下右侧的半部分。再次单击【修改】命令面板中的【面片】按钮 ，退出次物体编辑状态。选择【前】视图为当前编辑视图。

（7）单击工具栏上的【对齐】按钮 ，选中地球造型，这时会打开【对齐】对话框。选中【对齐】对话框中的【X 位置】和【Y 位置】复选框，然后同时选中【当前对象】和【目标对象】区域中的【轴点】复选框，单击【应用】按钮，这样就设置了圆环和球体 X、Y 坐标中心对齐，如图 1-36 所示。

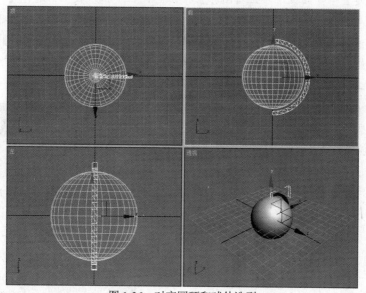

图 1-36　对齐圆环和球体造型

（8）选中球体造型，单击工具栏上的【选择并链接】按钮 ，拖动球体至圆环造型上，使球体链接到圆环造型上，成为圆环的子物体。

（9）在【创建】命令面板中单击【几何体】按钮 ，在下拉列表框中选择【标准基本体】选项，然后单击【对象类型】选项组中的【圆柱体】按钮。在【前】视图中创建两个圆柱体，圆柱体的半径为 1.5，高为 8。使用工具栏中的【对齐】按钮 并结合【选择并移动】工具 ，分别移动两个圆柱体到半圆环的两端，如图 1-37 所示。

(10) 按住 Ctrl 键，在【前】视图中选中两个小圆柱体和半圆环造型。然后选择【组】|【成组】命令，在打开的【组】对话框中输入组名为【支架】。

(11) 在【前】视图中选中支架造型，单击工具栏上的【选择并旋转】按钮，然后再锁定选中轴为 Z 轴。在【前】视图中拖动光标，将半环形支架连同地球造型旋转一个角度，如图 1-38所示。

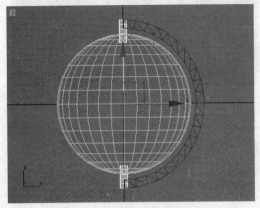
图 1-37　制作地球模型的旋转轴

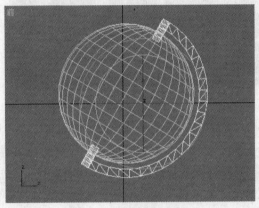
图 1-38　旋转造型

(12) 在【创建】命令面板中单击【图形】按钮，在下拉列表框中选择【样条线】选项，然后单击【对象类型】选项组中的【线】按钮，绘制支座的轮廓线条，如图 1-39 所示。

(13) 打开【修改】命令面板，在【修改器列表】下拉列表框中选择【车削】修改器，旋转生成支座造型。然后在【修改器堆栈】列表框中展开【车削】修改器，选择【轴】选项，使用【选择并移动】工具调整支座造型，如图 1-40 所示。

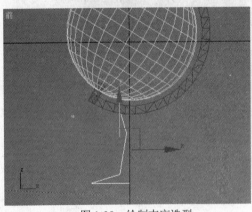
图 1-39　绘制支座造型

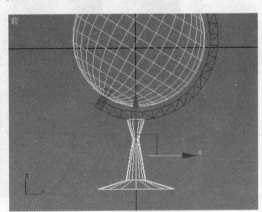
图 1-40　调整支座造型

(14) 选中支架造型，单击工具栏上的【选择并链接】按钮，拖动支架造型到支座造型上，从而将支架造型链接到支座造型上，成为它的子物体。

(15) 选择【图表编辑器】|【新建图解视图】命令，打开【图解视图】窗口，查看场景中的层级关系，如图 1-41 所示。

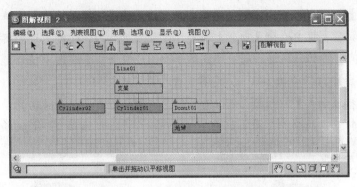

图 1-41　各个物体之间的层级关系

(16) 选中地球造型，然后按 M 键打开【材质编辑器】对话框，在其中单击第 1 个示例窗，参照图 1-42 所示设置其参数选项。然后展开【贴图】卷展栏，单击【漫反射颜色】通道右侧的 None 按钮，在打开的【材质/贴图浏览器】对话框中，双击【位图】选项，打开【选择位图图像文件】对话框，在其中选择一幅地球图片，然后单击【打开】按钮确定，即可创建地球造型的材质，如图 1-43 所示。单击【材质编辑器】对话框中的【将材质指定给选定对象】按钮，添加设置的地球材质至地球造型。

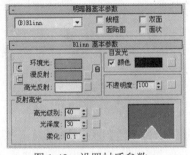

图 1-42　设置材质参数

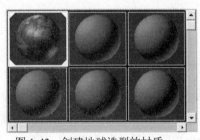

图 1-43　创建地球造型的材质

(17) 选中支架对象，按 M 键打开【材质编辑器】对话框，单击第 2 个示例窗，参照图 1-44 所示设置其参数选项。设置完成后，单击【将材质指定给选定对象】按钮将材质赋给支架和支座造型。

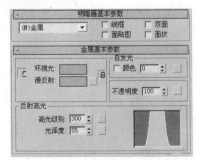

图 1-44　设置支架造型和支座造型的材质参数

💡 **提示**

利用【材质编辑器】的参数控制面板，可以对材质进行修改和编辑，如选择材质的明暗方式，设置材质的基本参数和扩展参数等。

(18) 单击动画控件的【时间配置】按钮，在打开的【时间配置】对话框中，设置【动画】选项组的【帧数】为 150。

(19) 在【前】视图中选中地球造型，单击工具栏上的【选择并旋转】按钮↻，然后在工具栏的【视图】下拉列表框中选择【局部】选项，设置坐标系为球体的本地坐标系。锁定 Z 轴，按下【自动关键点】按钮，拖动时间滑块到第 149 帧，在【前】视图中拖动光标，将地球造型绕着其自身的 Z 轴顺时针旋转 180°。关闭【自动关键点】按钮。

(20) 按下【播放动画】按钮▷，可以看到地球造型绕着自身轴向旋转的动画效果。这样就完成了地球仪旋转动画的制作。图 1-45 所示为动画的第 25 帧和第 125 帧渲染效果。

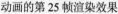

动画的第 25 帧渲染效果　　　　　　　动画的第 125 帧渲染效果

图 1-45　动画静帧渲染效果

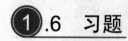 .6　习题

1. 设置 3ds Max 9 的【存储】命令快捷键为 Ctrl+Alt+X。

2. 修改 3ds Max 9 的视图界面显示方式，使其上方显示为【顶】视图、【前】视图和【左】视图 3 个小视图，下方为【透视】视图。

第2章

对象的基本变换

学习目标

在 3ds Max 中，无论是建模还是制作动画，对象的移动、旋转、缩放、复制都是最基本的变换，因此想要掌握 3ds Max 9 的基本操作，必须熟练地应用 3ds Max 中关于对象的选择、变换、复制、对齐等操作技巧，以及利用组的方式管理多个对象。

本章重点

- ◉ 对象的概念
- ◉ 坐标系的使用
- ◉ 变换对象的操作方法
- ◉ 复制对象的操作方法

2.1 认识对象

在 3ds Max 中，用户可以通过创建和编辑各种不同的基本对象得到所需的模型。这里对象是指使用 3ds Max 的【创建】菜单命令或通过【创建】命令面板中的工具按钮创建的物体对象。3ds Max 中可以创建标准基本体、扩展基本体、灯光、摄影机、二维曲线和粒子系统等对象类型。这些对象是构成三维场景的基本元件和制作基础，因此，了解三维制作方法之前有必要先了解对象。

1. 对象的概念

3ds Max 中的大多数操作只是针对选择的对象进行的，不过在理解对象的概念时，还是要与"操作对象"的概念加以区分。所谓"操作对象"是指当前操作的目标，例如设置视口，这时"操作对象"就是视口，而不是 3ds Max 创建的基本对象。

2．对象的参数化

所谓对象的参数化，就是指在 3ds Max 中可以控制基本对象的形状、尺寸等属性的一系列变量。用户可以在创建基本对象时设置【创建】命令面板中的参数选项，也可以在创建基本对象后设置【修改】命令面板中的参数选项。选择不同的对象，其显示的参数选项也会有所不同。图 2-1 所示为场景中的圆柱体修改【参数】卷展栏中的参数选项前后的效果。

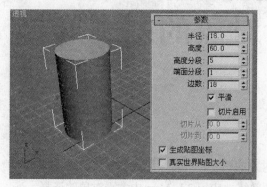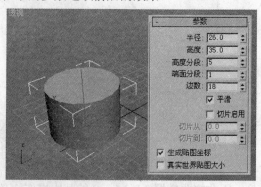

图 2-1　场景中的圆柱体修改【参数】卷展栏中参数选项前后效果

3．子对象的概念

3ds Max 创建的所有模型都是由点、线、面等最基本的元素构成的，这些最基本的元素称为该模型的子对象(也可称为"次对象")，相对于子对象而言整个模型被称为父对象(也可称为"主对象")。图 2-2 所示的是同一球体对象的点、边、面子对象的选择效果。

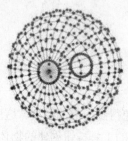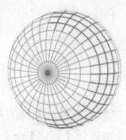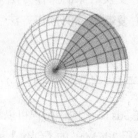

选择面子对象　　　　　　选择边子对象　　　　　　选择顶点子对象

图 2-2　同一球体对象的点、线、面子对象的选择效果

对于三维基本体对象及在其基础上加工而成的复杂三维对象，添加网格编辑器后，都可以对它们的子对象进行独立的编辑操作；对于二维对象，添加样条线编辑器后，可以对其子对象进行独立的编辑；对于 NURBS 对象，可以直接对其子对象进行编辑。

4．查看和设置对象的属性

在 3ds Max 中，要查看和设置创建物体对象的参数属性，可以右击视口中需操作的对象，在弹出的快捷菜单中选择【对象属性】命令，即可打开如图 2-3 所示的【对象属性】对话框。然后通过该对话框查看和设置对象的属性。

图 2-3 【对象属性】对话框

提示

在【对象属性】对话框中，【对象信息】选项组用于设置对象的名称和颜色及查看其他参数属性信息；【渲染控制】选项组用于控制对象在渲染时的属性；【显示属性】选项组用于设置对象的显示属性。

②.2 对象的轴向与轴心控制

使用 3ds Max 的【轴向控制】与【轴心控制】工具，可以沿任意轴向变换对象，并根据不同的操作需要设定对象的轴心点。坐标的轴向控制功能主要针对对象的移动，轴心控制则主要是针对对象的旋转与缩放。

②.2.1 设置参考坐标系

在 3ds Max 中，选择不同的坐标系会对对象的坐标轴方位产生影响，默认对象的坐标系为【视图】坐标系。在工具栏的【参考坐标系】下拉列表框中，用户可以自由设置所需的坐标系类型，如图 2-4 所示。

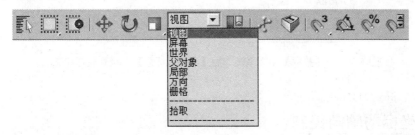

图 2-4 【参考坐标系】下拉列表框

在【参考坐标系】下拉列表框中，各坐标系选项的作用如下。

- 【视图】坐标系：在默认的【视图】坐标系中，所有正交视口中的 X、Y 和 Z 轴都相同。使用该坐标系移动对象时，会相对于视口空间移动对象。
- 【屏幕】坐标系：该坐标系是将当前视口屏幕作为坐标系。X 轴为水平方向，正向朝右；Y 轴为垂直方向，正向朝上；Z 轴为深度方向，正向指向用户。
- 【世界】坐标系：不论选择何种视图情况，X、Y、Z 轴固定不变。在 3ds Max 9 中，各视口左下角显示的坐标系就是【世界】坐标系。
- 【父对象】坐标系：该坐标系使用的是选择对象的父对象的坐标系。如果选择的对象未链接至特定对象，则该选择对象为世界坐标系的子对象，其父对象的坐标系与世界坐标系相同。
- 【局部】坐标系：该坐标系使用的是选定对象的坐标系。使用【层次】命令面板上的选项，可以相对于对象调整局部坐标系的位置和方向。
- 【万向】坐标系：该坐标系与 Euler XYZ 旋转控制器一起使用。它与【局部】坐标系类似，但其 3 个旋转轴之间不一定互相呈直角。对于移动和缩放变换，【万向】坐标系与【父对象】坐标系相同。如果没有为对象指定【Euler XYZ 旋转】控制器，则【万向】坐标系的旋转效果与【父对象】坐标系的旋转效果相同。
- 【栅格】坐标系：该坐标系使用的是当前栅格的坐标系。
- 【拾取】坐标系：该坐标系使用的是场景中另一个对象的坐标系。选择【参考坐标系】下拉列表框中的【拾取】坐标系，然后单击选择操作所需使用对象，该对象的名称即可显示在【参考坐标系】下拉列表框中。图 2-5 所示为选择【拾取】坐标系操作后【参考坐标系】下拉列表框状态。

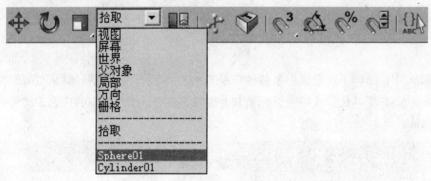

图 2-5 选择【拾取】坐标系操作后【参考坐标系】下拉列表框状态

2.2.2 坐标的轴向控制

要更加精确地控制坐标的轴向，可以右击工具栏，在弹出的快捷菜单中选择【轴约束】命令，即可在工作界面中显示该浮动工具栏。然后根据操作需要在【轴约束】浮动工具栏中，单击 X、或 Y、Z 按钮，也可以在 XY 按钮的下拉列表框中单击 XY、或 XZ、YZ 按钮，这样就可以对指定对象的轴向操作进行设定，从而限制其移动的方向。图 2-6 所示为限制 X 轴方向进行移动的操作。

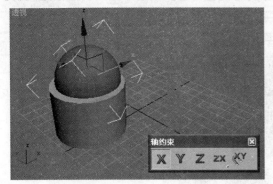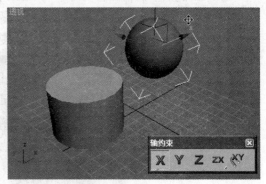

图 2-6　限制 X 轴方向进行移动的操作

2.2.3　坐标的轴心控制

旋转和缩放对象的操作与选择的轴心密切相关。选取不同的轴心，产生的效果是完全不同的。在工具栏的【设置轴心】按钮下拉列表框中，用户可以选择【使用轴点中心】、【使用选择中心】和【使用变换坐标中心】3 种轴心控制方式。

- ⊙ 【使用轴点中心】：可以围绕选择对象自身坐标系的轴点旋转或缩放。选择操作对象，单击工具栏【设置轴心】按钮下拉列表框中的【使用轴点中心】按钮，再选择所需的变换工具，移动光标至视口中的坐标轴轴向上，即可在视口中使用轴心点变换选择对象，如图 2-7 所示。

- ⊙ 【使用选择中心】：可以围绕选择的多个对象的共同中心旋转或缩放。选择操作对象，单击工具栏【设置轴心】按钮下拉列表框中的【使用选择中心】按钮，再选择所需的变换工具，移动光标至视口中的坐标轴轴向上，即可在视口中使用选择中心变换选择对象，如图 2-8 所示。

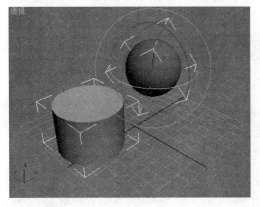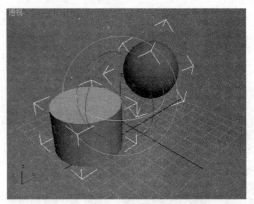

图 2-7　使用轴点中心变换选择对象 图 2-8　使用选择中心变换选择对象

● 【使用变换坐标中心】：可以围绕当前使用的坐标系中心旋转或缩放一个或多个对象。在视口中选择操作对象，单击工具栏的【设置轴心】按钮下拉列表框中【使用变换坐标中心】按钮，再选择所需的变换工具，移动光标至视口中的坐标轴轴向上，即可在视口中使用变换坐标中心变换选择对象，如图 2-9 所示。

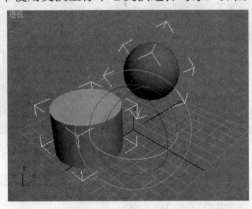

图 2-9　使用变换坐标中心变换选择对象

2.3　选择对象

编辑 3ds Max 中单个或多个对象前，需要在工作界面中进行选择操作。3ds Max 中对象的选择方式非常灵活，用户可以通过多种工具和命令选择所需操作的单个或多个对象。

2.3.1　选择对象的基本操作方法

通常情况下，使用光标直接单击对象是最简单的选择对象操作方式。用户可以通过选择工具栏中的【选择对象】、【选择并移动】、【选择并旋转】等工具实现直接选择对象的操作。光标位于视图中空白区域时，显示为箭头标识，如图 2-10 左图所示；光标位于没有选择的对象上时，显示为十字标识，如图 2-10 右图所示。使用选择类工具单击对象后，对象会以白色线框显示或显示白色外框。

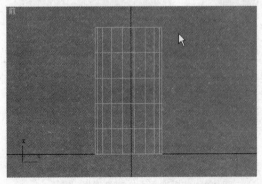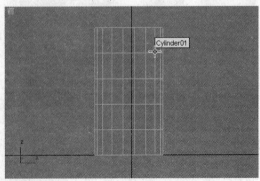

图 2-10　光标位于不同位置时的标识

要在已选择的对象中再添加新的选择对象，只需按住 Ctrl 键在视图中逐一单击要添加的对象即可。使用区域选择方式在视图中选择对象时，也可以按住 Ctrl 键添加新框选的选择对象。要选择视图中所有选择对象，可以选择【编辑】|【全选】命令。

要取消多个选择对象中单个对象的选择状态，只需按住 Ctrl 键在视图中单击需要取消选择的对象即可。用户也可以按住 Alt 键，在视图中使用区域选择方式，取消多个选择对象的选择状态。要取消视图中所有对象的选中状态，可以选择【编辑】|【全部不选】命令。

另外，通过使用【编辑】菜单中的【反选】、【选择方式】和【区域】等命令，也可以实现视图中特定对象的选择。对于选择的对象，用户可以单击状态栏中的【选择锁定切换】按钮或按空格键，使其一直保持选择状态。当激活【选择锁定切换】按钮时，不能在视图中进行选择或取消选择对象的操作。要解除对象的锁定状态，再次单击【选择锁定切换】按钮或按空格键即可。

②.3.2 使用区域选择对象

在 3ds Max 中，常用区域选择方式选择视图中的多个对象。在所需选择的对象周围，按下鼠标左键拖动出虚线区域将所需对象包括在其中，然后释放鼠标即可选择该区域内的全部对象，如图 2-11 所示。

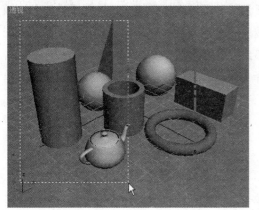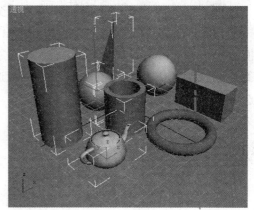

图 2-11 通过区域选择对象

提示

在 3ds Max 中，不论是通过单击方式选择对象，还是通过区域选择方式选择对象，都不局限于具体的视图。这是由于 3ds Max 中的对象在各视图中都为可见，因此用户可以在最合适的视图中进行选择操作。

使用区域选择方式选择对象时，区域范围的形状不仅可以是矩形，也可以是圆形或其他图形形状。3ds Max 中默认的区域选择范围的形状是矩形形状，长时间按下工具栏中的【矩形选择区域】按钮，可以弹出如图 2-12 所示的区域范围选择工具列表。在该下拉列表框中，用

计算机基础与实训教材系列

户可以选择所需的区域范围选择工具。

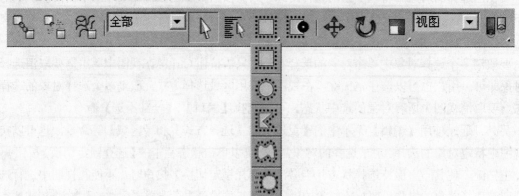

图 2-12　区域范围选择工具列表

区域范围选择工具列表中，各工具的作用如下。

- ⦿　【矩形选择区域】工具 ▣：用于以矩形区域的方式选择对象。
- ⦿　【圆形选择区域】工具 ◎：用于以圆形区域的方式选择对象。
- ⦿　【围栏选择区域】工具 ◩：用于以自由创建不规则区域的方式选择对象。
- ⦿　【套索选择区域】工具 ◔：用于以任意闭合曲线的方式选择对象。
- ⦿　【绘制选择区域】工具 ◎：用于以光标在对象或子对象上拖动的方式选择对象。

　　另外，3ds Max 中还提供了【窗口】和【交叉】两种区域选择的模式。选择【窗口】区域选择模式操作时，只有完全包含在区域选择范围线内的对象才会被选择；选择【交叉】区域选择模式操作时，只要区域选择范围线接触的对象都会被选择。用户可以单击工具栏中的【窗口/交叉】按钮 ▣，切换区域选择的模式，也可以选择【编辑】|【区域】命令，在弹出的级联菜单中选择所需的区域选择模式。

②.3.3　使用选择集选择对象

　　在实际应用中，常常会需要多次选择相同的单个或多个对象，这时用户可以设置单个或多个对象为一个选择集，这样只需选择选择集就可以选择其中的所有对象。

　　要创建选择集，可以先在视图中选择所需操作的对象，然后在工具栏的【命名选择集】文本框中输入该选择集的名称，再按 Enter 键确定。要选择创建的选择集，可以单击工具栏中【命名选择集】文本框右侧的小三角按钮，弹出如图 2-13 所示的下拉列表框，在该下拉列表框中，选择所需的选择集名称。

　　对于创建的选择集，用户可以选择菜单栏中的【编辑】|【编辑命名选择集】命令来进行命名，也可以单击【命名选择集】按钮 ▣，打开【命名选择集】对话框(如图 2-14 所示)，在该对话框中对创建的选择集进行编辑。

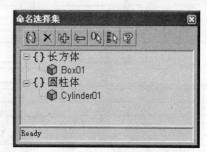

图 2-14 【命名选择集】对话框

图 2-13 【命名选择集】下拉列表框

在【命名选择集】对话框中,各主要按钮的作用如下。

- ⊙ 【新集】按钮 : 用于创建新的选择集,如果没有选定对象,将创建空选择集。
- ⊙ 【删除】按钮✕: 用于移除选定对象或选择集。
- ⊙ 【添加选定对象】按钮 : 用于向选定的命名选择集中添加当前选定对象。
- ⊙ 【减去选定对象】按钮 : 用于从选定的命名选择集中移除当前选定对象。
- ⊙ 【选择集内的对象】按钮 : 用于选择当前命名选择集中的所有成员。
- ⊙ 【按名称选择对象】按钮 : 单击该按钮,可以打开【选择对象】对话框。在该对话框中选择一组对象,然后可以在任何命名选择集中添加或移除选定对象。
- ⊙ 【高亮显示选定对象】按钮 : 用于高亮显示选择的命名选择集。

②.3.4 使用选择过滤器和名称选择对象

场景中对象较多且类型较复杂时,用户可以在工具栏中弹出如图 2-15 所示的【选择过滤器】下拉列表框,选择所需对象的类别,视口中便只能选择该选择类型的对象。

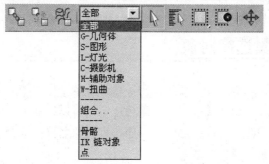

图 2-15 【选择过滤器】下拉列表框

在 3ds Max 中创建对象时,会自动命名创建的对象,如 Sphere01、Sphere02、Cylinder01、Cylinder02 等。命名的前半部分是对象的类型,后半部分是对象的序号。因此,用户可以通过对象的名字选择对象,可以单击工具栏中【按名称选择】按钮 ,打开【选择对象】对话框,如图 2-16 所示。然后在该对话框中根据需要选择所需对象的名称。

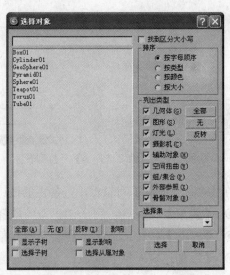

图 2-16 【选择对象】对话框

计算机 基础与实训教材系列

在【选择对象】对话框的名称列表框中，显示了场景中所有对象的名称。单击名称列表框下方的【全部】按钮，可以选择列表框中显示的所有对象名称；单击名称列表框下方的【无】按钮，可以取消所有对象名称的选择状态；单击名称列表框下方的【反转】按钮，可以反选当前的选择对象名称，即取消所有选择的对象名称的选择状态，而选择所有未选择的对象名称。另外，设置【列出类型】选项组中的复选框，可以按照设置的对象类型在名称列表框中显示相关的对象名称。

💡 **提示**

在【选择对象】对话框的名称列表框中，用户可以选择单个对象名称，也可以按住 Ctrl 键选择多个对象名称。要选择多个连续的对象名称，可以先选择连续对象名称一端的对象名称，再按住 Shift 键单击连续对象名称另一端的对象名称即可。

在【选择对象】对话框的【排序】选项组中，选择【按字母排序】单选按钮，可以按照名称的字母顺序排列对象名称；选择【按类型】单选按钮，可以按照类型的名称顺序排列对象名称；选择【按颜色】单选按钮，可以按照颜色顺序排列对象名称；选择【按大小】单选按钮，可以按照每个对象中面的数量排序对象名称。

💡 **提示**

在菜单栏中选择【工具】|【选择浮动框】命令，会打开【选择浮动框】对话框。该对话框与【选择对象】对话框相同，其唯一差别在于它们的操作模式不同。使用【选择浮动框】对话框时，无需关闭对话框就可以在视图中看到选择对象的效果。

②.4　变换对象

移动、旋转和缩放是创建模型时最常用的变换操作。通过使用工具栏中【选择并移动】工具、【选择并缩放】工具、【选择并旋转】工具，可以轻松实现对象的基本变换。

②.4.1　移动对象

在 3ds Max 中，可以在限定的坐标轴移动选择的对象，也可以在限定的坐标平面内移动选择的对象。

【例 2-1】创建一个长方体对象，然后在 XZ 坐标平面上移动该对象。

(1) 启动 3ds Max 9，在【创建】命令面板中单击【几何体】按钮 ，在下拉列表框中选择【标准基本体】选项，然后单击【对象类型】选项组中的【长方体】按钮，在场景中创建一个长方体对象。

(2) 在工具栏的【坐标系】下拉列表框中，选择【世界】坐标系，调整所有视口中的坐标轴为【世界】坐标系。

(3) 选择长方体对象，单击工具栏中的【选择并移动】按钮 ✛，移动光标至【透视】视图中的 XZ 坐标平面上，这时选择的平面会以黄色显示，如图 2-17 所示。

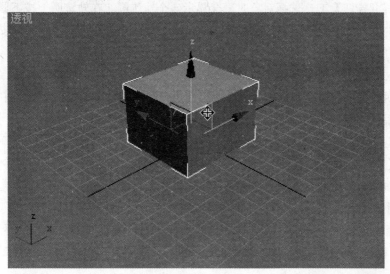

图 2-17　移动光标至【透视】视图中的 XZ 坐标轴平面上

(4) 在【透视】视图中沿 XZ 坐标平面移动对象，可以看到对象只能沿着 X 轴和 Z 轴方向移动，即该对象只能在水平面内任意移动。在【前】视图中可以看到对象能同时沿着 X 轴和 Z 轴方向移动；在【顶】视图中可以看到对象只能沿着 X 轴方向移动；在【左】视图中可以看到对象只能沿着 Z 轴方向移动，如图 2-18 所示。

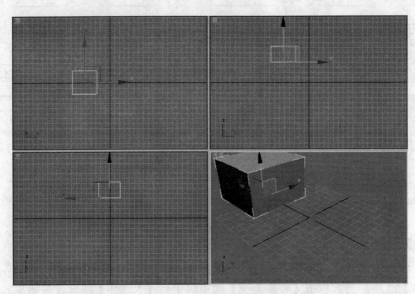

图 2-18   沿 XZ 坐标平面移动对象

2.4.2   旋转对象

使用【选择并旋转】工具选择对象时，会显示 4 个轨迹圆。在轨迹圆上按下鼠标并拖动，可以按照选择的轴向或坐标平面旋转对象；在 X、Y、Z 轴向轨迹圆内任意位置按下鼠标并拖动，可以按照任意方向旋转对象。

在 3ds Max 中，点对象是一种辅助对象。由于它只是提供几何空间中的位置，因此点对象是不可渲染的对象。点对象有自己的坐标系，因此用户要以场景中的参照对象为中心旋转对象时，点对象是最佳选择。

【例 2-2】创建圆锥体对象并按照创建的点对象坐标系的 X 轴旋转。

(1) 选择【文件】|【重置】命令，恢复 3ds Max 至初始状态。在【创建】命令面板中单击【几何体】按钮 ⊙，在下拉列表框中选择【标准基本体】选项，然后单击【对象类型】选项组中的【圆锥体】按钮，在场景中创建一个圆锥体对象。

(2) 单击【创建】命令面板中的【辅助对象】按钮 ▣，在下拉列表框中选择【标准】选项，然后单击【对象类型】卷展栏中的【点】按钮，在【左】视图中创建一个点对象，如图 2-19 所示。

(3) 在工具栏的【坐标系】下拉列表框中，选择【拾取】坐标系，然后单击场景中的点对象，添加点对象的坐标系至【坐标系】下拉列表框中，并设置为当前使用的坐标系。

(4) 选择圆锥体对象，单击工具栏中的【选择并旋转】按钮 ↻，移动光标至【透视】视图中 X 轴轨迹圆(红色)上。

(5) 在【透视】视图中旋转圆锥体对象，可以看到该对象只能按照点对象坐标系的 X 轴旋转，如图 2-20 所示。

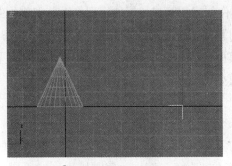

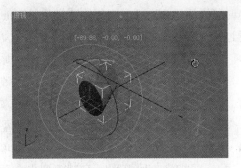

图 2-19 在【左】视图中创建点对象　　　　　图 2-20 在【透视】视图中旋转圆锥体对象

②.4.3 缩放对象

长时间单击工具栏中的【选择并均匀缩放】按钮 ，可以弹出缩放工具下拉列表框，其中有【选择并均匀缩放】 、【选择并非均匀缩放】 和【选择并挤压】 3 种缩放工具。

- ⊙ 【选择并均匀缩放】工具：可以沿 3 个坐标轴向以相同比例缩放对象，并同时保持对象的原始比例。
- ⊙ 【选择并非均匀压缩】工具：可以根据选择的坐标轴向以非均匀方式缩放对象。
- ⊙ 【选择并挤压】工具：按照选择坐标轴向上按比例缩小对象时，非选择坐标轴向上会均匀地按比例放大；按照选择坐标轴向上按比例放大对象时，非选择坐标轴向上会均匀地按比例缩小。

在 3ds Max 中，可以通过设置状态栏的【坐标显示】文本框中的数值，来精确控制对象的变换效果。

- ⊙ 移动对象：单击状态栏中的【绝对模式变换输入】按钮 后，可以通过设置 X、Y、Z 轴文本框中的数值，设定对象在各轴向上的移动距离；未单击状态栏中的【绝对模式变换输入】按钮 时，可以通过设置 X、Y、Z 轴文本框中的数值，设定对象移动的坐标位置。
- ⊙ 旋转对象：设置状态栏【坐标显示】文本框中的数值，可以设定对象绕 X、Y、Z 轴旋转的角度。
- ⊙ 缩放对象：选择工具栏中的【选择并均匀缩放】按钮 时，在状态栏的【坐标显示】文本框中设置的数值，可以控制对象的缩放比例；选择工具栏中的【选择并非均匀缩放】 或【选择并挤压】 时，在状态栏的【坐标显示】文本框中设置的数值，可以控制对象在各轴向的缩放比例。

②.5 复制对象

在制作三维动画过程中，有时会使用相同或相似的模型，如果重复创建会增加操作的繁琐性，这时可以通过 3ds Max 中复制或批量复制的操作创建相同或相似的模型，以节省制作的时间。通过命令或工具复制的模型与原模型有【复制】、【参考】、【实例】3 种关系。

⦿ 【复制】关系：复制模型虽然克隆于原模型，但是却完全独立于原模型。原模型的任何修改不会影响到复制模型，而复制模型的修改也同样不会影响到原模型。

⦿ 【实例】关系：【实例】关系是一种双向关联关系，表现为复制模型与原模型之间相互影响，即指修改复制模型或原模型都会随之改变对方。

⦿ 【参考】关系：【参考】关系是一种单向关联关系，表现为原模型对复制模型的影响，即指修改原模型时复制模型也会随之一起改变，而修改复制模型则对原模型没有任何影响。

②.5.1 通过菜单命令复制对象

在场景中选择需要被复制的对象，再选择【编辑】|【克隆】命令，可以打开【克隆选项】对话框。在该对话框中，可以在【对象】选项组里选择复制对象与原对象的关系；在【名称】文本框中设置复制对象的名称；在【控制器】选项组中选择以复制和实例化原始对象的子对象的变换控制器(只有选择对象包含两个或多个层次链接对象时，该选项组才可以使用)。设置完成后，单击【确定】按钮，即可在原对象位置创建一个新对象。用户可以使用工具栏中的【选择并移动】工具移动复制对象，如图 2-21 所示。

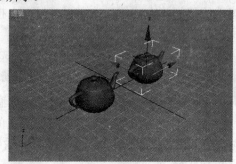

图 2-21　通过菜单命令复制对象并移动该复制对象

②.5.2 镜像复制对象

镜像是在任意轴的组合周围产生对称的复制效果。镜像复制是通过已创建的对象创建相对于设定的坐标轴或平面完全对称的对象。在镜像复制对象的过程中，可以设定是否保留原对象以及复制创建的对象类型。

【例 2-3】镜像复制场景中创建的圆锥体对象。

(1) 选择【文件】|【重置】命令，恢复 3ds Max 至初始状态。然后创建一个圆锥体对象。

（2）选择圆锥体对象，选择【工具】|【镜像】命令，或单击工具栏中的【镜像】按钮，打开【镜像】对话框。

（3）在该对话框中，选择【镜像轴】选项组中的 ZX 单选按钮；设置【偏移】文本框中的数值为 10；选择【克隆当前选择】选项组中的【复制】单选按钮。设置后效果如图 2-22 左图所示。

（4）设置完成后，单击【确定】按钮，即可创建与原对象相对于 ZX 平面对称的圆锥体对象，如图 2-22 右图所示。

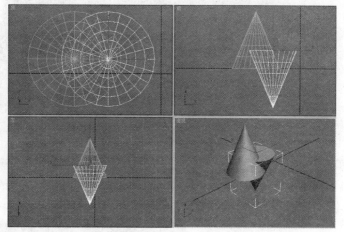

图 2-22　镜像复制对象

2.5.3　按键复制对象

在 3ds Max 9 中，移动、旋转或缩放对象时，可以通过使用 Shift 键配合变换工具便捷地复制对象。使用 Shift+【选择并移动】工具的操作方法，可以实现对象的移动复制；使用 Shift+【选择并旋转】工具的操作方法，可以实现对象的旋转复制；使用 Shift+【选择并均匀缩放】工具的操作方法，可以实现对象的缩放复制。

使用按键复制对象的方法创建的阵列有如下两方面特点。

◉　阵列的中心线从原对象轴心贯穿所有复制对象的轴心。

◉　复制对象间的距离与原对象到第一个复制对象间的距离相等。

【例 2-4】使用 Shift+【选择并移动】工具的操作方法，移动复制出 5 个柱体对象。

（1）选择【文件】|【重置】命令，恢复 3ds Max 至初始状态。然后通过圆环和长方体的并集布尔运算制作出如图 2-23 所示的柱体对象。

（2）使用工具栏中的【选择并移动】工具，在视口中选择创建的柱体对象。

（3）在【前】视图中，按住 Shift 键沿 X 轴向右拖动柱体对象，拖动至适合位置时释放按键和鼠标，打开【克隆选项】对话框。

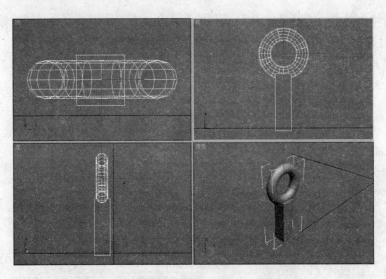

图 2-23　柱体对象

(4) 在该对话框中，选择【对象】选项组中的【复制】单选按钮，设置【副本数】为 5，如图 2-24 左图所示。设置完成后，单击【确定】按钮，即可沿 X 轴向移动复制出 5 个柱体对象，如图 2-24 右图所示。

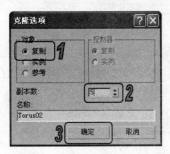

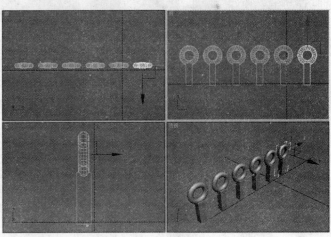

图 2-24　沿 X 轴向移动复制出 5 个柱体对象

【例 2-5】使用 Shift+【选择并旋转】工具的操作方法，旋转复制柱体对象。

(1) 删除【例 2-4】中复制出的 5 个柱体对象。

(2) 使用工具栏中的【选择并旋转】工具，在视口中选择创建的柱体对象。在【透视】视图中，按住 Shift 键沿 X 轴轨迹圆向下拖动柱体对象，拖动至 X 轴向旋转 30°时释放按键和鼠标，打开【克隆选项】对话框。在该对话框中，选择【对象】选项组中的【复制】单选按钮，设置【副本数】文本框中的数值为 5，如图 2-25 左图所示。设置完成后，单击【确定】按钮，即可沿 X 轴向旋转复制出 5 个柱体对象，如图 2-25 右图所示。

(3) 对象的旋转与旋转时的坐标系轴心位置密切相关。删除复制出的 5 个柱体对象。

图 2-25　沿 X 轴向旋转复制出 5 个柱体对象

（4）在【透视】视图中，选择柱体对象，单击命令面板中的【层次】标签，打开【层次】命令面板。单击该命令面板中的【轴】按钮，在【调整轴】卷展栏中单击【仅影响轴】按钮，然后使用【选择并移动】工具移动轴心点坐标至如图 2-26 所示位置。

（5）选择工具栏的【参考坐标系】下拉列表框中的【世界】选项，取消【层次】命令面板中【仅影响轴】的选中状态。

（6）选择工具栏中的【选择并旋转】工具，按住 Shift 键沿 Z 轴轨迹圆逆时针拖动柱体对象，拖动至 Z 轴向旋转 30° 时释放按键和鼠标，打开【克隆选项】对话框。在该对话框中，选择【对象】选项组中的【复制】单选按钮，设置【副本数】文本框中的数值为 11。设置完成后，单击【确定】按钮，即可沿改变的坐标系 Z 轴向旋转复制出 11 个柱体对象，如图 2-27 所示。

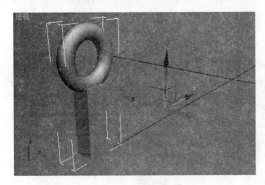

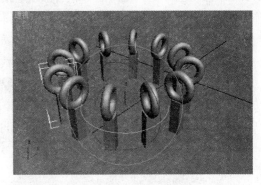

图 2-26　更改柱体对象的坐标位置　　　　　图 2-27　沿改变的坐标系 Z 轴向旋转复制对象

【例 2-6】使用 Shift+【选择并均匀缩放】工具的操作方法，缩小复制出 5 个柱体对象。

（1）删除【例 2-5】中复制出的柱体对象。

（2）在工具栏中单击【选择并均匀缩放】按钮，选择视口中的柱体对象。

（3）在【前】视图中，按住 Shift 键沿 X 轴向下拖动柱体对象，拖动至适合大小时释放按键和鼠标，打开【克隆选项】对话框。在该对话框中，选择【对象】选项组中的【复制】单选按钮，设置【副本数】为 5。

（4）设置完成后，单击【确定】按钮，即可沿 X 轴向缩小复制出 5 个柱体对象，如图 2-28 所示。

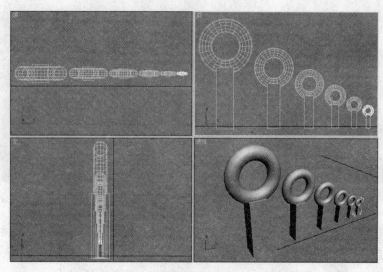

图 2-28   沿 X 轴向缩小复制出 5 个柱体对象

②.5.4   阵列复制对象

通过阵列可以快速、精确地复制出大批量的对象。通过阵列复制出的对象，都可以进行编辑，并且可以对整个阵列进行整体编辑修改。使用阵列制作的复制效果是使用按键复制对象的操作方法无法获得的。阵列有线性阵列、圆形阵列和螺旋形阵列 3 种类型。

在选择操作的对象后，选择【工具】|【阵列】命令，打开【阵列】对话框，如图 2-29 所示。该对话框用于设置阵列复制对象的相关参数选项。

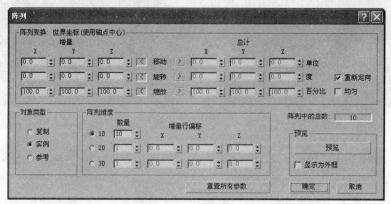

图 2-29   【阵列】对话框

【阵列】对话框中的【阵列变换】选项组，用于设定变换的轴向范围。在每个对象之间，可以按增量设定变换范围；对于所有对象，可以按总计设定变换范围。【移动】、【旋转】或【缩放】选项组的左或右箭头按钮，用于设定是否要以【增量】或【总计】方式设置阵列参数。

【增量】区域中各参数选项的作用如下。

- ⦿ 【移动】选项：用于设定沿 X、Y 和 Z 轴方向每个阵列对象之间的距离(以单位量设置)。
- ⦿ 【旋转】选项：用于设定阵列中每个对象围绕 3 个轴向中任一轴向旋转的度数(以度数设置)。
- ⦿ 【缩放】选项：用于设定阵列中每个对象沿 3 个轴向中任一轴向缩放的百分比(以百分比数值设置)。

【总计】区域中各参数选项的作用如下。

- ⦿ 【移动】选项：用于设定沿 3 个轴向中每个轴向创建的阵列中两个外部对象轴点之间的总距离。
- ⦿ 【旋转】选项：用于设定沿 3 个轴向中每个轴向应用于对象的旋转总度数。
- ⦿ 【缩放】选项：用于设定对象沿 3 个轴向中每个轴向缩放的总计。
- ⦿ 【重新定向】复选框：用于设定创建的阵列对象在围绕世界坐标旋转的同时，也围绕自身局部轴向旋转。取消选中该复选框时，创建的阵列对象会保持其原始方向。
- ⦿ 【均匀】复选框：用于禁止调整 Y 和 Z 文本框中的数值，并使 X 文本框中的数值应用于所有轴向，从而形成均匀缩放。

【阵列维度】选项组用于确定阵列中使用的维数和维数之间的间隔，各参数选项的作用如下。

- ⦿ 1D 选项：用于创建一维阵列。该选项中的【数量】文本框用于设定在一维阵列中对象的数量。
- ⦿ 2D 选项：用于创建二维阵列。该选项中的【数量】文本框用于设定在二维阵列中对象排列的行数；X、Y、Z 文本框中的数值，用于设定沿二维阵列的每个轴方向的增量偏移距离。
- ⦿ 3D 选项：用于创建三维阵列。该选项中的【数量】文本框用于设定在三维阵列中对象的纵列数；X、Y、Z 文本框中的数值用于设定沿三维阵列的每个轴方向的增量偏移距离。

1. 线性阵列

线性阵列是沿单个或多个轴向复制对象，任何场景所需的重复对象或图形都可以看作线性阵列的原对象，如一个楼梯、一排树、一列支柱式围栏等。

【例 2-7】通过【阵列】对话框，创建柱体对象的三维线性阵列效果。

(1) 选择【文件】|【重置】命令，恢复 3ds Max 至初始状态。创建与【例 2-4】相同的柱体对象。

(2) 在视口中选择柱体对象，选择【工具】|【阵列】命令，打开【阵列】对话框。

(3) 在【增量】区域中，设置【移动】选项的 X 文本框中的数值为 20，即设定阵列对象在 X 轴向上的间距为 20。在【阵列维度】选项组中，选择 1D 单选按钮，然后设置该选项的【数量】为 8，即设定阵列复制的柱体对象为 8 个。设置完成后，单击【预览】按钮，在视口中预览创建一维线性阵列效果，如图 2-30 所示。

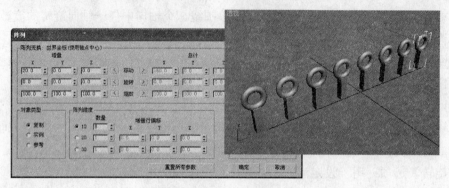

图 2-30　创建一维线性阵列

(4) 在【阵列维度】选项组中，选择 2D 单选按钮。然后在该选项中设置【数量】为 4，即设定阵列行数为 4 组；设置 Y 为 10，即阵列组之间在 Y 轴方向上的偏移距离为 10；设置 Z 为 5，即阵列组之间在 Z 轴方向上的偏移距离为 5。设置完成后，单击【预览】按钮，在视口中预览创建二维线性阵列效果，如图 2-31 所示。

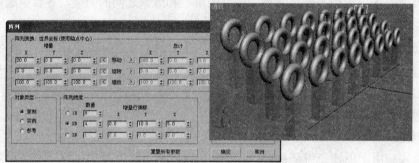

图 2-31　创建二维线性阵列

(5) 在【阵列维度】选项组中，选择 3D 单选按钮。然后在该选项中设置【数量】为 3，即设定阵列纵列为 3 组；设置 Z 为 35，即阵列纵列组之间在 Z 轴方向上的偏移距离为 35。设置完成后，单击【确定】按钮，即可在视口中创建三维线性阵列，如图 2-32 所示。

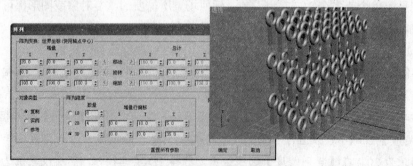

图 2-32　创建三维线性阵列

2. 圆形阵列

圆形阵列是基于设定的轴心点旋转复制原对象而创建的。由于该阵列类型中所有对象共用一个轴心点，因此应用圆形阵列前，需先设置阵列的轴心点。

要创建圆形阵列，可以先通过【层次】命令面板设置选择对象的轴心点位置，然后选择【工具】|【阵列】命令，打开【阵列】对话框，设置【旋转】选项中的参数选项。设置完成后，单击【确定】按钮，即可创建圆形阵列，如图 2-33 所示。

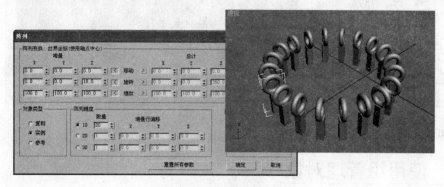

图 2-33　创建圆形阵列

3. 螺旋形阵列

螺旋形阵列是在旋转圆形阵列的同时沿着中心轴移动复制对象而创建的。其与圆形阵列一样，也需在创建前设置阵列创建的轴心点位置。螺旋形阵列的操作方法与圆形阵列相似。

在螺旋形阵列中，螺旋形向上或向下旋转方式是由【阵列】对话框的【移动】选项中正负偏移数值决定的。另外，在【阵列】对话框的【旋转】选项中输入正或负旋转数值，可以创建逆时针或顺时针螺旋形阵列。

②.5.5　间隔复制对象

间隔复制是基于当前选择的样条线或一对点定义的路径来分布复制原对象的。使用间隔复制对象的方法，可以设定间隔分布的形态。也可以设定对象之间的间隔方式，以及对象的轴点在间隔分布形态上的位置。

【例 2-8】通过【间隔工具】对话框创建间隔复制对象。

(1) 选择【文件】|【重置】命令，恢复 3ds Max 至初始状态。

(2) 创建与【例 2-4】相同的柱体对象。然后创建一条弧线，用作为间隔分布的形态。

(3) 选择柱体对象，然后选择【工具】|【间隔工具】命令，打开【间隔工具】对话框。

(4) 单击该对话框中的【拾取路径】按钮，然后单击视口中的弧线，即设定弧线为间隔分布的形态。然后设置【计数】文本框中的数值为 10，选择【前后关系】选项组中的【中心】单选按钮，选择【对象类型】选项组中的【复制】单选按钮。设置完成后，单击【应用】按钮，即可创建按照设置的间隔参数选项复制对象，如图 2-34 所示。

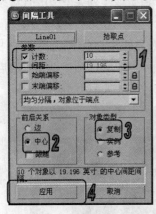 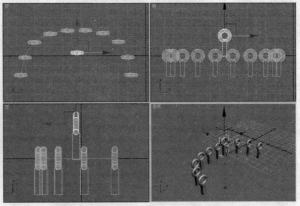

图 2-34　间隔复制对象

2.6　使用组管理对象

在 3ds Max 中可以将多个对象成组，然后以组形式管理对象。对于组的操作比较灵活，用户可以将组作为单个对象设置动画、编辑和修改，也可以对组中的对象分别设置动画、编辑和修改。3ds Max 中组的相关命令都放置在【组】菜单中。

要成组多个对象，可以先选择需操作的对象，再选择【组】|【成组】命令，打开【组】对话框，设置【组名】文本框中组的名称，然后单击【确定】按钮。要在创建的组中添加对象，可以先在场景中选择操作的对象，再选择【组】|【附加】命令，然后单击场景中创建的组中的任意对象。单击组中任意对象，都可以选择组及组中所有对象。

要拆分创建的组，可以在场景中选择操作的组，再选择【组】|【解组】命令。要拆分组中的单个或多个对象，可以在场景中选定操作的组，选择【组】|【打开】命令，然后在场景中选择需要拆分的单个或多个对象，接着选择【组】|【分离】命令使其脱离组的关联，最后选择【组】|【关闭】命令。

2.7　对齐对象

对齐工具用于精确设置多个对象之间的相对位置。单击工具栏中的【对齐】按钮，可以弹出 3ds Max 提供的 6 种不同的对齐工具列表，分别是【对齐】工具、【快速对齐】工具、【法线对齐】工具、【放置高光】工具、【对齐摄影机】工具和【对齐到视图】工具，如图 2-35 所示。

使用对齐工具，用户可以根据一定范围对齐对象，也可以根据轴心点对齐对象，还可以使用【辅助对象】将当前对象与其他对象对齐。

要对齐对象，可以先选择场景中的原对象，在工具栏中选择所需的对齐工具，移动光标至目标对象上单击，打开如图 2-36 所示的【对齐当前选择】对话框。在该对话框中，按照所需对齐要求设置相关参数选项即可。

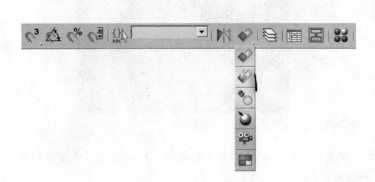

图 2-35　【对齐】工具列表　　　　　　　图 2-36　【对齐当前选择】对话框

2.8　上机练习

　　本章的上机实验主要练习制作沿斜面移动的球体，使用户更好地掌握选择、变换、复制、对齐等基本操作方法和技巧，以及坐标系的使用方法。

　　(1) 选择【文件】|【重置】命令，恢复 3ds Max 至初始状态。在【创建】命令面板中单击【几何体】按钮 ，选择下拉列表框中的【标准基本体】选项，然后单击【对象类型】选项组中的【球体】按钮，在场景中创建一个半径为 25 的球体对象，如图 2-37 所示。

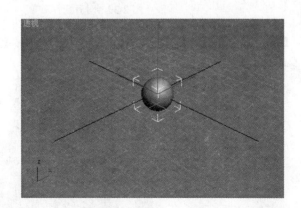

图 2-37　在场景中创建球体对象

　　(2) 在【创建】命令面板的【对象类型】选项中单击【长方体】按钮，创建一个长方体对象作为地面，如图 2-38 所示。

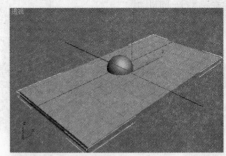

图 2-38　在场景中创建长方体对象

（3）在场景中选择球体对象，单击工具栏中的【对齐】按钮，移动光标至长方体对象上单击，打开【对齐当前选择】对话框。

（4）在该对话框中，选中【对齐位置】选项组中的【Z 位置】复选框，选择【当前对象】区域中的【最小】单选按钮，选择【目标对象】区域中的【最大】单选按钮，如图 2-39 左图所示。设置完成后，单击【确定】按钮，球体对象按照设置调整至如图 2-39 右图所示的位置。

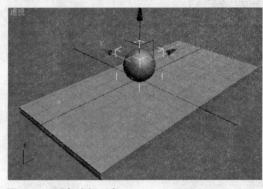

图 2-39　对齐选择对象

（5）在【创建】命令面板的【对象类型】选项组中单击【长方体】按钮，在作为地面的长方体对象上再创建一个长方体对象作为滑板，如图 2-40 所示。

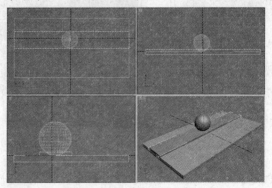

图 2-40　创建滑板长方体对象

(6) 使用工具栏中的【选择并移动】工具 ，在【前】视图中向左移动球体对象至适合位置，如图 2-41 所示。

(7) 在【前】视图中选择滑板长方体对象，单击命令面板中的【层次】标签，打开【层次】命令面板。单击该命令面板中的【轴】按钮，在【调整轴】卷展栏中单击【仅影响轴】按钮。然后使用【选择并移动】工具，沿 X 轴向移动坐标轴心点至滑板长方体对象的最右端。

(8) 选择工具栏的【参考坐标系】下拉列表框中的【世界】选项，取消【层次】命令面板中【仅影响轴】的选中状态。

(9) 选择工具栏中的【选择并旋转】工具 ，沿 Y 轴轨迹圆顺时针拖动，拖动至滑板长方体刚好盖在球体对象上方位置时释放鼠标，如图 2-42 所示。

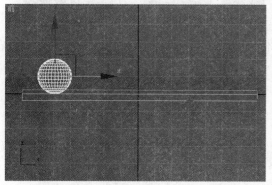

图 2-41　调整球体对象位置

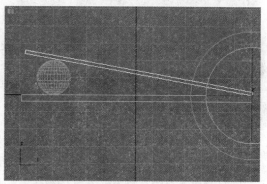

图 2-42　调整滑板长方体对象放置角度

(10) 使用工具栏中的【选择并移动】工具，在视口中选择创建的球体对象。

(11) 在【前】视图中，按住 Shift 键沿 Y 轴向上拖动球体对象，拖动至适合位置时释放按键和鼠标，打开【克隆选项】对话框。

(12) 在该对话框中，选择【对象】选项组中的【复制】单选按钮，设置【副本数】为 1，如图 2-43 左图所示。设置完成后，单击【确定】按钮，即可沿 Y 轴向移动复制出一个球体对象作为滚动对象，如图 2-43 右图所示。

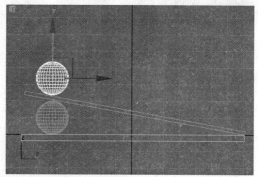

图 2-43　沿 Y 轴向移动复制出一个球体对象

(13) 选择工具栏的【参考坐标系】下拉列表框中的【拾取】选项，单击滑板长方体对象，设定滚动球体对象使用滑板长方体对象的轴坐标系。

(14) 在【前】视图中，使用工具栏中的【选择并移动】工具，沿 X 轴向向右拖动球体对象，拖动至滑板长方体对象的最右端位置释放鼠标，如图 2-44 所示。

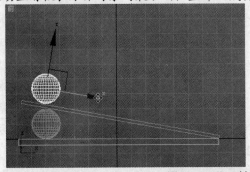 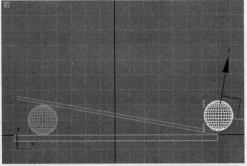

图 2-44　沿 X 轴向向右拖动球体对象

(15) 还可以结合本书后面章节中的内容，制作球体在滑板上滚动的动画效果。图 2-45 所示为设置各对象材质后的渲染效果。

②.9　习题

1. 如何实现对象之间的成组与解组？成组管理与对象的管理之间有何关系？

2. 复制对齐有哪几种方式？具体操作方法是什么？

3. 利用阵列复制的一维线性阵列复制方法，创建图 2-46 所示的模型。

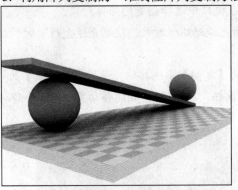 

图 2-45　设置各对象材质后的渲染效果　　　图 2-46　利用一维线性阵列复制制作路灯模型

创建与编辑基本参数模型

学习目标

基本参数模型的创建是 3ds Max 动画制作的基础，无论多么复杂的场景模型，都是由基本参数模型组合或加工而成的。因此掌握基本参数模型的创建方法和技巧，对于三维动画的建模具有重要作用。

本章重点

- ◉ 创建二维基本参数模型的操作方法
- ◉ 编辑顶点
- ◉ 创建标准基本模型的操作方法
- ◉ 创建扩展基本模型的操作方法

3.1 3ds Max 建模方法概述

3ds Max 中建模方法有很多种，按照创建难易和模型的复杂程度，可以分为基础建模和高级建模。基础建模是指通过【创建】命令面板直接创建参数模型或基于简单修改器创建模型的建模方法。3ds Max 中的高级建模有多边形建模、面片建模、细分建模、复合建模和 NURBS 建模等方法。

基础建模为高级建模提供了最原始的基础模型。基础建模的操作方法快捷、易学，可以通过简单操作步骤创建出现实生活中的物体，如桌子、椅子等。

多边形建模是最常用的建模方法之一，许多三维制作软件都支持这种建模方法。多边形建模基于网格操作，可以边创建边修改，因而能够提供较大的想象创作空间和修改余地。该建模方法擅长于表现边缘尖锐的曲面，具有较好的网格分配控制能力。

面片建模源于多边形建模，拥有多边形建模的大部分优点。它通过对模型表面面片进行编辑加工，改变了多边形表面不易进行弹性编辑的问题，常用于生物模型的创建。

细分建模是新兴的高级建模方法，同面片建模一样，也源于多边形建模。与面片建模不同的是，这种建模是通过对模型局部网格的多次细分，利用控制点调整模型形状的。细分建模可以用较少几何体控制模型外表，使模型的表面光滑。该建模常用于创建曲面平滑度要求较高的模型。

复合建模是通过采用逻辑算法的复合工具将简单基本模型合成为复杂模型的建模方法。由于复合建模不能较好地处理合成基本模型时的结合位置，因而不适于对精度要求较高的有机体建模。

NURBS 建模以其功能强大、易于掌握、可以制作光滑连续的曲面等特性，成为各大三维软件中最为常用的建模方法之一。相对于传统的多边形建模及其他建模方案而言，NURBS 建模能够更好地控制模型表面的曲率，因而适合创建真实的生物有机体模型和制作生动的视频动画模型。

③.2 创建二维基本参数模型

二维基本参数模型在创建复合模型、表面建模和制作动画路径等方面都有广泛的应用。在 3ds Max 9 中，用户可以直接创建线、矩形、椭圆、圆、弧、星形、圆环、多边形、文本、截面和螺旋线 11 种二维基本参数模型。

③.2.1 创建线

线是 3ds Max 中最简单、最基础的二维基本参数模型。要绘制线，可以在【创建】命令面板中单击【图形】按钮 ，选择下拉列表框中的【样条线】选项，然后单击【对象类型】选项组中的【线】按钮。这样就可以使用【线】工具在视口中绘制出任何形状的二维图形了。在【线】创建命令面板中，各主要卷展栏的功能如下。

1. 【创建方法】卷展栏

在【创建方法】卷展栏(如图 3-1 所示)中，可以设置创建样条线的顶点类型。实际上，样条线的顶点类型影响的是顶点两端的线段类型。二维基本参数模型中的样条线顶点共有 4 种类型，它们在编辑时可以相互转换，其中有 3 种类型可以在创建时直接创建出来。

◉ 【角点】单选按钮：选择该类型，可以创建一个尖端，并且创建的样条线在顶点的任意一边都是线性的。

◉ 【平滑】单选按钮：选择该类型，可以通过顶点创建一条平滑并且不可调整的样条线，该样条线的曲率只能通过调节相邻顶点的位置调节。

- ⊙ Bezier(贝塞尔)单选按钮：选择该类型，可以通过顶点创建一条平滑并且可调整的样条线。在每个顶点拖动光标，可以设置曲率和样条线的方向。
- ⊙ 【Bezier 角点】单选按钮：该类型出现在【修改】命令面板中，与 Bezier 类型相似。不过，其控制手柄不在同一条水平线上，可以单独进行调节。

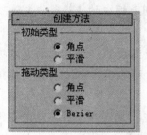

图 3-1　【创建方法】卷展栏

💡 **提示**

　　创建样条线时，可以通过移动光标或拖动顶点创建线条的轨迹。在【线】创建命令面板的【创建方法】卷展栏中，【初始类型】选项组用于设置样条线创建的初始顶点类型，【拖动类型】选项组用于设置拖动光标创建的样条线顶点类型。

2. 【渲染】卷展栏

在【渲染】卷展栏(如图 3-2 所示)中，可以设置样条线在视口和渲染中的相关参数选项。在该卷展栏中，各主要参数选项的作用如下。

- ⊙ 【在渲染中启用】复选框：决定是否使用渲染器，按照【径向】或【矩形】选项组中设置的参数选项将图形渲染为 3D 网格。
- ⊙ 【生成贴图坐标】复选框：选中该复选框，可以应用贴图坐标。
- ⊙ 【厚度】文本框：用于设定视口或渲染中的样条线网格直径。
- ⊙ 【边】文本框：用于在视口或渲染器中为样条线网格设置的边数(或面数)，例如文本框中数值设置为 4 时，表示一个方形横截面。
- ⊙ 【角度】文本框：用于调整视口或渲染器中横截面的旋转位置。

3. 【插值】卷展栏

两个顶点间的样条线实际上是由很多子线段构成的，通过在【插值】卷展栏(如图 3-3 所示)的【步数】文本框中设置步数(子线段)的数量，可以设定样条线的平滑度。

图 3-2　【渲染】卷展栏

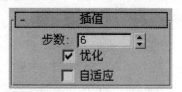

图 3-3　【插值】卷展栏

在该卷展栏中，选中【优化】复选框，可以在不影响样条线形状的前提下，尽可能地减少步数数量；选中【自适应】复选框，会根据绘制结果自动设置步数数值。

【例3-1】 使用【线】工具在顶视图中创建锯齿图形。

(1) 选择【文件】|【重置】命令，恢复 3ds Max 至初始状态。

(2) 在【创建】命令面板中单击【图形】按钮，选择下拉列表框中的【样条线】选项，然后单击【对象类型】选项组中的【线】按钮。

(3) 在顶视图中任意位置单击，创建样条线的起始顶点位置，显示为一个黄色的小方块。

(4) 移动光标至起始顶点右上方位置单击，创建另一个顶点，同时 3ds Max 会自动连接起始顶点与该顶点，如图3-4所示。

(5) 使用与步骤(4)相同的操作方法，在顶视图中创建多个顶点。然后在当前视口中任意位置右击，即可结束绘制操作，如图3-5所示。

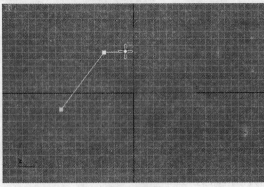

图3-4 创建线段

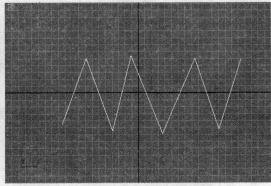

图3-5 创建锯齿图形

提示

在绘制样条线过程中，移动光标至起始顶点单击，会打开如图3-6所示的提示对话框，用于确定是否闭合绘制的样条线。单击【是】按钮，闭合样条线；单击【否】按钮，结束当前样条线的绘制操作。

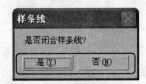

图3-6 样条线提示对话框

提示

创建样条线之前，选中【创建方法】卷展栏的【初始类型】和【拖动类型】选项组中的【平滑】选项，可以直接创建顶点为平滑类型。不过，在创建样条线操作中，要更换顶点类型，只能在【修改】命令面板中选择设置。

③.2.2 创建文本

在影视广告片中经常会看到立体文本的身影，这些立体文本通常都是由二维文字编辑而成的。在 3ds Max 中，可以通过【创建】命令面板中的【文本】工具创建文本图形。

在【创建】命令面板中单击【图形】按钮 ，然后单击创建【图形】面板中的【文本】按钮，即可打开【文本】创建命令面板，如图 3-7 所示。

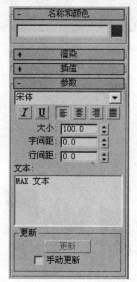

图 3-7 【文本】创建命令面板

提示

选中【手动更新】复选框，用户在文本编辑框中对文本的修改，只有单击【更新】按钮时才会显示最近修改结果。

通过图 3-7 所示的【文本】命令面板可以看出，文本的参数选项与 Windows 系统中文字处理软件的参数很类似。可以在该命令面板中设置字体、对齐格式和文字大小等。

在【参数】卷展栏中，可以通过【字体】下拉列表框选择字体；在文本样式和对齐格式选项组，可以设置字体为斜体、下划线，也可以设置文本的对齐格式为左对齐、中间对齐、右对齐和分散对齐；在【大小】文本框中可以设置字体大小；在【字间距】文本框中设置字与字之间的距离；在【行间距】文本框中设置行与行之间的距离；在【文本】文本框中输入所要制作的文本内容。

【例 3-2】使用【文本】工具创建二维文字【中文版 3ds Max 9】。

(1) 选择【文件】|【重置】命令，恢复 3ds Max 至初始状态。

(2) 在【创建】命令面板中单击【图形】按钮 ，选择下拉列表框中的【样条线】选项，然后单击【对象类型】选项组中的【文本】按钮。

(3) 在【文本】创建命令面板的【参数】卷展栏中，选择字体下拉列表框中的【黑体】选项；设置【大小】为 100，【字间距】为 10，【行间距】为 20；在【文本】文本框中输入【中文版 3ds Max 9】。设置完成后，【参数】卷展栏的状态如图 3-8 所示。

(4) 在【前】视图中单击，即可按照设置创建出二维文本，如图 3-9 所示。

图 3-8　设置【参数】卷展栏中参数　　　　　　　　图 3-9　在视口中创建出二维文本

（5）展开【渲染】卷展栏，选中【在渲染中启用】复选框；选中【渲染】单选按钮，设置【厚度】为 10，如图 3-10 所示。图 3-11 所示为二维文本渲染后的效果。

图 3-10　设置【渲染】卷展栏中参数选项　　　　　图 3-11　二维文本渲染效果

3.2.3　创建星形

在【创建】命令面板中单击【图形】按钮，选择下拉列表框中的【样条线】选项，然后单击【对象类型】选项组中的【星形】按钮，即可打开【星形】创建命令面板，如图 3-12 所示。通过该创建命令面板中参数选项的设置，用户可以创建出形状各异的星形图形。

图 3-12　【星形】创建命令面板

 提示

　　创建星形时，尖角可以钝化为倒角，用来制作齿轮图案；尖角的方向可以扭曲，用来产生倒刺状锯齿，因此可以用来制作一些特殊的花纹图案。

在【星形】创建命令面板的【参数】卷展栏中，【半径 1/半径 2】和【点】文本框用于确定星形的内径、外径和角点数；【扭曲】文本框用于旋转改变星形图形的内径角点位置，如图 3-13 所示；【圆角半径 1/圆角半径 2】的文本框用于圆角化处理星形图形的角点，如图 3-14 所示。

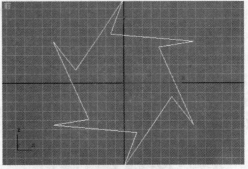

图 3-13　旋转改变星形图形的内径角点位置

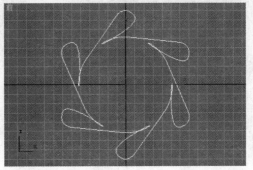

图 3-14　圆角化处理星形图形

③.2.4　创建螺旋线

螺旋线是一种立体的二维模型，通过放样造型可以创建螺旋形的楼梯、螺丝等模型。在【创建】命令面板中单击【图形】按钮 ，选择下拉列表框中的【样条线】选项，然后单击【对象类型】选项组中的【螺旋线】按钮，即可打开【螺旋线】创建命令面板，如图 3-15 所示。

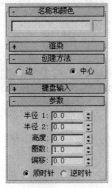

图 3-15　【螺旋线】创建命令面板

在【参数】卷展栏中，【半径 1】文本框用于设置螺旋线的顶部半径；【半径 2】文本框用于设置螺旋线的底部半径；【高度】文本框用于设置螺旋线的高度；【圈数】文本框用于设置螺旋线的圈数；【偏移】文本框用于设置螺旋线向顶部或底部集中的程度，其数值范围为 –1~1；【顺时针】和【逆时针】单选按钮用于设置螺旋线的方向。

【例3-3】使用【螺旋线】工具创建具有弹簧效果的螺旋线。

(1) 选择【文件】|【重置】命令，恢复 3ds Max 至初始状态。

(2) 在【创建】命令面板中单击【图形】按钮 ，选择下拉列表框中的【样条线】选项，然后单击【对象类型】选项组中的【螺旋线】按钮，打开【螺旋线】创建命令面板。

(3) 在【透视】视图中，按下鼠标并拖动，拖动至适合大小时释放鼠标，确定螺旋线的下部直径大小，如图 3-16 左图所示。再向上移动光标，移动至适合位置单击，确定螺旋线的高度。然后向上移动光标，移动至适合位置单击，确定螺旋线上部直径大小，如图 3-16 右图所示。

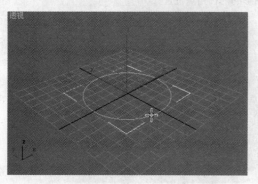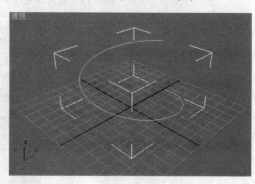

图 3-16　创建螺旋线

(4) 在【螺旋线】创建命令面板的【参数】卷展栏中，设置【半径 1】为 25；【半径 2】为 10；【高度】为 45；【圈数】为 10；【偏移】为 –0.1。图 3-17 所示为修改螺旋线的创建参数选项后的效果。

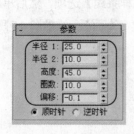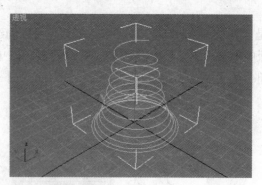

图 3-17　修改螺旋线创建参数选项后的效果

(5) 展开【渲染】卷展栏，选中【在渲染中启用】复选框和【渲染】单选按钮。然后设置【厚度】为 2，【边】为 6，如图 3-18 所示。图 3-19 所示为渲染后的弹簧效果的螺旋线。

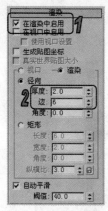

图 3-18 设置【渲染】卷展栏中参数选项

图 3-19 渲染后的弹簧效果的螺旋线

③.3 编辑二维基本参数模型

在实际应用中,经常会对二维基本参数模型进行各种修改和编辑。在选择修改的二维基本参数模型后,可以选择【修改】命令面板中的【编辑样条线】命令,打开所需参数卷展栏,对二维造型进行加工编辑。使用【编辑样条线】命令,可以对二维基本参数模型的【顶点】、【分段】、【样条线】3 个子对象分别进行编辑修改。

③.3.1 【编辑样条线】修改器

在编辑样条线过程中,单击【选择】卷展栏中对应的子对象按钮,即可打开与之相应的编辑模式。图 3-20 所示为选择【顶点】编辑模式的【选择】卷展栏状态。

在【选择】卷展栏中,各主要参数选项的作用如下。

- 【命名选择】选项组:在该选项组中,单击【复制】或【粘贴】按钮,可以复制或粘贴选择的对象。
- 【锁定控制柄】复选框:选中该复选框,系统会锁定所有顶点的控制柄。这时移动其中一个顶点的控制柄,其他顶点的控制柄会一起进行移动。
- 【相似】和【全部】单选按钮:用于设置锁定控制柄的范围。【相似】单选按钮用于设置锁定所选控制柄的同侧控制点;【全部】单选按钮用于设置锁定所有的顶点。
- 【区域选择】复选框:选中该复选框,可以通过该文本框中的数值,设置选择区域的范围。
- 【分段端点】复选框:选中该复选框,在线段上可以单击选择段尾的顶点。
- 【选择方式】按钮:单击该按钮,可以打开如图 3-21 所示的【选择方式】对话框。在该对话框中,单击【线段】按钮,可以设置选择的对象类型为线段;单击【样条线】按钮,可以设置选择的对象类型为样条线。

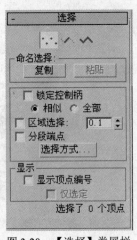

图 3-20 【选择】卷展栏   图 3-21 【选择方式】对话框

⊙ 【显示】选项组：用于显示顶点的编号。

③.3.2 编辑顶点

创建二维基本参数模型后，打开【修改】命令面板，选择【编辑样条线】命令，再单击【选择】卷展栏中的【顶点】按钮，即可进入【顶点】编辑模式。

1. 移动和旋转顶点

选择工具栏中的【选择并移动】工具，在所需操作的顶点按下鼠标并拖动，即可改变该顶点的位置，如图 3-22 所示。选择工具栏中的【选择并旋转】工具，在所需操作的顶点按下鼠标并拖动，即可旋转该顶点，如图 3-23 所示。

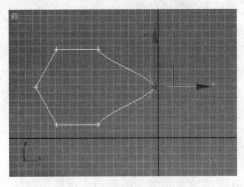

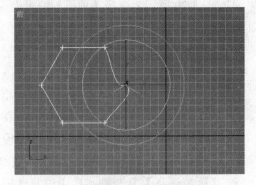

图 3-22 移动顶点位置   图 3-23 旋转顶点

2. 改变顶点的类型

要改变顶点的类型，可以右击所需操作的顶点，在弹出的快捷菜单中选择所需的顶点类型即可。图 3-24 所示为设置顶点为 Bezier 类型时，调整 Bezier 曲线控制柄的效果。

3. 调整一组顶点

要调整一组顶点,可以先在视口中选择所需操作的多个顶点(选择后的所有顶点会以红色显示,如图 3-25 所示),然后选择所需的调整工具进行操作即可。

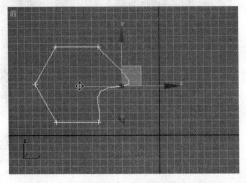

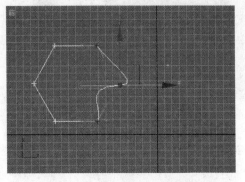

图 3-24　调整 Bezier 曲线控制柄的效果　　　图 3-25　选中多个顶点后以红色显示

在选择多个顶点操作中,选中【锁定控制柄】复选框并选择【全部】单选按钮时,移动其中任意顶点的控制柄,其余顶点的控制柄会同时相应调整;选中【锁定控制柄】复选框并选择【相似性】单选按钮,仅可以移动顶点一侧的控制柄。

4. 顶点的编辑

在【编辑样条线】修改命令面板中,设置【几何体】卷展栏中参数选项,可以进行插入顶点、连接顶点、对顶点圆弧过渡或倒角过渡等操作。

- ◉ 单击【创建线】按钮,可以在场景中进行新的样条线绘制操作,如图 3-26 所示。操作完成后,创建新的样条线会与当前编辑的模型组合。
- ◉ 单击【连接】按钮,可以移动光标至所需连接样条线的第一个端点位置,然后按下鼠标并拖动到另一个端点位置,如图 3-27 所示。释放鼠标,即可封闭样条线。

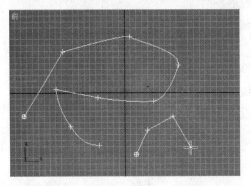

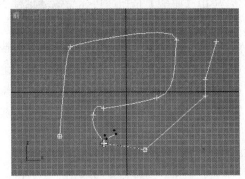

图 3-26　在场景中进行新的样条线绘制操作　　　图 3-27　连接样条线

- ◉ 单击【插入】按钮,在样条线上单击,可以在样条线上插入一个顶点,如图 3-28 所示。
- ◉ 选择顶点并单击【断开】按钮,可以从该顶点位置断开样条线,如图 3-29 所示。

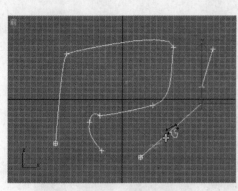
图 3-28　插入一个顶点

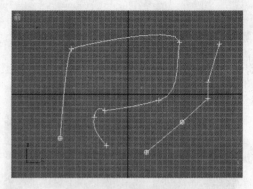
图 3-29　打断样条线

- ⊙ 选择顶点并单击【删除】按钮，可以删除该顶点。这时，与其连接的两段线段随之变为直线。
- ⊙ 单击【圆角】按钮，再按下鼠标并拖动顶点，可以调整该顶点为圆角。
- ⊙ 单击【切角】按钮，再按下鼠标并拖动顶点，可以调整该顶点为切角。
- ⊙ 选择顶点，再单击【设为首顶点】按钮，可以设置该顶点为样条线的起始顶点。
- ⊙ 选择顶点并单击【附加】按钮，然后单击另一个需操作的顶点，可以合并这两个顶点为一个模型。

③.3.3　编辑分段

在【编辑样条线】修改命令面板中，单击【分段】按钮，即可进入【分段】编辑模式。这时，直接在样条线上单击，可以选择所需操作的样条线段落。

选择分段后，可以通过使用【编辑样条线】修改命令面板中的参数选项进行如下操作。

- ⊙ 单击【隐藏】按钮，可以隐藏选定样条线段落。
- ⊙ 单击【全部取消隐藏】按钮，可以取消隐藏的所有样条线段落。
- ⊙ 单击【删除】按钮，可以删除选择分段。
- ⊙ 单击【断开】按钮，可以在样条线上通过单击点位置断开选择的样条线段落。
- ⊙ 单击【附加】按钮，可以单击两个非编辑状态的模型，然后将两个模型合并在一起。
- ⊙ 单击【分离】按钮，可以将选择的样条线段落分离为一个单独的模型。

③.3.4　编辑样条线

在【编辑样条线】修改命令面板中，单击【样条线】按钮，即可进入【样条线】编辑模式。在该模式下，可以进行如下操作。

- ⊙ 单击【轮廓】按钮，在所需操作的样条线上按下鼠标并拖动，可以创建选择样条线的轮廓线条，如图 3-30 所示。

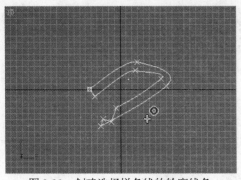

图 3-30 创建选择样条线的轮廓线条

◉ 单击【镜像】按钮，可以镜像选择的模型。该按钮右边的 3 个图标按钮分别代表【水平镜像】、【垂直镜像】和【双向镜像】运算方式。

◉ 单击【布尔】按钮，可以进行布尔运算。该按钮右边的 3 个图标按钮分别代表【合并】、【相减】和【相交】运算方式。

◉ 选择所需操作的模型后，单击【修剪】按钮，再单击选择一个模型，可以将该模型与前面选择的模型相交的一侧部分裁剪，如图 3-31 所示。

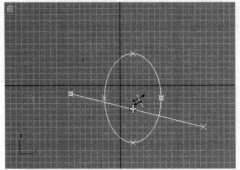

图 3-31 裁剪样条线

◉ 选择所需操作的模型后，单击【延伸】按钮，再单击另一个模型，可以将该模型延伸并与前面选择的模型相接。

◉ 单击【分解】按钮，可以将选定的模型分解为多个样条或者独立的样条模型，即从当前的组合模型中剔除。

◉ 选择所需操作的模型后，单击【闭合】按钮，可以自动将该模型的起始点和终止点相连，形成闭合模型。

使用上面介绍的操作方法，可以创建或者通过编辑生成各种形式的二维基本参数模型，从而创建出丰富多彩的三维物体。

3.4 创建标准基本体

创建标准基本体是构造三维模型的基础。标准基本体既可以单独建模(如茶壶)，也可以进一步编辑、修改成新的模型，它在建模中的作用就相当于建筑房屋时所用的砖瓦、砂石等原材料。功能强大的 3ds Max 在建模方面提供了多种创建基本体命令。

③.4.1　创建长方体

在 3ds Max 中，长方体是通过设置长、宽和高的参数数值实现的。长方体在三维设计中用途比较广泛，日常生活中的家具和房屋等模型，都可以以长方体为基本体进行创建。

在【长方体】创建命令面板的【创建方法】卷展栏(如图 3-32 所示)中，有【立方体】和【长方体】两个单选按钮。选择【立方体】单选按钮，可以直接创建立方体模型。也可以通过在【参数】卷展栏中设置相同的【长度】、【宽度】和【高度】数值，创建立方体。

在【参数】卷展栏中，【长度分段】、【宽度分段】和【高度分段】文本框用于设置长方体不同方向的分段数。

在 3ds Max 中，还可以使用键盘输入的方法精确创建模型。在【长方体】创建命令面板的【键盘输入】卷展栏中有 6 个参数可以使用，如图 3-33 所示。其中 X、Y 和 Z 文本框中的数值表示所创建长方体的 3 个坐标，用于确定长方体的空间位置；【长度】、【宽度】和【高度】用于确定长方体的形状和大小。单击【创建】按钮，可以在相应位置创建出相应大小的长方体。

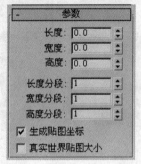

图 3-32　【长方体】创建命令面板的【参数】卷展栏　　　　图 3-33　【键盘输入】卷展栏

③.4.2　创建球体

在 3ds Max 9 中，只要设定球体的半径和球心位置就可以创建一个球体。与【长方体】的创建方式类似，球体的创建也是在【创建方法】卷展栏中进行设置的，主要有【边】和【中心】两个参数选项。其中，【边】表示从球体的边缘开始创建，【中心】表示从球体的中心开始创建。

在【球体】创建命令面板的【参数】卷展栏中同样有很多参数选项，调整这些参数选项可以创建不同的球体形状，如图 3-34 所示。

第3章 创建与编辑基本参数模型

提示

由于分段的设置会影响电脑的运算，所以在满足精度要求的情况下，应尽量将段数数值设置低一些。

图 3-34 【球体】创建命令面板的【参数】卷展栏

在【球体】创建命令面板的【参数】卷展栏中，【分段】和【平滑】两个参数选项用于描述球体的细节。【球体】命令创建的球体是通过经线和纬线来描述的，所以【分段】表示经纬线的数量，段数越大，则球体就越圆。

选中【参数】卷展栏中的【平滑】复选框后，球体会呈现出圆滑的表面，系统默认情况下该复选框为选中状态。在分段后，可以认为球体的表面会出现许多顶点，每个顶点就是分割球体的经纬线的交点。选中【平滑】复选框时，连接顶点间的连线为曲线；取消选中【平滑】复选框时，连接顶点间的连线为直线，如图 3-35 所示。

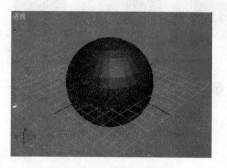

选中【平滑】复选框时的球体模型　　　　取消选中【平滑】复选框时的球体模型

图 3-35 选中和取消【平滑】复选框时的球体模型

【分段】和【平滑】两个参数选项的区别在于，【分段】参数选项可以增加球体的复杂性，真正细分球体；而【平滑】参数选项只是用曲线连接不同顶点，并没有增加球体的复杂程度。图 3-36 所示为不同分段数的球体模型。

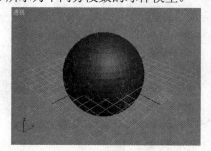

分段较多的球体模型　　　　　　　　分段较少的球体模型

图 3-36 不同分段数的球体模型

计算机 基础与实训教材系列

【参数】卷展栏中的【半球】文本框用于设置球冠的大小。球冠是指球体拦腰切断后得到的部分。该文本框中数值的设置范围为 0~1。设置数值为 0 时，为完整的球体模型；设置数值为 0.5 时，为半球模型；设置数值为 1 时，没有球体模型。图 3-37 所示为【半球】文本框中设置不同数值时创建的球体。

使用【切除】和【挤压】方法创建半球的区别在于，【切除】方法创建半球会减少球体的顶点数和相应的边数、面数；而【挤压】方法，则会使得球体的顶点和面靠得更加紧密，但不会减少它们的数量。从外观上而言，两种方法创建的结果是相同的，但其内部特性是有一定差别的。图 3-38 所示为同一个球体通过两种方式变为半球后的经纬线数目对比，其中右边图形为【切除】方法。

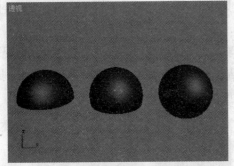

图 3-37 设置不同【半球】文本框中数值时的球体

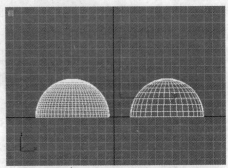

图 3-38 【挤压】和【切除】方法对比

💡 **提示**

选中【参数】卷展栏中的【切片启用】复选框，才能发挥【切除】和【挤压】单选按钮的作用。

在【参数】卷展栏的【切片从】和【切片到】文本框中，可以设置切除和挤压的具体程度，起始位置在各个视图中都是在 12 点钟位置，度数增加方向为逆时针方向。

在【球体】创建命令面板中，选中【轴心在底部】复选框，球体会由球体底部的水平坐标平面开始创建；取消选中该复选框，球体会由球体中心的水平坐标平面开始创建，如图 3-39 所示。

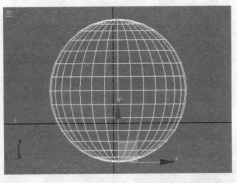

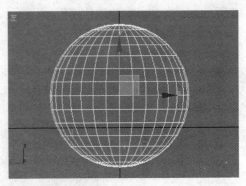

图 3-39 选中和取消【轴心在底部】复选框时创建的球体模型

3.4.3 创建几何球体

使用【几何球体】与【球体】工具虽然都可以创建球体，但是它们创建的球体还是有差异的。不同之处在于其内部属性，几何球体的表面是由许多小的三角形网格构成的，而球体表面则是由经纬线构成的，如图 3-40 所示。图 3-40 中左边的球体是使用【球体】工具创建的，右边的球体是使用【几何球体】工具创建的。

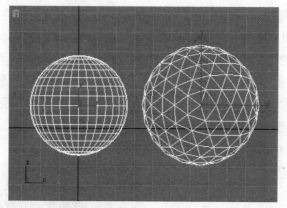

图 3-40 使用【球体】和【几何球体】工具创建的球体

在【创建】命令面板中单击【几何体】按钮 ，选择下拉列表框中的【标准基本体】选项，然后单击【对象类型】选项组中的【几何球体】按钮，打开【几何球体】创建命令面板。

通过设置【几何球体】创建命令面板(如图 3-41 所示)中的参数选项，可以创建出形状各异的异面球体模型，如图 3-42 所示。

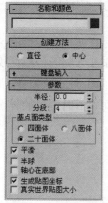

图 3-41 【参数】卷展栏

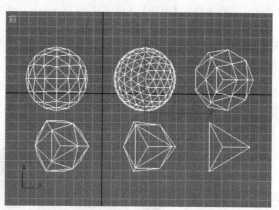

图 3-42 形状各异的异面球体模型

3.5 创建扩展基本体

在 3ds Max 9 中，通过使用【扩展基本体】创建命令面板【对象类型】卷展栏中的创建命令按钮，可以创建【异面体】、【切角长方体】、【纺锤】、【球棱柱】、【环形波】、【软管】、【胶囊】和【棱柱】等13种扩展基本体。下面就以几种常用的扩展基本体为例，介绍扩展基本体的创建方法。

③.5.1 创建异面体

异面体是一种形状复杂的基本体，但其创建方法与标准基本体的创建方法基本类似。在【创建】命令面板中单击【几何体】按钮，选择下拉列表框中的【扩展基本体】选项，然后单击【对象类型】选项组中的【异面体】按钮，在视口中按下鼠标并拖动，即可创建出一个异面体。在实际应用中，异面体常用于模拟现实生活中的自然现象，例如行星、足球等。

在【异面体】创建命令面板的【系列】选项组(如图 3-43 所示)中，通过设置异面体表面的构成方式，可以创建出四面体、立方体、八面体、十二面体、二十面体、星形等多种类型的异面体模型，如图 3-44 所示。

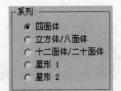

图 3-43 　【系列】选项区域　　　　图 3-44 　创建多种类型的异面体模型

在【参数】卷展栏的【系列参数】选项组中，P 和 Q 文本框用于控制异面体表面构成图案的形状，使异面体表面的节点和面之间实现相互转化，并且它们是两个相互关联的参数选项。P 和 Q 文本框中的数值范围都为 0~1。其中，P 值为 1 时 Q 值为 0，Q 值为 1 时 P 值为 0。当 P 和 Q 都为 0 时，模型会显示为标准形状。图 3-45 所示为 P 和 Q 设置不同数值时创建的异面体模型。

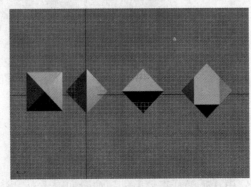

图 3-45 　P 和 Q 文本框中设置不同数值时创建的异面体模型

在【参数】卷展栏的【轴向比率】选项组中，通过设置 P、Q 和 R 文本框中的数值可以设置异面体的表面向外或者向内凹凸的程度，如图 3-46 所示。

在【参数】卷展栏的【顶点】选项组中，通过选择【基点】、【中心】或【中心和边】单选按钮，可以设置异面体表面的细分程度，如图 3-47 所示。其中【基点】单选按钮最常用，选择该单选按钮，创建的异面体的多边形面为不能再细分的最底级别；选择【中心】单选按钮，可以连接异面体表面的每一个多边形面到中心，将这些面分为更多的面；选择【中心和边】单选按钮，除了可以在表面增加节点到顶点的连线外，还增加了中心到中心的连线，这样异面体表面被细分的多边形数量增加。

图 3-46　【轴向比率】选项组

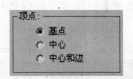

图 3-47　【顶点】选项组

3.5.2　创建切角长方体

切角长方体与普通长方体基本相似，不同之处在于其对长方体表面的尖锐部分进行了圆滑处理，使顶点和边都变得圆滑，并且这些圆滑程度都是可以调整的。切角长方体常用于制作室内外场景中墙壁的转角或家具的支撑脚等。

在【创建】命令面板中单击【几何体】按钮 ，选择下拉列表框中的【扩展基本体】选项，然后单击【对象类型】选项组中的【切角长方体】按钮，打开【切角长方体】创建命令面板，如图 3-48 所示。【切角长方体】创建命令面板中的【参数】卷展栏与长方体的基本相同。

图 3-48　【参数】卷展栏

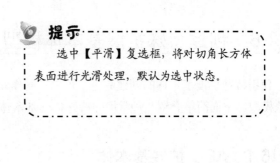

提示

选中【平滑】复选框，将对切角长方体表面进行光滑处理，默认为选中状态。

在【创建】命令面板中单击【几何体】按钮 ，选择下拉列表框中的【扩展基本体】选项，然后单击【对象类型】选项组中的【切角长方体】按钮，打开【切角长方体】创建命令面板。在该创建命令面板中，可以设置切角长方体的基本参数，如长度、宽度、高度、圆角、圆角分段等。其中，【圆角】文本框用于确定圆角的程度；【圆角分段】文本框用于设置切角长方体的圆角切面段数，以决定切角长方体圆角的圆滑程度。要调整切角长方体的圆角程度，可以通过设置【圆角】和【圆角分段】文本框中的数值实现。

【例3-4】使用【切角长方体】工具创建切角长方体。

(1) 选择【文件】|【重置】命令，恢复 3ds Max 至初始状态。

(2) 在【创建】命令面板中单击【几何体】按钮 ◎，选择下拉列表框中的【扩展基本体】选项，然后单击【对象类型】选项组中的【切角长方体】按钮。

(3) 在【透视】视图中，按住鼠标左键并拖动，拖动至所需的长度和宽度时释放鼠标左键。再向上移动光标至所需高度时单击，如图 3-49 左图所示。然后移动光标至所需的圆角程度时单击，即可完成切角长方体的创建，如图 3-49 右图所示。

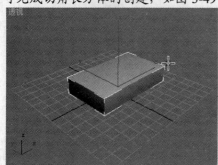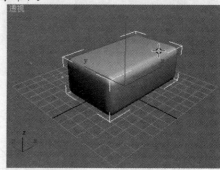

图 3-49　创建切角长方体

提示

创建切角长方体后，可以选择所创建的切角长方体，并打开【修改】命令面板，在【参数】卷展栏中修改切角长方体的长度、宽度、高度及圆角等参数选项。

③.6　创建特殊扩展基本体模型

使用特殊扩展基本体的创建命令，可以在制作建筑效果图时，直接创建树木、门和楼梯等对象模型。下面简单介绍几种常用的特殊扩展基本体模型及其创建方法。

③.6.1　AEC 扩展基本体

在【创建】命令面板中单击【几何体】按钮 ◎，选择下拉列表框中的【AEC 扩展】选项，打开【AEC 扩展】创建命令面板，如图 3-50 所示。在该创建命令面板中有【植物】、【栏杆】

和【墙】3 个工具按钮。

图 3-50　【AEC 扩展】命令面板

单击【植物】按钮，打开【植物】创建命令面板，如图 3-51 左图所示。在【收藏的植物】卷展栏中选择要添加的植物类型，在视口中按下鼠标并拖动即可，如图 3-51 右图所示。

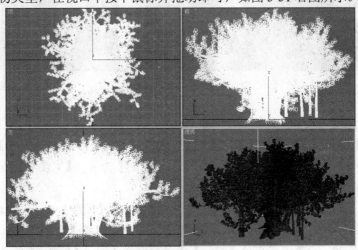

图 3-51　【植物】创建命令面板

单击【AEC 扩展】创建命令面板中的【栏杆】按钮，在视口中通过按住鼠标左键并拖动的方法，创建出所需的栏杆模型。同样，单击【AEC 扩展】创建命令面板中的【墙】按钮，也可以通过在视口中按住鼠标左键并拖动的方法，创建出所需的墙壁模型。

【例 3-5】使用【栏杆】工具创建如图 3-52 所示的栏杆模型。

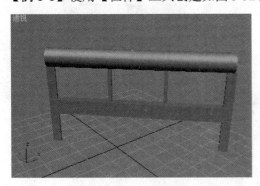

图 3-52　最终创建的栏杆模型

(1) 选择【文件】|【重置】命令，恢复 3ds Max 至初始状态。

(2) 在【创建】命令面板中单击【几何体】按钮，选择下拉列表框中的【AEC 扩展】选项，然后单击【对象类型】选项组中的【栏杆】按钮，打开【栏杆】创建命令面板。

(3) 在【透视】视图中，按住鼠标左键并向右拖动，拖动至所需栏杆的长度时释放鼠标左键，如图 3-53 左图所示。再向上移动光标，移至所需栏杆的高度时单击，即可创建栏杆，如图 3-53 右图所示。

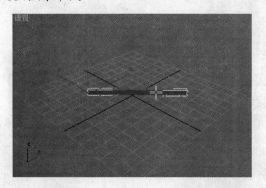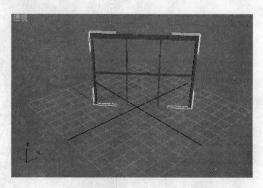

图 3-53　创建栏杆

(4) 在【栏杆】卷展栏中，设置【长度】为 100。在该卷展栏的【上围栏】选项组中，选择【剖面】下拉列表框中的【圆形】选项，设置【深度】为 10，【宽度】为 10，【高度】为 55。在该卷展栏的【下围栏】选项组中，设置【深度】为 8，【宽度】为 5。设置完成后的【栏杆】卷展栏状态如图 3-54 左图所示。

(5) 在【立柱】卷展栏中，设置【深度】为 5，【宽度】为 1。设置完成后的【立柱】卷展栏状态如图 3-54 中图所示。在【栅栏】卷展栏中，设置【深度】为 2，【宽度】为 2，【底部偏移】为 20。设置完成后的【栅栏】卷展栏状态如图 3-54 右图所示。这样就完成了栏杆模型的创建，最终效果如图 3-52 所示。

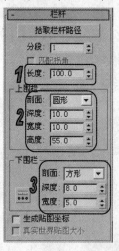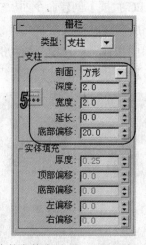

图 3-54　设置【栏杆】创建命令面板中的参数选项

③.6.2 楼梯基本体模型

在【创建】命令面板中单击【几何体】按钮 ，选择下拉列表框中的【楼梯】选项，打开如图 3-55 所示的【楼梯】创建命令面板。在该创建命令面板中有【L 型楼梯】、【U 型楼梯】、【直线楼梯】、【螺旋楼梯】4 个命令按钮。它们的创建方法基本相似，下面以 U 型楼梯为例，简要介绍楼梯的创建方法。

图 3-55 【楼梯】创建命令面板

【例 3-6】使用【U 型楼梯】工具，创建如图 3-56 所示的 U 型楼梯。

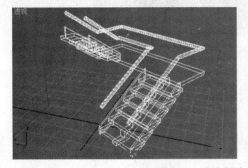

图 3-56 最终创建的 U 型楼梯模型

(1) 选择【文件】|【重置】命令，恢复 3ds Max 至初始状态。

(2) 在【创建】命令面板中单击【几何体】按钮 ，选择下拉列表框中的【楼梯】选项，然后单击【对象类型】选项组中的【U 型楼梯】按钮，打开【U 型楼梯】创建命令面板。

(3) 在【透视】视图中，按下鼠标左键并拖动，拖至所需的长/宽度时释放鼠标左键，如图 3-57 左图所示。再向上移动光标至所需高度时单击，即可创建 U 型楼梯模型，如图 3-57 右图所示。

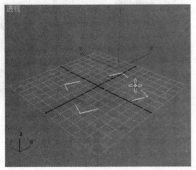
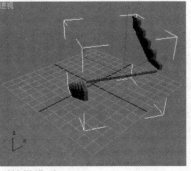

图 3-57 创建 U 型楼梯模型

(4) 在【参数】卷展栏中，选中【生成几何体】选项组里的【侧弦】复选框、【扶手】选项的【左/右】复选框和【扶手路径】选项的【左/右】复选框。在该卷展栏的【布局】选项组中，设置【长度1】为42，【长度2】为34，【宽度】为25，【偏移】为24。在该卷展栏的【梯级】选项组中，设置【总高】为48，【竖板高】为4。

(5) 在【支撑梁】卷展栏中，设置【深度】为4，【宽度】为3。在【栏杆】卷展栏中，设置【高度】为14，【分段】为9，【半径】为1。在【侧弦】卷展栏中，设置【深度】为7。图3-58所示为修改参数选项后的U型楼梯模型。

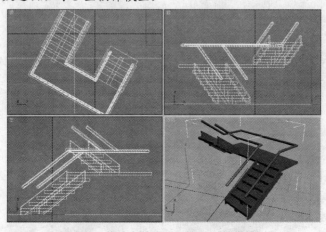

图 3-58　修改参数选项后的 U 型楼梯模型

3.6.3　门基本体模型

在【创建】命令面板中单击【几何体】按钮，选择下拉列表框中的【门】选项，打开如图 3-59 所示的【门】创建命令面板。

在创建门模型过程中，首先确定门模型的宽度，然后确定门模型的厚度和高度，再移动光标至合适的位置单击即可。在【门】创建命令面板中，使用【枢轴门】工具可以创建单扇绕轴转动或两扇对开类型的门；使用【折叠门】工具可以创建双扇连动类型的门；使用【推拉门】工具可以创建滑动类型的门。图 3-60 所示为使用【门】工具创建的各种类型的门。

图 3-59　【门】创建命令面板

图 3-60　各种类型的门

③.7 上机练习

本章的上机实验主要练习创建基本参数模型及掌握移动、旋转、镜像、阵列等变换基本操作的方法和技巧。最终制作成桌子模型，如图 3-61 所示。

图 3-61 木桌最终效果图

(1) 选择【文件】|【重置】命令，恢复 3ds max 至初始状态。

(2) 在【创建】命令面板中单击【几何体】按钮 ，选择下拉列表框中的【标准基本体】选项，单击【对象类型】选项组中的【管状体】按钮，在【顶】视图中创建一个管状体。

(3) 打开【修改】命令面板，参照图 3-62 左图所示，在【参数】卷展栏中设置【半径 1】为 60，【半径 2】为 45，【高度】为 4.5，【高度分段】为 3，【边数】为 54。图 3-64 右图所示为修改后的模型效果。

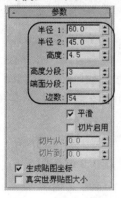
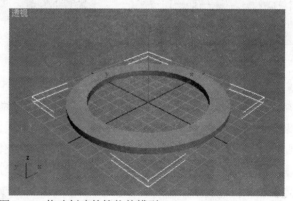

图 3-62 修改创建的管状体模型

(4) 在【创建】命令面板中，单击【长方体】按钮。在【顶】视图中，创建一个长方体。然后打开【修改】命令面板，参照图 3-63 所示，在【参数】卷展栏中设置【长度】为 5、【宽度】为 88、【高度】为 4.4。

(5) 选中长方体，单击工具栏中的【对齐】按钮 。在【透视】视图中单击管状体模型，打开【对齐当前选择】对话框。在该对话框中，选中【X/Y/Z 位置】复选框，再单击【确定】按钮，即可以中心对齐管状体和长方体模型，如图 3-64 所示。

图 3-63　设置长方体参数

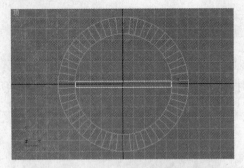

图 3-64　中心对齐管状体和长方体模型

(6) 选择长方体模型，再选择【工具】|【阵列】命令，打开【阵列】对话框。在该对话框中，设置【增量】区域【移动】选项组的 Y 文本框中数值为 8，选择【对象类型】选项组中的【复制】单选按钮，设置 1D 选项组【数量】文本框中的数值为 6。设置参数选项后的【阵列】对话框状态如图 3-65 左图所示。完成设置后，单击【确定】按钮，阵列复制出 5 个长方体，如图 3-65 右图所示。

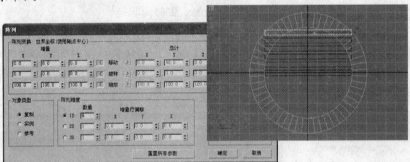

图 3-65　创建长方体阵列

(7) 在【顶】视图中，选择最外侧的长方体，右击工具栏中的【选择并均匀缩放】按钮，在打开的【缩放变换输入】窗口中，设置 X 文本框中的数值为 60。设置完成后，关闭该窗口，即可将选择的长方体的长度改变为原来的 60%。

(8) 在视口中，选择除管状体模型正中位置以外的所有长方体，如图 3-68 左图所示。选择【工具】|【镜像】命令，在打开的【镜像】对话框中，设置镜像轴为 Y 轴，复制类型为【实例】，然后单击【确定】按钮执行镜像操作。使用【选择并移动】工具，移动镜像的长方体组，使其与原有长方体组模型保持位置对称，如图 3-66 右图所示。这样就完成了餐桌桌面的制作。

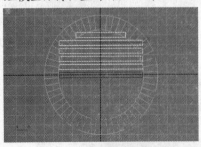
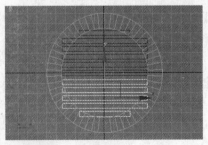

图 3-66　镜像长方体组并调整镜像的长方体组位置

(9) 单击【创建】命令面板中的【长方体】按钮，在【前】视图中创建一个长方体作为桌腿。然后打开【修改】命令面板，参照图 3-67 所示的【参数】卷展栏设置参数选项。

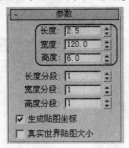

图 3-67　设置长方体参数

(10) 右击工具栏中的【选择并旋转】按钮 ，在打开的【旋转变换输入】窗口中设置 Y 文本框的数值为 40，设置完成后，关闭该窗口，即可将长方体旋转 40°，如图 3-68 所示。

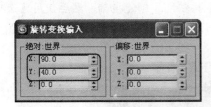

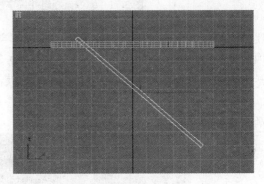

图 3-68　旋转长方体

(11) 选择视口中的桌腿长方体，再选择【工具】|【镜像】命令，在打开的【镜像】对话框中，设置镜像轴为 Y 轴，复制类型为【实例】，单击【确定】按钮执行镜像操作，如图 3-69 所示。使用工具栏中的【选择并移动】工具 ，调整镜像出的桌腿的位置，使其与原桌腿错开。选择两条桌腿，调整至靠近桌面外侧的位置，如图 3-70 所示。

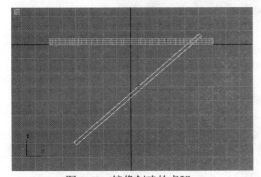

图 3-69　镜像创建的桌腿

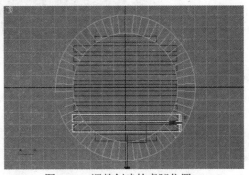

图 3-70　调整创建的桌腿位置

(12) 选择两条桌腿，再选择【工具】|【镜像】命令，在打开的【镜像】对话框中，设置镜像轴为 Y 轴，复制类型为【实例】，单击【确定】按钮执行镜像操作。使用【选择并移动】工具，移动镜像后的桌腿组，使其与原有桌腿组模型保持位置对称，如图 3-71 所示。

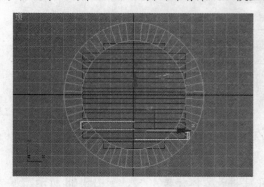 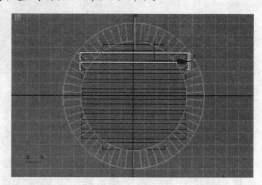

图 3-71　镜像桌腿组并调整镜像后的桌腿组

(13) 在【创建】命令面板中单击【圆柱体】按钮，在【前】视图中创建一个圆柱体作为两桌腿之间的连接轴，该圆柱体的半径为 1.2，高度为 12。选择【编辑】|【克隆】命令，在【克隆】对话框中设置复制方式为【实例】，单击【确定】按钮，复制连接轴，然后使用【选择并移动】工具，调整两个连接轴分别至两组桌腿交界的位置，如图 3-72 所示。这样就完成了餐桌模型的创建。

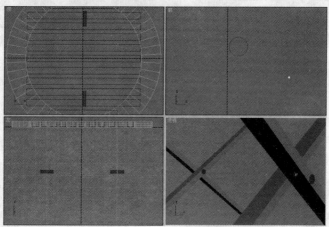

图 3-72　创建桌腿连接轴

(14) 根据需要，设置模型的材质并添加场景灯光，最终渲染后的餐桌效果如图 3-61 所示。

③.8　习题

1. 从球体的中心开始创建一个几何球体，将该球体设置为分段数为 5 的八面半球体。
2. 创建文本，并断开笔画，将分段分离为一个单独的对象。

第 **4** 章

NURBS 建 模

学习目标

NURBS 建模是一种非常优秀的建模方法。它通过对曲线或曲面中点的控制，使模型空间变形，并且能够自动计算出光滑的表面精度。相对于传统的建模方法，NURBS 建模能更好地控制模型表面的曲率，从而能够创建出更逼真、更生动的造型。

本章重点

- ◉ 创建 NURBS 曲线和曲面的操作方法
- ◉ 编辑点子对象的操作方法
- ◉ 编辑 NURBS 曲面的操作方法

4.1 认识 NURBS

NURBS 是 Non-Uniform Rational B-Splines(非均匀有理 B 样条)的缩写。其中，Spline 是一种通过一组点绘制光滑曲线的方法，它源于早期的造船业。当时工人制作船板时，将木条穿过多个固定的金属球码，利用球码的挤压使木条弯曲，形成曲线。

在三维空间中，NURBS 模型除了使用 X、Y 和 Z 轴向坐标空间外，还有其独立的参数空间，如图 4-1 所示。NURBS 曲面不存在三角面，它是由四边形面组成的，并且每个四边形面都是由两组方向不同的曲线构成的。这两组不同的曲线方向定义了 NURBS 曲面在参数空间的两个维度，即 U 维和 V 维。对于 NURBS 曲线而言，它的参数空间是一维，虽然 NURBS 曲线在形式上存在于三维空间中，但是却只有单个的 U 维。另外，就是法线 N 向，它定义为垂直于表面上每一个点的方向，决定曲面方向的正负。

NURBS 曲线和 NURBS 曲面上有一部分特殊的点，它们用绿色小圆圈框了起来，这些点被称为 NURBS 的 CV，CV 可以对模型的局部进行控制，移动 CV 或更改 CV 的权重不会影响相邻 CV 之外的模型的任何部位，另外，CV 的影响范围是可以改变的，主要通过【权值】控制，权值是阵列中或与 NURBS 曲线相关联的节点向量中的值，权值指定曲线上 CV 的影响区域，它是不可见的，而且不能直接对其进行修改。

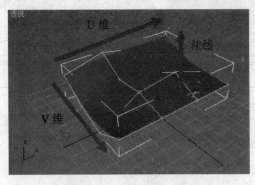

图 4-1　NURBS 曲面的参数空间

1. 度数、连续性和多样性

　　所有曲线都是有度数的，曲线的度数用于描绘它使用方程式的最主要指数，线形方程式的度数是 1，四边形方程式的度数是 2，NURBS 模型是立体方程式，其度数是 3。度数越高，曲面越光滑，不过这样导致其运算时间也越长。

　　曲线还具有连续性并且划分等级，这种等级划分的定义与高等数学曲线连续性有些相似。一条曲线如果有尖角，那么定义它的连续性为 C^0；一条曲线如果是连续的并且不同点的位置曲率不同，那么定义它的连续性为 C^1；一条曲线如果是连续的并且不同点的位置曲率相同，那么定义它的连续性为 C^2。

　　曲线的连续性与曲线的度数相关，度数为 3 的方程式能够生成一条连续性为 C^2 的曲线，通常情况下，NURBS 建模不需要那么高度数的曲线。

　　对于 NURBS 曲线而言，不同的分段位置可以拥有不同的连续性级别，当将 CV 放置到相同位置或使它们非常接近时，可以降低连续性的级别。在 NURBS 建模中，多样性是指减少曲线或曲面连续性等级的那些重合或几乎重合的 CV 属性，如图 4-2 所示。

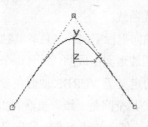　　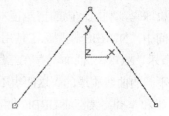

　　　　2 个重合 CV　　　　　　　　　　3 个重合 CV

图 4-2　曲线的连续性与多样性

2. 细化 NURBS 的曲线和曲面

　　细化 NURBS 曲线意味着会添加更多的 CV，细化处理可以更好地控制曲线的形状。在细化 NURBS 曲线时，系统会保留原始曲率，即不改变曲线的形状。NURBS 曲面实际上与 NURBS 曲线具有相同的属性，只是从一维参数空间扩展到二维参数空间而已。

3. 点曲线与 CV 曲线、点曲面与 CV 曲面

NURBS 曲线包括点曲线和 CV 曲线两种类型，同样，NURBS 曲面也包括点曲面和 CV 曲面两种类型。点曲线是整个 NURBS 模型的基础，它的控制点被束缚在曲面上，它们没有控制晶格，也没有权重，如图 4-3 左图所示。CV 曲线是由控制顶点控制的 NURBS 曲线，它的 CV 不在曲线上，它们定义为一个包含曲线的控制晶格，如图 4-3 右图所示。每个 CV 具有一定的权重，它们是通过调整控制顶点改变曲线的。在创建 CV 曲线时，可以在同一个位置创建多个 CV，用以加强对该位置的控制，如创建 2 个重合 CV 锐化该位置的曲率，创建 3 个重合 CV 在该位置添加一个拐角。

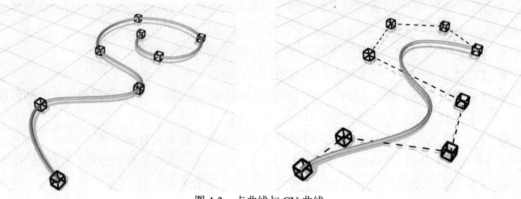

图 4-3　点曲线与 CV 曲线

点曲面与点曲线相似，它的控制点被约束在曲线表面上，没有控制晶格，也没有权重；CV 曲面则可以通过改变控制点的位置和权重改变晶格，从而影响曲面的形状。用户可以使用转化曲线按钮，转化点曲线或点曲面为 CV 曲线或 CV 曲面。

④.2　创建 NURBS 曲线

在【创建】命令面板中单击【图形】按钮，选择下拉列表框中的【NURBS 曲线】选项，即可打开【NURBS 曲线】创建命令面板，如图 4-4 所示。在该创建命令面板中，可以单击【对象类型】选项组中的【点曲线】或【CV 曲线】按钮进行所需的 NURBS 曲线创建操作。

④.2.1　创建点曲线

在【NURBS 曲线】创建命令面板中，单击【点曲线】按钮，即可打开【点曲线】创建命令面板，如图 4-5 所示。

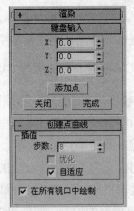

图 4-4 【NURBS 曲线】创建命令面板 图 4-5 【点曲线】创建命令面板

在该创建命令面板的【键盘输入】卷展栏中输入要创建的对象的空间坐标，即可在场景中自动生成所要创建的对象。 在该卷展栏中，各主要参数选项的作用如下。

- ⊙ X、Y、Z 文本框：用于设置所要创建的曲面的空间坐标位置。
- ⊙ 【添加点】按钮：用于将点添加到曲线中。
- ⊙ 【关闭】按钮：单击该按钮，可以结束曲线创建并在最后一个点和最初的点之间创建一条线段，从而闭合该曲线。
- ⊙ 【完成】按钮：单击该按钮，可以结束曲线创建，但不闭合该曲线。

在【点曲线】创建命令面板的【创建点曲线】卷展栏中，各主要参数选项的作用如下。

- ⊙ 【插值】选项组：用于设置创建曲线的曲线近似精度和类型。
- ⊙ 【在所有视口中绘制】复选框：用于设置绘制曲线时在任何视口中使用该创建工具。取消选中该复选框，只能在初始绘制曲线的视口中完成曲线绘制。默认状态为选中。

【例 4-1】在视口中创建一条 NURBS 点曲线。

(1) 启动 3ds Max 9，在【创建】命令面板中单击【图形】按钮 ，选择下拉列表框中的【NURBS 曲线】选项，然后单击【对象类型】选项组中的【点曲线】按钮。

(2) 在【前】视图中，移动光标至适合位置单击，创建出一个绿色的点。然后在该点右上方单击，创建另一个点，这时会显示创建的点曲线，如图 4-6 所示。

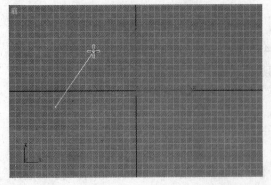
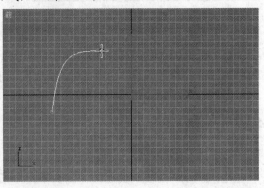

图 4-6 创建点曲线

(3) 使用与步骤(2)相同的操作方法，在【前】视图中再创建 7 个点，如图 4-7 所示。

(4) 完成点创建后，右击视口中任意位置，即可结束点曲线的创建操作，如图 4-8 所示。这时点曲线上的点在视口中不显示。

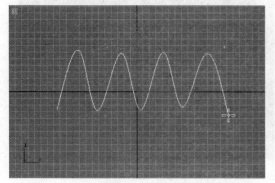
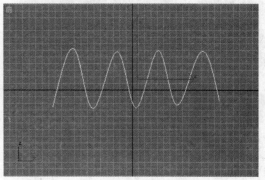

图 4-7　在【前】视图中再创建 7 个点　　　　图 4-8　结束曲线绘制操作后点曲线状态

4.2.2　创建 CV 曲线

在【NURBS 曲线】创建命令面板中，单击【CV 曲线】按钮，即可打开【CV 曲线】创建命令面板，如图 4-9 所示。

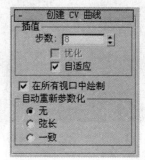

图 4-9　【CV 曲线】创建命令面板

计算机 基础与实训教材系列

【创建 CV 曲线】卷展栏的【自动重新参数化】选项组中，各主要参数选项的作用如下。

◉ 【弦长】单选按钮：用于使用弦长算法重新参数化曲线。弦长重新参数化可以根据每个曲线分段长度的平方根，设置结(位于参数空间)的空间。

◉ 【一致】单选按钮：用于均匀隔开各个结。

【例 4-2】在视口中创建一条 NURBS CV 曲线。

(1) 选择【文件】|【重置】命令，恢复 3ds Max 至初始状态。

(2) 在【创建】命令面板中单击【图形】按钮 ，选择下拉列表框中的【NURBS 曲线】选项，然后单击【对象类型】选项组中的【CV 曲线】按钮。

(3) 在【前】视图中，移动光标至适合位置单击，创建出一个绿色的控制点。这时移动光标，会显示出一条黄色的控制线，如图 4-10 左图所示。

(4) 在该控制点右上方单击，创建另一个控制点。然后移动光标，即可显示创建的 CV 曲线，如图 4-10 右图所示。

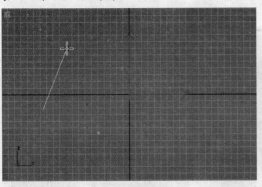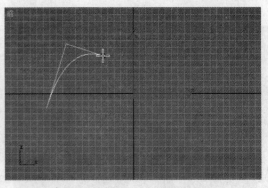

图 4-10　创建 CV 曲线

(5) 使用与步骤(3)和(4)相同的操作方法，在【前】视图中再创建 7 个控制点，如图 4-11 所示。

(6) 完成点创建后，右击视口中任意位置，即可结束 CV 曲线的创建操作，如图 4-12 所示。这时 CV 曲线的控制线和控制点在视图中不显示。

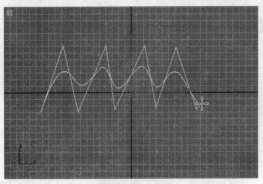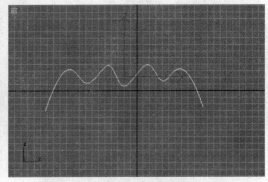

图 4-11　在【前】视图中再创建 7 个控制点　　图 4-12　结束曲线绘制操作后 CV 曲线状态

④.2.3　通过样条线创建 NURBS 曲线

在 3ds Max 中，除了直接创建点曲线和 CV 曲线外，还可以通过转换样条线的方法创建 NURBS 曲线。不过，转化后样条线将不能使用【编辑样条线】修改器进行编辑。样条线可以转化为单条或多条 CV 曲线，圆弧或弧形光滑弯曲样条线会转化为单个 CV 曲线，有尖锐角度的样条线会转化为多条 CV 曲线。

要转换创建的样条线为 NURBS 曲线，可以选择该样条线后进行如下操作。

◎　右击该样条线，在弹出的快捷菜单中选择【转换为】|【转换为 NURBS】命令。
◎　在【修改】命令面板的修改器堆栈中，右击该对象名称，在弹出的快捷菜单中选择 NURBS 命令。

④.3 创建 NURBS 曲面

NURBS 曲面是 NURBS 模型的基础，它已逐渐成为工业曲面设计和建造的标准，特别适合于创建复杂曲面构成的三维模型。

在【创建】命令面板中单击【几何体】按钮 ⊙，选择下拉列表框中的【NURBS 曲面】选项，打开【NURBS 曲面】创建命令面板，如图 4-13 所示。在该创建命令面板中，用户可以单击【对象类型】选项组中的【点曲面】或【CV 曲面】按钮进行所需 NURBS 曲面的创建操作。

④.3.1 创建点曲面

在【NURBS 曲面】创建命令面板中，单击【点曲面】按钮，打开【点曲面】创建命令面板，如图 4-14 所示。

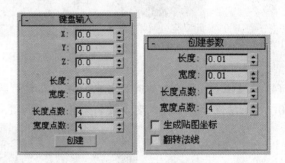

图 4-13　【NURBS 曲面】创建命令面板 　　　图 4-14　【点曲面】创建命令面板

在【点曲面】创建命令面板的【键盘输入】卷展栏中，各主要参数选项的作用如下。

- ⊙ 【长度】和【宽度】文本框：用于设置要创建曲面的长和宽数值。
- ⊙ 【长度点数】和【宽度点数】文本框：用于设置创建的曲面在长度方向和宽度方向上点的数量。
- ⊙ 【创建】按钮：单击该按钮，可以按照设置的空间坐标位置和参数数值创建 NURBS 曲面对象。

【创建参数】卷展栏用于对场景中刚创建的点曲面对象进行参数修改。该卷展栏中各参数选项的作用如下。

- ⊙ 【长度】和【宽度】文本框：用于对所创建曲面的长和宽进行修改。
- ⊙ 【长度点数】和【宽度点数】文本框：用于修改曲面中长度方向和宽度方向上点的数量。
- ⊙ 【生成贴图坐标】复选框：用于设置是否在创建点曲面对象的同时生成贴图坐标。
- ⊙ 【翻转法线】复选框：用于将曲面对象显示的法线方向翻转。

【例4-3】创建一个NURBS点曲面。

(1) 选择【文件】|【重置】命令，恢复3ds Max至初始状态。

(2) 在【创建】命令面板中单击【几何体】按钮◙，选择下拉列表框中的【NURBS曲面】选项，然后单击【对象类型】选项组中的【点曲面】按钮。

(3) 在【前】视图中，按住鼠标左键并向下拖动，拖动出一个NURBS点曲面。至适合大小时释放鼠标，即可创建一个NURBS点曲面，如图4-15所示。

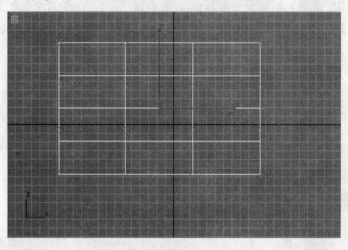

图4-15   创建NURBS点曲面

(4) 在【点曲面】创建命令面板的【创建参数】卷展栏中，设置【长度】为100，【宽度】为50，【长度点数】和【宽度点数】为8，如图4-16所示。

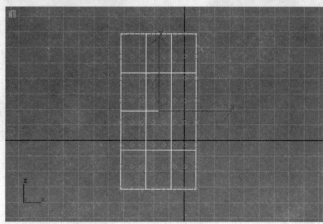

图4-16   修改创建的点曲面参数

(5) 完成点创建后，在视口中任意位置右击，即可结束点曲面的创建操作，如图4-17所示。这时点曲面的点在视口中不显示，并且再次选择也不能显示。

④.3.2　创建 CV 曲面

在【NURBS 曲面】创建命令面板中，单击【CV 曲面】按钮，即可打开【CV 曲面】创建命令面板，如图 4-18 所示。

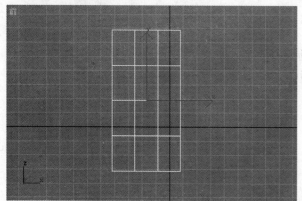

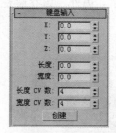
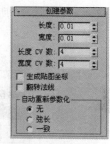

图 4-17　结束点曲面绘制操作后点曲面的状态　　　图 4-18　【CV 曲面】创建命令面板

【键盘输入】卷展栏用于直接通过键盘输入参数数值，精确创建 CV 曲面对象。在该卷展栏中设置的参数选项有 3 个部分：第 1 部分为所创建对象的空间坐标位置，第 2 部分为所创建对象的几何参数，第 3 部分为所创建对象的结构点参数。

在【CV 曲面】创建命令面板的【键盘输入】卷展栏中，各主要参数选项的作用如下。

- ⊙　【长度】和【宽度】文本框：用于设置所要创建 CV 曲面的长度和宽度的数值。
- ⊙　【长度 CV 数】和【宽度 CV 数】文本框：用于设置所要创建的 CV 曲面对象的长度和宽度方向上的 CV 点的数量。可以在【修改】命令面板中，进入曲面 CV 子对象级别对这些 CV 点进行参数属性的修改。

在【CV 曲面】创建命令面板的【创建参数】卷展栏中，各主要参数选项的作用如下。

- ⊙　【长度】与【宽度】文本框：用于对刚创建的 CV 曲面对象的长、宽数值进行修改。
- ⊙　【长度 CV 数】与【宽度 CV 数】文本框：用于对刚创建的 CV 曲面对象在这两个方向上的 CV 点的数量进行修改。

④.4　编辑与修改 NURBS 对象

在场景中创建 NURBS 曲面对象后，可以通过【修改】命令面板对它进行参数属性的设置和编辑调整。在 3ds Max 的【修改】命令面板中，提供了大量的参数选项和工具，以帮助用户更好更全面地编辑调整所选择的曲线对象。

对 NURBS 曲面对象的修改包括两种，一种是对造型对象本身进行修改，另一种是对 NURBS 子对象进行加工修改。

④.4.1　修改 NURBS 曲面

在场景中创建 NURBS 曲面后，打开【修改】命令面板，如图 4-19 所示。【修改】命令面板中有 9 个卷展栏，下面依次对它们进行简要介绍。

1.　【常规】卷展栏

【常规】卷展栏用于设置曲面对象在场景中的整体关联，即与场景中其他对象之间的相互关系，如图 4-20 所示。另外，该卷展栏中还提供了用于 NURBS 曲面编辑的 NURBS 创建工具箱。

图 4-19　【NURBS 曲面】命令面板

图 4-20　【常规】卷展栏

【常规】卷展栏中各选项的作用如下。

- 【附加】按钮：单击该按钮，可以在场景中为 NURBS 对象附加一个其他物体对象，使它们作为一个物体对象被选择。
- 【附加多个】按钮：单击该按钮，可以打开【附加多个】对话框，如图 4-21 所示。该对话框用于为 NURBS 对象在场景中设置附加多个物体对象。可以通过【附加多个】对话框左边的对象列表框，选择所需物体对象名称，也可以在对话框右边的选项组中，选择所需的排列类型，选中不同物体对象类型的复选框进行所需物体对象的附加设置操作。

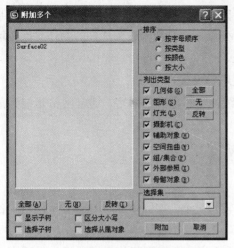

图 4-21　【附加多个】对话框

- 【导入】按钮：单击该按钮，可以转化选择对象为 NURBS 对象。
- 【导入多个】按钮：单击该按钮，可以打开【导入多个】对话框。该对话框为用户提供了多种方式选择所要导入的多个物体对象。
- 【重新定向】复选框：此复选框用于确定是否在附加或导入操作后，自动将选择物体对象的中心点位置自动改变为整个组合物体对象的中点。
- 【显示】选项组：用于控制场景中所选择的物体对象的显示情况。
- 【曲面显示】选项组：用于设置场景中对象曲面的显示方式。该设置并不影响最终的渲染效果。
- 【相关堆栈】复选框：该复选框用于设置是否使用相关堆栈。

在【常规】卷展栏中，单击【NURBS 创建工具箱】按钮，可以打开【NURBS 创建】工具箱，如图 4-22 所示。

【NURBS 创建】工具箱提供了多种点、曲线、曲面的创建工具。该创建工具箱中的图标化工具按钮与【修改】命令面板中的【创建点】、【创建曲线】和【创建曲面】面板中的命令按钮相对应。

2. 【显示线参数】卷展栏

【显示线参数】卷展栏用于设置线的参数属性，如图 4-23 所示。

图 4-22　【NURBS 创建】工具箱　　　图 4-23　【显示线参数】卷展栏

【显示线参数】卷展栏中的【U 向线数】和【V 向线数】文本框，用于设置水平方向和垂直方向等参线数量。在【V 向线数】文本框下方的 3 个单选按钮用来设置选择的物体对象在场景中的显示方式。

- 【仅等参线】单选按钮：用于仅在曲面上显示等参线。
- 【等参线和网格】单选按钮：用于显示等参线，同时也显示网格，通常网格是被隐藏的。
- 【仅网格】单选按钮：用于仅在曲面上显示网格。

3. 【曲面近似】卷展栏

【曲面近似】卷展栏中的参数选项较多，应用也较为复杂，如图 4-24 所示。该卷展栏中各主要参数选项的作用如下。

- 【视口】单选按钮：选择该单选按钮时，【曲面近似】卷展栏将只针对视口显示方式进行参数选项的设置。
- 【渲染器】单选按钮：选择该单选按钮时，【曲面近似】卷展栏将只针对渲染效果进行参数选项的设置。
- 【规则】和【参数化】单选按钮：分别用于设置应用细分的方法。通过设置其下方的【U 向步数】和【V 向步数】文本框中的数值指定细化程度。
- 【空间】单选按钮：选择该单选按钮，可以以统一的三角面进行曲面细化显示，通过设置其下方的【边】文本框中的数值指定细化程度。
- 【曲率】单选按钮：选择该单选按钮，可以根据物体对象曲线率的数值进行细化，用户通过设置其下方的【距离】和【角度】文本框中的数值指定细化程度。
- 【合并】文本框：用于设置表面细化时重叠的边之间合并处理的距离数值。
- 【高级参数】按钮：单击该按钮，会打开【高级曲面近似】对话框。在该对话框中，可以进行更加精确的设置，如图 4-25 所示。
- 【清除曲面层级】按钮：单击该按钮后，可以清除选择的物体对象曲面层级显示方式。

图 4-24 【曲面近似】卷展栏

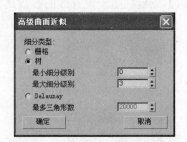

图 4-25 【高级曲面近似】对话框

4.【曲线近似】卷展栏

【曲线近似】卷展栏用于设置曲线的光滑处理，通过在曲线上两点之间设置插值点增加曲线的光滑度，如图 4-26 所示。

【曲线近似】卷展栏中的【步数】文本框，用于设置曲线上每两个点之间的步数，即相当于在曲线两点之间插入一系列的点进行平滑。步数数值越大，插入点也越多，那么曲线也就越平滑。

- ⊙ 【优化】复选框：选中该复选框，可以在上方的【步数】文本框中设置所需添加的步数数值。
- ⊙ 【自适应】复选框：选中该复选框，系统将自动进行光滑适配，以一个相对光滑的插补值设置曲线。

5.【创建点】卷展栏

【创建点】卷展栏用于创建各种独立点和从属点，如图 4-27 所示。

在【创建点】卷展栏中单击【点】按钮后，可以在场景中创建单独存在的点。还可以在【从属点】选项组中选择其他创建点工具。

- ⊙ 【偏移点】按钮：单击该按钮，可以在场景中原有的点上创建偏移点。
- ⊙ 【曲线点】按钮：单击该按钮，可以在场景中创建依附于选择曲线的点。
- ⊙ 【曲面点】按钮：单击该按钮，可以在场景中创建依附于选择曲面的点。
- ⊙ 【曲线—曲线】按钮：单击该按钮，可以在曲线与曲线的交点位置创建一个点。
- ⊙ 【曲面－曲线】按钮：单击该按钮，可以在曲面与曲线的交点位置创建一个点。

6.【创建曲线】卷展栏

【创建曲线】卷展栏用于在场景中创建各种 NURBS 曲线，如图 4-28 所示。

图 4-26 【曲线近似】卷展栏

图 4-27 【创建点】卷展栏

图 4-28 【创建曲线】卷展栏

在【创建曲线】卷展栏中包含两类创建曲线类型，一类是独立的曲线，一类是从属曲线。从属曲线都是在原有曲线的基础上派生出来的，对原始对象具有依附关系。在【创建曲线】卷展栏中，各主要工具按钮的作用如下。

- ⊙ 【CV 曲线】按钮：单击该按钮，可以创建一个由 CV 点组成的曲线。虽然 CV 点不属于曲线，但是通过它可以决定曲线的形状。

- ⊙ 【点曲线】按钮：单击该按钮，可以创建一个由点组成的曲线。
- ⊙ 【曲线拟合】按钮：单击该按钮，可以根据选择的点建立一条拟合的曲线。这个点可以是以前创建的曲线点和曲面上的点，也可以是在此物体级单独创建的点，不过其不能是 CV 点。
- ⊙ 【曲面边】按钮：单击该按钮，可以创建一个从属于曲面边的曲线。曲面边曲线是位于曲面边界的从属曲线类型，该曲线可以是曲面的原始边界或修剪边。
- ⊙ 【变换】按钮：单击该按钮，可以将选择的曲线进行平移复制。
- ⊙ 【混合】按钮：单击该按钮，可以连接两个分离的曲线端点，创建出光滑的中间过渡曲线。
- ⊙ 【偏移】按钮：单击该按钮，可以沿曲线中心向外或向内以辐射的方式复制曲线。
- ⊙ 【镜像】按钮：单击该按钮，可以对曲线进行镜像。
- ⊙ 【切角】按钮：单击该按钮，可以在两个分离曲线的端点之间创建一个直角线段。
- ⊙ 【圆角】按钮：单击该按钮，可以在两个分离曲线的端点之间创建一个圆角线段。
- ⊙ 【曲面×曲面】按钮：单击该按钮，可以在曲面与曲面之间的交线处创建曲线。
- ⊙ 【曲面偏移】按钮：单击该按钮，可以以偏移方式复制曲面。
- ⊙ 【U 向等参曲线】按钮：单击该按钮，可以沿水平等参线复制一条等参曲线。
- ⊙ 【V 向等参曲线】按钮：单击该按钮，可以沿垂直等参线复制一条等参曲线。
- ⊙ 【法向投影】按钮：单击该按钮，可以在场景中创建法线方向的投影曲线。
- ⊙ 【向量投影】按钮：单击该按钮，可以在场景中创建向量投影曲线。
- ⊙ 【曲面上的 CV】按钮：单击该按钮，可以在曲面上创建一个 CV 曲线。
- ⊙ 【曲面上的点】按钮：单击该按钮，可以在曲面上创建一个点曲线。

7. 【创建曲面】卷展栏

【创建曲面】卷展栏用于在场景中创建各种复杂的对象表面效果，如图 4-29 所示。

图 4-29 【创建曲面】卷展栏

> **提示**
>
> 利用该面板既可以创建点曲面、CV 曲面这样的独立曲面，也可以创建偏移曲面、镜像曲面等从属曲面，需要注意的是【挤出】和【旋转】按钮，它们仅适用于曲线，是通过对曲线的挤出或旋转来将它们转化为曲面，如果要对多个曲线进行操作，则必须进入曲线子对象级，对它们执行连接操作，使它们成为一个整体。

在【创建曲面】卷展栏中，各主要工具按钮的作用如下。

- 【CV 曲面】按钮：单击该按钮，可以在场景中创建一个由 CV 点组成的曲面，可以通过它调节曲面的形态。
- 【点曲面】按钮：单击该按钮，可以在场景中创建一个由矩形点阵构成的曲面。
- 【变换】按钮：单击该按钮，可以将选择的曲面移动并复制。
- 【混合】按钮：单击该按钮，可以将两个分离的曲面进行连接，并会在曲面之间产生光滑的过度曲面。
- 【偏移】按钮：单击该按钮，能够沿曲面中心向内或向外以辐射的方式复制曲面，新创建的曲面将可以最大可能地保留原来曲面的形状。
- 【镜像】按钮：单击该按钮，可以对曲面进行镜像复制。
- 【挤出】按钮：单击该按钮，可以将一个曲线子对象挤压出一个有厚度的新曲面。
- 【旋转】按钮：单击该按钮，可以将一个曲线子对象进行旋转放样，创建出一个新的曲面。
- 【规则】按钮：单击该按钮，可以在两个曲线子对象之间建立一个曲面。
- 【封口】按钮：单击该按钮，将创建一个曲面，并且会沿一条曲线的边界将曲面封闭。
- 【U 向放样】按钮：单击该按钮，可以将一连串的曲面作为放样截面，围成一个新的造型表面。
- 【UV 放样】按钮：单击该按钮，可以将水平和垂直方向上的一系列曲面作为截面，围成一个新的表面造型。
- 【单轨】按钮：单击该按钮，可以将场景中的 NURBS 曲线(至少两条 NURBS 曲线)，按照一定的方向创建一个新曲面。
- 【双轨】按钮：单击该按钮，可以将场景中的 NURBS 曲线(至少三条 NURBS 曲线)，按照一定的方向创建一个新曲面。
- 【N 混合】按钮：单击该按钮，可以将多个曲面进行融合，生成一个新的曲面，并产生光滑的曲面过渡。
- 【复合修剪】按钮：单击该按钮，可以在多个曲面之间进行修剪。
- 【圆角】按钮：单击该按钮，将可以创建曲面间的圆角曲面。

4.4.2 修改 NURBS 子对象

在 3ds Max 中，可以对 NURBS 的点、线和面 3 个子对象部分进行修改。选择不同的 NURBS 子对象，其修改命令面板也会不同。下面以 NURBS 点曲面为例进行修改 NURBS 子对象的介绍。

1. 修改 NURBS 点曲面的点子对象

要修改 NURBS 点曲面的子对象，必须进入【修改】命令面板，选择场景中创建的 NURBS 曲面对象，在【修改】命令面板的【修改器堆栈】中选择【点】子对象，如图 4-30 所示。这样就进入相应的【点】修改命令面板。

【点】修改命令面板中有如下两个卷展栏。

- ◎ 【点】卷展栏：用于对曲面上的点进行编辑和修改，使用户能够灵活地对曲面上的点进行各种操作，如图 4-31 所示。

- ◎ 【软选择】卷展栏：用于使点或 CV 的行为方式如同围绕【磁场】。在移动选中的点或 CV 时，可以平滑对象上未选中的点或 CV，如图 4-32 所示。

图 4-30　选择【修改器堆栈】中的【点】子对象　　　图 4-31　【点】卷展栏

在【点】卷展栏的【选择】选项区域提供了 5 种选择，它们的作用如下。

- ◎ 【单个点】按钮：用于选择单个的控制点，可以通过快捷键添加和删除。

- ◎ 【点行】按钮：用于选择与指定的点同一行的所有点作为控制点。

- ◎ 【点列】按钮：用于选择与指定的点同一列的所有点作为控制点。

- ◎ 【点行和列】按钮：用于选择与指定的点位于同一列和同一行的所有点作为控制点。

- ◎ 【所有点】按钮：用于选择曲面上所有的点作为控制点，这相当于选择整个曲面。

【名称与属性】选项区域用于设置所选择的点的名称和其相关属性，如图 4-33 所示。

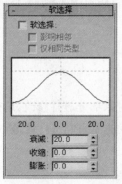

图 4-32　【软选择】卷展栏　　　　　图 4-33　【名称与属性】选项组

- ◎ 【名称】文本框：用于显示和设置场景中所选择的节点的名称。

- ◉ 【隐藏】按钮：将场景中所选择的点隐藏。
- ◉ 【全部取消隐藏】按钮：用于对所有隐藏的点的显示操作。
- ◉ 【熔合】按钮：用于场景中所选择的点的熔合操作。在操作中需要使用鼠标拖动这个点到所要熔合的对象的位置，即可将操作的两个点合并为一个点。
- ◉ 【取消熔合】按钮：此按钮用于将熔合的点恢复。
- ◉ 【延伸】按钮：用于在曲面上扩展点。
- ◉ 【使独立】按钮：用于使选择的点脱离依附关系，形成一个独立的点。
- ◉ 【移除动画】按钮：用于将选择的点所附加的动画功能取消。

　　【删除】选项组用于设置曲面上点的删除方式，如图 4-34 所示。对于点的删除，系统提供了 3 种方式，它们分别对应用户在曲面上所选择的点，如删除单个点、删除选择点所在的整行点、删除选择点所在的整列点。

　　【优化】选项组用于对曲面上由点创建的曲线的优化设置，如图 4-35 所示。

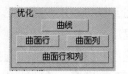

图 4-34　【删除】选项组　　　　　　　　　图 4-35　【优化】选项组

2. 修改 NURBS 点曲面的曲面子对象

　　要修改 NURBS 点曲面的曲面子对象，先选择场景中创建的 NURBS 点曲面对象，然后在【修改】命令面板的【修改器堆栈】中选择【曲面】子对象，如图 4-36 所示。此时将进入相应的曲面的【修改】面板。

　　单击【修改】命令面板中的【曲面公用】卷展栏，如图 4-37 所示。该卷展栏用于对 NURBS 点曲面上的曲面子对象进行基本操作。

图 4-36　选择【修改器堆栈】中的【曲面】子对象　　　图 4-37　【曲面公用】卷展栏

【曲面公用】卷展栏中的【选择】选项组提供了两种面子对象的选取方式。

◉ 【单个曲面】按钮 ⿰: 用于将场景中选择的一个单独的曲面作为编辑对象。

◉ 【所有连接曲面】按钮 ⿰: 用于将场景中选择的一系列相互关联的曲面作为编辑对象。

【曲面公用】卷展栏中的其他主要参数选项作用如下。

◉ 【名称】文本框: 用于显示用户所选定的子对象的名称, 可以对其进行修改。

◉ 【隐藏】按钮: 用于将所选择的曲面进行隐藏, 不过这并不影响曲面在渲染时的效果。

◉ 【全部取消隐藏】按钮: 用于将场景中所有隐藏的曲面对象重新显示。

◉ 【按名称隐藏】按钮: 单击该按钮, 可以通过列表框的操作方式, 选择要隐藏的对象名称, 将所选择的对象隐藏。

◉ 【按名称取消隐藏】按钮: 单击该按钮, 可以通过列表框的操作方式, 选择要显示的隐藏对象名称后, 将所选择对象显示出来。

◉ 【删除】按钮: 用于删除所选择的曲面对象。

◉ 【硬化】按钮: 用于将所选择的曲面设定为刚性, 即不能进行变形。

◉ 【创建放样】按钮: 用于进行放样操作, 通过行列上点数的设置生成 CV 点。

◉ 【创建点】按钮: 用于在选择的曲面上创建一个点阵。单击该按钮后, 会打开【创建点曲面】对话框。通过该对话框, 可以指定水平和垂直方向上点数的分布, 如图 4-38 所示。

◉ 【转化曲面】按钮: 此按钮用于对所选择的曲面进行转化操作。单击该按钮, 将打开【转化曲面】对话框, 如图 4-39 所示。用户可以根据需要在该对话框中进行参数设置。

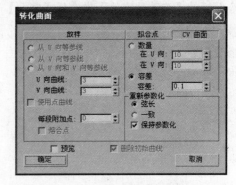

图 4-38　【创建点曲面】对话框　　　　图 4-39　【转化曲面】对话框

◉ 【使独立】按钮: 用于将选择的曲面转化为 CV 曲面。

◉ 【移除动画】按钮: 用于从选择的曲面中移除动画控制器。

◉ 【分离】按钮: 用于使选定曲面子对象与 NURBS 模型分离。当位于右边的【复制】复选框选中时, 系统将会在操作时保留原选择曲面。

◉ 【可渲染】复选框: 选中该复选框, 可以将曲面设置为可以渲染的对象。

◉ 【显示法线】复选框: 选中该复选框, 可以显示每个选定曲面的法线。

◉ 【翻转法线】复选框: 选中该复选框, 可以翻转曲面法线的方向。

- ◉ 【断开行】按钮：在行(曲面的 U 轴)方向，将曲面断开为两个曲面。
- ◉ 【断开列】按钮：在列(曲面的 V 轴)方向，将曲面断开为两个曲面。
- ◉ 【断开行和列】按钮：用于将选择的曲面沿行和列两个方向进行切断操作。
- ◉ 【延伸】按钮：用于对选择的曲面进行扩展操作。
- ◉ 【连接】按钮：用于将两个曲面子对象连接在一起。

【材质属性】卷展栏用于设置点曲面子对象的材质参数属性，如图 4-40 所示。

- ◉ 【材质 ID】文本框：用于设置当前曲面的材质 ID 数，当使用多维材质时会根据材质 ID 号为曲面分配相应的材质纹理。
- ◉ 【按 ID 选择】按钮：单击该按钮，会打开【按材质 ID 选择】对话框，如图 4-41 所示。在该对话框中，可以直接选择所需材质 ID 号。

图 4-40 　【材质属性】卷展栏　　　　图 4-41 　【按材质 ID 选择】对话框

在【纹理通道】选项组中，各主要参数选项的作用如下。

- ◉ 【贴图通道】文本框：用于指定贴图通道数量。
- ◉ 【生成贴图坐标】复选框：用于设置是否产生贴图坐标。
- ◉ 【偏移】选项：用于设置 U 和 V 的偏移值，即水平和垂直两个方向上贴图的偏移值。
- ◉ 【平铺】选项：用于设置 U 和 V 方向上贴图的重复次数。
- ◉ 【旋转角度】文本框：用于设置贴图的旋转角度。

【纹理曲面】选项组用于对场景中选定的曲面进行编辑。单击此选项组中的【编辑纹理曲面】按钮，将会打开【编辑纹理曲面】对话框，如图 4-42 所示。通过该对话框可以对曲面的纹理贴图位置进行更加精确的编辑。

【曲面近似】卷展栏用于设置场景中曲面的显示特性，如图 4-43 所示。【曲面近似】卷展栏有【细分】、【细分预设】和【细分方法】3 个选项组。

图 4-42　【编辑纹理曲面】对话框　　　　　　　　图 4-43　【曲面近似】卷展栏

在【细分】卷展栏中，各主要参数选项的作用如下。

⊙ 【视口】单选按钮：选择该单选按钮后，所有参数的设置将针对视口显示进行应用，但不会对对象最终的渲染效果产生影响。

⊙ 【渲染器】单选按钮：选择该单选按钮后，所有参数的设置将针对对象最终的渲染效果进行应用。

⊙ 【基础曲面】按钮：此按钮用于指定在曲面的底部进行操作。

⊙ 【曲面边】按钮：此按钮用于指定在曲面的边上进行操作。

⊙ 【置换曲面】按钮：此按钮用于取代原有的曲面位置。

【细分预设】选项组用于系统自动设置选择曲面对象的细分级别。该选项组中有低、中、高 3 种预设级别供选择。

【细分方法】选项组用于指定细分的方式，用户可以根据需要设置相关参数选项。

④.5　上机练习

本章的上机实验主要练习在 3ds Max 中创建 NURBS 对象的操作方法。本实例通过使用 NURBS 建模的方法绘制各截面的曲线，然后使用【创建 U 向放样曲面】工具创建 NURBS 曲面，制作出鲜花模型。

(1) 选择【文件】|【重置】命令，恢复 3ds Max 至初始状态。

(2) 在【创建】命令面板中单击【图形】按钮，选择下拉列表框中的【NURBS 曲线】选项，然后单击【对象类型】选项组中的【CV 曲线】按钮。在【顶】视图中创建一条 CV 曲线，如图 4-44 所示。

(3) 切换至【前】视图，在【修改】命令面板的【修改器堆栈】中选择【曲线 CV】选项，然后使用【选择并移动】工具调整控制点位置，如图 4-45 所示。完成调整后鲜花最上层的轮廓线条如图 4-46 所示。

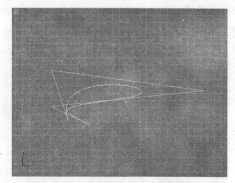

图 4-44　绘制 CV 曲线　　　　　　　　　　图 4-45　调整 CV 曲线

(4) 在视口中，绘制第 2 条 CV 曲线，如图 4-47 所示。然后再创建多条 CV 曲线，其数量的多少通常是由所绘制的物体表面复杂程度决定的，这里绘制了 6 条 CV 曲线，注意由上至下形状的变化，各条 CV 曲线都需要进行仔细的调整，而最下端的几条线条是花枝部分，截面尺寸比较小，须仔细处理。最后调整好的 CV 曲线效果如图 4-48 所示。

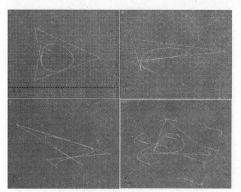
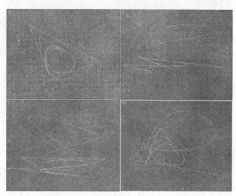

图 4-46　完成调整后的鲜花最上层的轮廓线条　　图 4-47　绘制第 2 条 CV 曲线

(5) 选中一条 CV 曲线，单击【NURBS 创建】工具箱中的【创建 U 向放样曲面】按钮。使用【创建 U 向放样曲面】工具，按照从前至后的顺序，依次单击 CV 曲线，即可制作出花朵曲面，如图 4-49 所示。

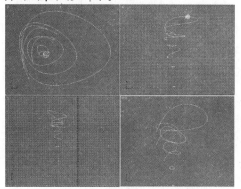
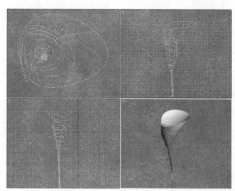

图 4-48　绘制多条 CV 曲线　　　　图 4-49　使用【创建 U 向放样曲面】工具制作花朵曲面

(6) 在【透视】视图中，按 F3 键查看花朵模型效果，如图 4-50 所示。

(7) 使用【CV 曲线】工具创建多条 CV 曲线，用于制作花蕊线条，如图 4-51 所示。然后使用【创建 U 向放样曲面】工具创建花蕊曲面，如图 4-52 所示。

图 4-50　查看花朵模型

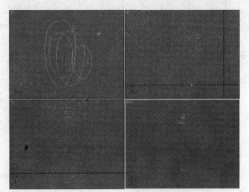

图 4-51　创建花蕊线条

(8) 使用工具栏中的【选择并移动】工具，移动花蕊至花朵中央位置，这样就完成了鲜花模型的制作，如图 4-53 所示。

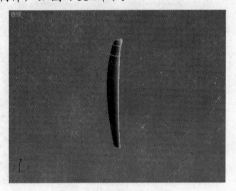

图 4-52　创建花蕊曲面

图 4-53　制作完成后的鲜花模型

④.6　习题

1. 创建 CV 曲面，选择与指定的点位于同一列和同一行的所有点作为控制点，设置选择的曲面上的节点在移动和编辑时，对周围节点产生影响，将曲面设置为可以渲染的对象。

2. 创建点曲面，为 NURBS 对象在场景中设置附加多个物体对象，显示物体对象晶格线，对曲面进行镜像复制。

第 **5** 章

复 合 建 模

学习目标

复合建模是 3ds Max 中重要的建模方法之一，使用它可以将简单的三维模型通过演变、变形或组合等方式形成各式各样复杂的三维模型。其中，放样建模方式是最为常用的，它不仅可以将单个或多个二维基本参数模型创建成三维模型，并且可以对创建的放样模型进行编辑加工。

本章重点

- ⊙ 【散布】、【布尔】和【一致】复合建模工具的操作方法
- ⊙ 多重放样建模的操作方法
- ⊙ 编辑放样模型的操作方法

⑤.1 复合建模的创建工具

复合建模是将已有的模型对象复合成新的模型对象，这种建模方法的建模对象必须是两个或两个以上的模型。在【创建】命令面板中单击【几何体】按钮 ⊙，选择下拉列表框中的【复合对象】选项，可以打开【复合对象】创建命令面板，如图 5-1 所示。下面就介绍其中几种常用的复合建模工具的设置和操作方法。

💡 **提示** - - - - - - - - -

　　该创建命令面板中有【散布】、【一致】、【水滴网格】、【图形合并】、【布尔】、【地形】和【放样】等 12 种复合建模工具。

图 5-1 　【复合对象】创建命令面板

⑤.1.1 应用【散布】命令

使用【散布】命令可以将选择的源对象分散为阵列或分布在对象的表面。通常源对象的模型结构较简单，通过【散布】工具的参数控制可以有效地创建出一定数量的复制品。该复合建模工具非常适用于创建分布在对象表面且杂乱无章的模型，例如分布在山坡上的草、石块等，如图 5-2 所示。

选择视口中的一个对象后，在【创建】命令面板中单击【几何体】按钮 ◉ ，选择下拉列表框中的【复合对象】选项，然后单击【对象类型】选项组中的【散布】按钮，即可打开【散布】创建命令面板。

【散布】创建命令面板中的【拾取分布对象】卷展栏(如图 5-3 所示)用于设置分布对象的属性。在该卷展栏的【对象】选项中，显示了单击【拾取分布对象】按钮后选择的分布对象的名称。单击【拾取分布对象】按钮，可以在视口中选择要作为分布对象的对象。该按钮下的【参考】、【复制】、【移动】和【实例】单选按钮，用于设置分布对象的类型。

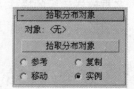

图 5-2 在山坡上【散布】处理的树木和岩石　　　　图 5-3 【拾取分布对象】卷展栏

【散布】创建命令面板中的【散布对象】卷展栏(如图 5-4 所示)用于设定散布对象中源对象和分布对象的参数属性。该卷展栏中的【分布】选项组用于指定分布对象的方式，有【使用分布对象】和【仅使用变换】2 个单选按钮。【对象】选项组中的列表框，用于显示组成散布对象的对象名称。要对该列表框中的对象进行操作，直接选择所需对象名称即可。【源名】文本框用于更改源对象的名称；【分布名】文本框用于更改分布对象的名称。另外，在对象列表框中选择对象名称后，还可以单击【提取操作对象】按钮。不过该按钮只有在【修改】命令面板中才可以单击。

【散布对象】卷展栏中的【源对象参数】选项组(如图 5-4 左图所示)，可以设置影响源对象的参数属性。该选项组中的主要参数选项作用如下。

- ◉ 【重复数】文本框：用于设置要分散的源对象的数目。默认情况下，该文本框中数值为 1。

- 【基础比例】文本框：用于设置影响源对象的比例，同时也将影响每个复制对象的比例，该比例变换发生在其他变换之前。
- 【顶点混乱度】文本框：用于设置源对象的顶点随机分布在分布对象的表面。
- 【动画偏移】文本框：用于设置每个源对象的复制对象从前个复制对象偏移出来的动画持续的帧数。通过该文本框中的数值，可以创建出波动形式的动画。默认情况下该文本框中的数值为 0，即所有复制对象同时运动。

　　【散布对象】卷展栏中的【分布对象参数】选项组(如图 5-4 右图所示)，用于设置源对象的复制对象分布在分布对象表面的参数属性。该选项组中的参数数值，只有在使用分布对象时才起作用。该选项组中的主要参数选项作用如下。

图 5-4　【散布对象】卷展栏

- 【垂直】复选框：选中该复选框，复制对象可以垂直分布在对象的表面；取消选中该复选框，复制对象会与对象同方向分布。
- 【仅使用选定面】复选框：选中该复选框，可以限制源对象的复制对象在分布对象中选定的面上。
- 【分布方式】选项：用于设置分布对象的外形对于源对象的分布影响。选中【区域】单选按钮，复制对象可以均匀分布在分布对象的表面，如图 5-5 所示。选中【偶校验】单选按钮，可以用分布对象中的面数除以重复项数目，并在放置重复项时跳过分布对象中相邻的面数。选中【跳过 N 个】单选按钮，可以在分布复制对象时跳过 N 个表面。选中【随机面】单选按钮，可以在分布对象的表面随机分布复制对象。选中【沿边】单选按钮，可以在分布对象的边上随机分布复制对象。选中【所有顶点】单选按钮，可以在每个分布对象的顶点上分布复制对象。选中【所有边的中点】单选按钮，可以在每个边的中点上分布复制对象。选中【所有面的中点】单选按钮，可以在每个面的中心上分布复制对象。选中【体积】单选按钮，可以在整个对象的内部和表面上分散分布复制对象，如图 5-6 所示。

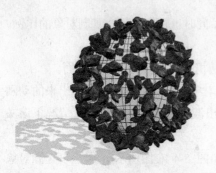

图 5-5　以【区域】方式分布的复制对象

图 5-6　以【体积】方式分布的复制对象

　　【散布】创建命令面板中的【变换】卷展栏(如图 5-7 所示)，可以为每个复制对象设置随机变换偏移。该卷展栏中的数值指定的是每个复制对象随机变换偏移的最大绝对数值，例如在【旋转】文本框中设置数值为 45，复制对象的旋转角度就会被限制在－45°～+45°之间进行变换。

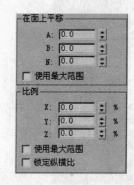

图 5-7　【变换】卷展栏

　　在【变换】卷展栏中，各主要参数选项的作用如下。

- ⊙ 【旋转】选项组：用于设置随机旋转偏移的数值。在该选项组中，可以单独设置每个坐标轴的旋转数值，也可以选中【使用最大范围】复选框为 3 个坐标轴统一设置旋转数值。

- ⊙ 【局部平移】选项组：用于设置复制对象相对于自身的坐标轴的偏移量。在该选项组中，可以单独设置每个坐标轴的数值，也可以选中【使用最大范围】复选框为 3 个坐标轴统一设置数值。

- ⊙ 【在面上平移】选项组：用于设置复制对象在分布对象表面相对于面坐标系的偏移量。面坐标系有 3 个坐标轴，其中 A 和 B 代表沿着表面的两个坐标轴，而 N 代表法线坐标轴。

- ⊙ 【比例】选项组：用于设置每个复制对象相对于自身的坐标的比例变换。在该选项组中，可以单独设置每个坐标轴的变换比例数值，也可以选中【使用最大范围】复选框为 3 个坐标轴统一设置变换比例数值。选中【锁定纵横比】复选框，可以按照源对象的原始纵横比设置变换比例数值。

【散布】创建命令面板中的【显示】卷展栏(如图 5-8 所示),用于设置散布对象的显示方式。该卷展栏中各主要参数选项的作用如下。

◉ 【显示选项】选项组:用于设置影响源对象和目标对象的显示方式。选中【代理】单选按钮,可以以简单的楔形显示源对象,该选项不会影响渲染场景;选中【网格】单选按钮,可以显示复制对象的完整几何体;【显示】文本框用于指定视口中显示的所有复制对象的百分比,该选项不会影响渲染场景;选中【隐藏分布对象】复选框,可以在视口中不显示分布对象只显示复制对象,该复选框所设置的不显示的对象,不会显示在渲染的场景中。

◉ 【唯一性】选项组:用于设置随机数值所基于的种子数量,该数值会影响分布对象的整体效果。单击【新建】按钮,可以生成新的随机基准数值;调整【种子】文本框中的数值,也可以设置随机基准数值。

【散布】创建命令面板中的【加载/保存预设】卷展栏(如图 5-9 所示),用于存储当前设置的参数,以方便应用于其他散布对象中。要应用保存的参数,只需选择所需的散布对象,然后选择预设的名称并单击【加载】按钮即可。

图 5-8 【显示】卷展栏

图 5-9 【加载/保存预设】卷展栏

【加载/保存预设】卷展栏中各主要参数选项的作用如下。

◉ 【预设名】文本框:用于设定保存设置的名称。输入名称后,单击【保存】按钮,即可以当前设置名称保存。

◉ 【保存预设】列表框:用于显示所有已保存预设的名称。

◉ 【加载】按钮:单击该按钮,可以载入【保存预设】列表框中选择的预设至当前视口中的散布对象上。

◉ 【删除】按钮:用于删除【保存预设】列表框中选择的预设。

【例 5-1】在场景中分别创建球体和圆柱体,然后应用【散布】工具制作长方体上散布球体的复合模型。

(1) 选择【文件】|【重置】命令,恢复 3ds Max 至初始状态。

(2) 在【透视】视图中,创建一个半径为 40 的球体,如图 5-10 所示。

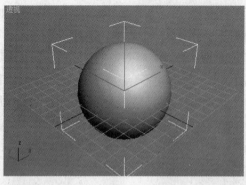

图 5-10　创建球体

(3) 在【透视】视图中，创建一个半径为 4、高度为 20 的圆柱体，如图 5-11 所示。

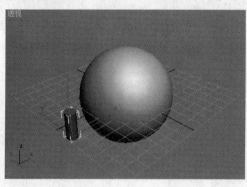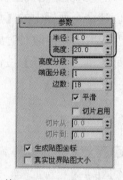

图 5-11　在场景中绘制出一个圆柱体

(4) 选择圆柱体作为源对象。

(5) 在【创建】命令面板中单击【几何体】按钮，选择下拉列表框中的【复合对象】选项，然后单击【对象类型】选项组中的【散布】按钮，打开【散布】创建命令面板。

(6) 在该创建命令面板的【拾取分布对象】卷展栏中，选中【移动】单选按钮，再单击【拾取分布对象】按钮。然后单击球体，这时圆柱体会自动分布在球体的表面，如图 5-12 所示。

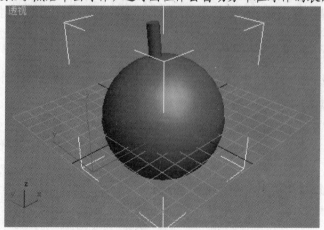

图 5-12　创建散布复合对象

(7) 在【散布对象】卷展栏中，设置【源对象参数】选项组的【重复数】为100，选中【分布对象参数】选项组中的【沿边】单选按钮；在【变换】卷展栏中，设置【在面上平移】选项区域的 N 文本框中数值为-10，【比例】选项组的 Z 文本框中数值为 70。设置完成后效果如图 5-13 所示。

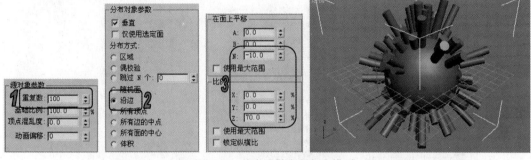

图 5-13　改变【散布】复合模型

⑤.1.2　应用【一致】命令

使用【一致】命令复合建模是指将一个模型对象(在该命令的操作中称为【包裹器】)的顶点投影至另一个模型对象(在该命令的操作中称为【包裹对象】)的表面。图 5-14 中所示的道路就是通过【一致】命令变形复合至山体模型表面的。

图 5-14　应用【一致】命令复合建模

选择视口中的一个对象后，在【创建】命令面板中单击【几何体】按钮，选择下拉列表框中的【复合对象】选项，然后单击【对象类型】选项组中的【一致】按钮，即可打开【一致】创建命令面板，如图 5-15 所示。

在【一致】创建命令面板的【拾取包裹对象】卷展栏中，单击【拾取包裹对象】按钮可以选择要包裹当前模型的模型对象。【参数】卷展栏中列出了包裹器和包裹对象的名称，以及【沿顶点法线】、【指向包裹器中心】、【指向包裹器轴】、【指向包裹对象中心】和【指向包裹对象轴】5 种包裹方式 ，【包裹器参数】选项组用于设置投影的距离和包裹模型与包裹对象间的间隔距离。

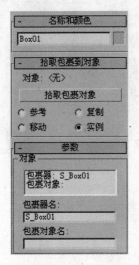
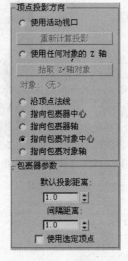
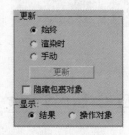

图 5-15 【一致】创建命令面板

【例 5-2】创建平面包裹茶壶的【一致】复合模型，如图 5-16 所示。

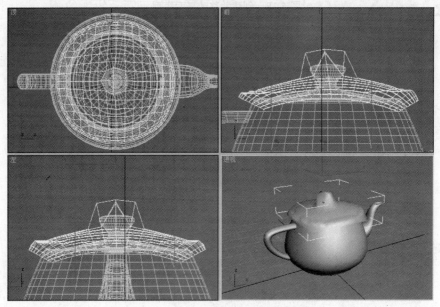

图 5-16 最终创建的【一致】复合模型

(1) 选择【文件】|【重置】命令，恢复 3ds Max 至初始状态。
(2) 在【透视】视图中，创建一个茶壶模型作为包裹对象，如图 5-17 所示。

计算机 基础与实训教材系列

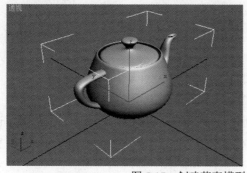

图 5-17 创建茶壶模型

(3) 在【透视】视图中，创建一个平面模型作为包裹器并移动至茶壶模型上方，如图 5-18 所示。

图 5-18 创建并移动平面模型

(4) 选择平面模型作为源对象。

(5) 在【创建】命令面板中单击【几何体】按钮 ●，选择下拉列表框中的【复合对象】选项，然后单击【对象类型】选项组中的【一致】按钮，打开【一致】创建命令面板。

(6) 在该创建命令面板的【拾取分布对象】卷展栏中，选中【实例】单选按钮，再单击【拾取分布对象】按钮。然后单击茶壶模型，即可创建【一致】复合模型。

(7) 在【一致】创建命令面板的【参数】卷展栏中，选择【指向包裹对象轴】单选按钮，设置【默认投影距离】为 1，【间隔距离】为 3，选中【隐藏包裹对象】复选框。设置参数后的【参数】卷展栏效果如图 5-19 所示。

图 5-19 设置【参数】卷展栏中的参数选项

计算机 基础与实训教材系列

⑤.1.3　应用【水滴网格】命令

　　【水滴网格】复合建模是通过几何体或粒子创建一组球体，或者将球体连接起来，使创建出的这些球体呈现柔软的液态物质构成状态，如图 5-20 所示。

　　选择视口中的一个对象后，在【创建】命令面板中单击【几何体】按钮，选择下拉列表框中的【复合对象】选项，然后单击【对象类型】选项组中的【水滴网格】按钮，即可打开【水滴网格】创建命令面板，如图 5-21 所示。

图 5-20　【水滴网格】复合模型

图 5-21　【水滴网格】创建命令面板

　　在【水滴网格】创建命令面板中的【参数】卷展栏中设置控制水滴的大小、水滴网格的张力大小及粗糙程度等的参数选项。该卷展栏中的【水滴对象】选项组用于列出当前水滴网格的对象。在【粒子流】参数卷展栏中，可以添加或移除水滴网格的粒子流。

　　【例 5-3】使用【水滴网格】复合建模工具创建【水滴网格】复合模型。

　　(1) 选择【文件】|【重置】命令，恢复 3ds Max 至初始状态。

　　(2) 在【前】视图中，创建一个样条线，如图 5-22 所示。

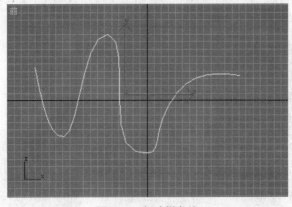

图 5-22　创建样条线

(3) 单击【创建】命令面板中的【几何体】按钮 ，选择下拉列表框中的【复合对象】选项。再单击【对象类型】选项组中的【水滴网格】按钮，打开【水滴网格】创建命令面板。

(4) 在【前】视图任意位置单击，创建出一个水滴模型。

(5) 打开【修改】命令面板，在【参数】卷展栏的【水滴对象】选项组中单击【拾取】按钮。然后单击样条线，即可创建出【水滴网格】复合模型，如图 5-23 所示。

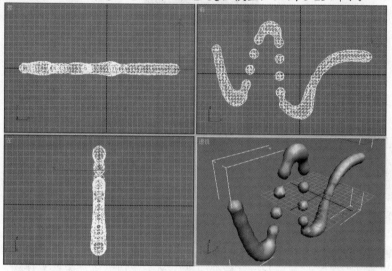

图 5-23   创建出【水滴网格】复合模型

(6) 在【参数】卷展栏中，设置【大小】为 15，【视口】为 10，选中【相对粗糙度】复选框，即可修改【水滴网格】复合模型，如图 5-24 所示。

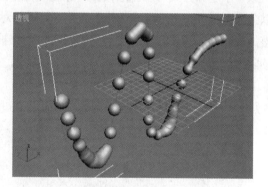

图 5-24   修改【水滴网格】复合模型

5.1.4   应用【布尔】命令

【布尔】命令在 3ds Max 中是一种重要的建模方式。它是一种拓扑学的概念，由英国学者查尔斯·布尔发明，主要用于解决两个对象之间的运算关系。【布尔】复合建模有【交】、【差】和【合并】3 种基本运算方式。两个对象重合的部分就是【交】；一个对象减去与另外一个对象相交的部分剩下的就是【差】；将两个对象合并起来就是【并】。

选择视口中的一个对象后，在【创建】命令面板中单击【几何体】按钮 ⊙，选择下拉列表框中的【复合对象】选项，然后单击【对象类型】选项组中的【布尔】按钮，即可打开【布尔】创建命令面板，如图 5-25 所示。

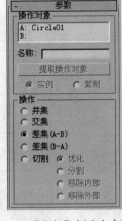
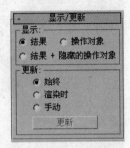
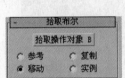

图 5-25　【布尔】创建命令面板

【布尔】创建命令面板中的【参数】卷展栏，用于设置布尔运算对象的基本参数。在【操作对象】列表框中显示了所有参与布尔运算的对象。单击【提取操作对象】按钮可以将视口中选择的对象提取出来。【操作】选项组中列出了【并集】、【交集】、【差集(A-B)】、【差集(B-A)】和【切割】5 种布尔运算方式。其中，【切割】布尔运算方式与【差】布尔运算方式类似。不过，该布尔运算方式可以删除被减对象相交部分的面，以形成空洞。【切割】布尔运算方式又可以分为 4 种类型，选择【优化】类型，可以将对象 A 被切除的部分添加上额外的顶点以形成完整的表面；选择【分割】类型，不仅可以修饰被切除部分，还可以修饰切除掉的部分；选择【移除内部】类型，可以将对象 B 重合的内部面全部删除；选择【移除外部】类型，可以将与对象 B 重合的外部面全部删除。

【例5-4】使用【布尔】复合建模工具制作如图 5-26 所示的纽扣。

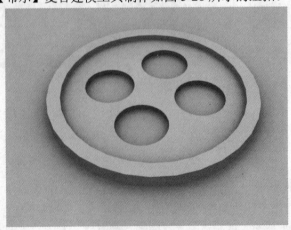

图 5-26　纽扣模型

(1) 选择【文件】|【重置】命令，恢复 3ds Max 至初始状态。

(2) 在【透视】视图中，创建一个半径为 30、高度为 2、高度分段为 5、端面分段为 8、边数为 36 的圆柱体模型，如图 5-27 所示。

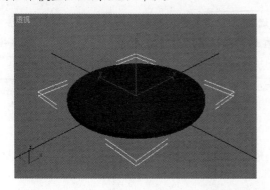

图 5-27　创建圆柱体模型

(3) 在圆柱体模型外，创建一个半径 1 为 32、半径 2 为 28、高度为 4、高度分段为 5、端面分段为 8、边数为 32 的管状体模型，如图 5-28 所示。

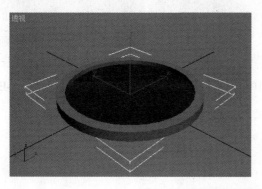
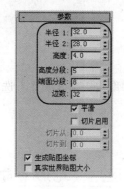

图 5-28　创建管状体模型

(4) 在如图 5-29 所示的【顶】视图中，创建一个半径为 8、分段为 32 的球体模型，如图 5-29 所示。

(5) 复制创建出 3 个球体模型并移动它们的位置，如图 5-30 所示。

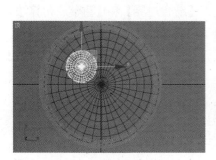

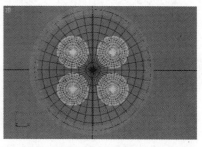

图 5-29　创建球体模型　　　　　图 5-30　复制并移动创建的 3 个球体模型

(6) 选择圆柱体模型，在【创建】命令面板中单击【几何体】按钮 ，选择下拉列表框中的【复合对象】选项，然后单击【对象类型】选项组中的【布尔】按钮，打开【布尔】创建命令面板。

(7) 在【布尔】创建命令面板中，选择【移动】单选按钮，再选择【差集(B-A)】单选按钮，然后单击【拾取操作对象 B】按钮，在场景中选择【顶】视图中位于左上角的球体模型，即可进行布尔运算，如图 5-31 所示。

(8) 使用与步骤(7)相同的操作方法，对其他 3 个球体分别进行布尔运算。操作结束后的模型效果如图 5-32 所示。

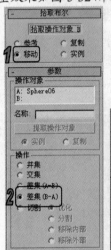

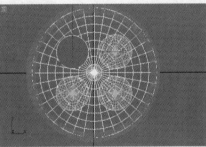

图 5-31　布尔运算后的结果

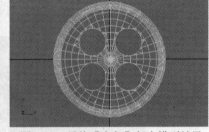

图 5-32　最终【布尔】复合模型效果

⑤.1.5　应用【地形】命令

【地形】复合建模是通过绘制样条线的方法创建三维模型的，常用于制作山脉和建筑动画。使用【地形】复合建模工具时，需要先绘制出一系列样条线。

在【地形】创建命令面板的【参数】卷展栏中，【操作对象】列表框用于显示当前操作的对象；【外形】选项组部分用于设置山体的外形显示，其中【缝合边界】和【重复三角算法】复选框用于平滑样条线间的尖锐部分；【显示】选项组用于设置【地形】复合建模显示方式。【简化】卷展栏用于设置水平方向和垂直方向上的简化运算方式。【按海拔上色】卷展栏用于设置山体海拔的色彩显示效果。

【例 5-5】使用【地形】复合建模工具创建山脉。

(1) 选择【文件】|【重置】命令，恢复 3ds Max 至初始状态。

(2) 在【顶】视图中，分别创建多条样条线，如图 5-33 左图所示。

(3) 在【透视】视图中，分别选择创建的样条线并沿 Z 轴调整位置，如图 5-33 右图所示。

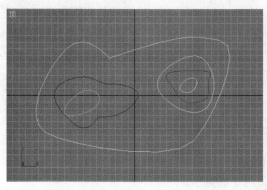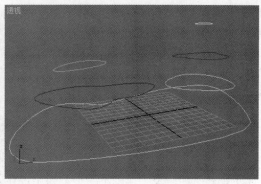

图 5-33　绘制并移动样条线

(4) 选择【顶】视图中最大的样条线，在【创建】命令面板中单击【几何体】按钮 ⊙，选择下拉列表框中的【复合对象】选项，然后单击【对象类型】选项组中的【地形】按钮，打开【地形】创建命令面板。

(5) 在该创建命令面板中，单击【拾取操作对象】卷展栏中的【拾取操作对象】按钮，并选择【实例】单选按钮。然后在视口中按照由下至上的顺序，依次单击样条线，即可创建山体，如图 5-34 所示。

(6) 在【参数】卷展栏中，选中【外形】选项组中的【缝合边界】和【重复三角算法】复选框，使山体更加平滑。然后单击【按海拔上色】卷展栏中的【创建默认值】按钮，即可按照默认数值设置山体海拔的颜色，如图 5-35 所示。

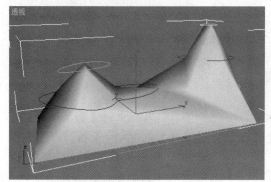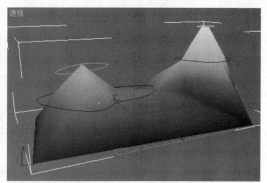

图 5-34　创建【地形】复合模型　　　　　　　图 5-35　修改【地形】复合模型

⑤.2　放样建模

　　放样原是造船工业中的术语，其具体原理是将二维基本参数模型作为三维模型的横截面，沿着一定的路径创建成三维模型。作为放样的横截面和路径可以变化，从而生成复杂的三维模型，例如将圆形放样直线创建成圆柱体。

　　作为放样截面的造型可以是一个或多个二维基本参数模型，其数量和形态没有限制，但是作为放样的路径却只能有一条。路径本身可以是开放的线段，也可以是封闭的图形。另外，所

计算机 基础与实训教材系列

有放样的造型都有起始点(在编辑状态下，该点显示为一个小方块),放样时截面图形会从路径图形的起始点向终止点延伸。

⑤.2.1 放样建模的操作方法

要使用放样建模方式创建三维模型，需要进行如下操作。

(1) 创建出一个二维基本参数模型作为放样的路径。

(2) 创建一个或多个二维基本参数模型，作为对象的截面。

(3) 选择一个作为放样路径的二维基本参数模型或作为截面的图形。

(4) 在【创建】命令面板中单击【几何体】按钮◉，选择下拉列表框中的【复合对象】选项，然后单击【对象类型】选项组中的【放样】按钮，打开【放样】创建命令面板。然后选择下列一种方法进行操作。

- ⦿ 如果步骤(4)选择的是作为截面的二维基本参数模型，则单击【获取路径】按钮。然后在场景中选择作为放样路径的二维基本参数模型，即可创建三维模型。

- ⦿ 如果步骤(4)选择的是作为放样路径的二维基本参数模型，则单击【获取图形】按钮。然后在场景中选择作为截面的二维基本参数模型，即可创建三维模型。

不论使用【获取图形】命令还是使用【获取路径】命令，选择的第一个二维基本参数模型都会在原位置保持不动，而第二个二维基本参数模型会移至第一个二维基本参数模型的位置上进行放样，创建三维模型。

【例5-6】创建星形图形和弧形样条，将它们创建成【放样】复合模型。

(1) 选择【文件】|【重置】命令，恢复 3ds Max 至初始状态。

(2) 在【顶】视图中，创建一条圆弧和一个星形图形，如图 5-36 所示。

(3) 选择圆弧图形作为放样路径。

(4) 在【创建】命令面板中单击【几何体】按钮◉，选择下拉列表框中的【复合对象】选项，然后单击【对象类型】选项组中的【放样】按钮，打开【放样】创建命令面板，如图 5-37 所示。

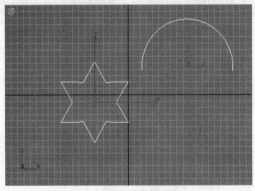

图 5-36　创建圆弧和星形图形

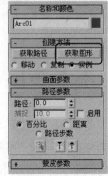

图 5-37　【放样】创建命令面板

(5) 在【放样】创建命令面板的【创建方法】卷展栏中，单击【获取图形】按钮。然后移动光标至中星形图形上单击，即可创建【放样】复合模型，如图 5-38 所示。

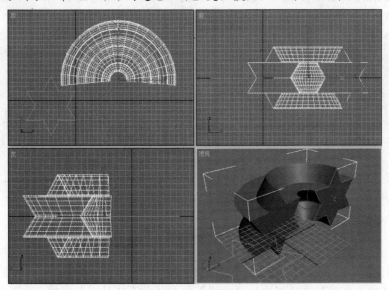

图 5-38 【放样】复合模型

⑤.2.2 多重放样建模

使用【放样】复合建模工具制作台布、床罩、窗帘等模型时，可以使用一条放样路径和多个不同截面的二维基本参数模型进行放样操作。使用该操作方法不仅可以减少模型制作的复杂程度，同时也可以节省操作的时间。

【放样】创建命令面板中的【路径参数】卷展栏，用于控制沿着放样对象路径上不同间隔期间的多个图形位置。在该卷展栏中，各主要参数选项的作用如下。

- ◉ 【路径】文本框：用于设置放样截面图形的位置。设置数值后，在视口中会显示一个黄色的叉表示其所在位置。位置的测量方式，可以通过选择【百分比】、【距离】或【路径段数】单选按钮进行设置。
- ◉ 【捕捉】文本框：用于设置沿着路径放样的各个截面图形之间的恒定距离。捕捉数值依赖于选择的测量方式。

在放样建模过程中，还可以增加放样的截面图形。单击【获取图形】按钮，然后在视口中选择需添加的图形即可。

【例 5-7】使用【放样】复合建模工具制作圆形桌面台布。

(1) 选择【文件】|【重置】命令，恢复 3ds Max 至初始状态。

(2) 在【顶】视图中，创建一个圆图形。

(3) 在【圆】创建命令面板的【参数】卷展栏中，设置【半径】为 75。

(4) 在【顶】视图中，创建一个星形图形。

(5) 在【星形】创建命令面板的【参数】卷展栏中，设置【半径1】为100，【半径2】为90，【点】为14，【圆角半径1】和【圆角半径2】为10。设置完成后的效果如图5-39所示。

(6) 在【前】视图中，创建作为路径的直线，如图5-40所示。

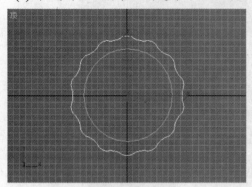

图5-39   绘制完成的图形

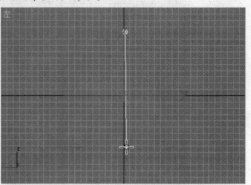

图5-40   创建作为路径的直线

(7) 选择直线路径。

(8) 在【创建】命令面板中单击【几何体】按钮，选择下拉列表框中的【复合对象】选项，然后单击【对象类型】选项组中的【放样】按钮，打开【放样】创建命令面板。

(9) 在【放样】创建命令面板的【创建方法】卷展栏中，单击【获取图形】按钮，选择【移动】单选按钮。然后单击圆形图形，即可创建【放样】复合模型，如图5-41所示。

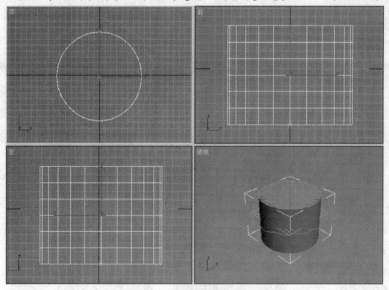

图5-41   创建【放样】复合模型

(10) 在【放样】创建命令面板的【参数】卷展栏中，设置【路径】为100。

(11) 在【放样】创建命令面板的【创建方法】卷展栏中，单击【获取图形】按钮。然后单击星形图形，即可增加【放样】复合模型的截面，如图5-42所示。

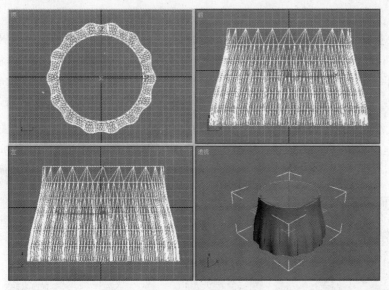

图 5-42　增加【放样】复合模型的截面

⑤.3　编辑放样模型

3ds Max 中提供了专门针对【放样】复合模型的编辑器,可以先选择【放样】复合模型,然后打开【修改】命令面板,单击【变形】卷展栏(如图 5-43 所示)中的【缩放】、【扭曲】、【倾斜】、【倒角】或【拟合】按钮打开相应的编辑器进行操作。

图 5-43　【变形】卷展栏

⑤.3.1　【缩放变形】编辑器

选择【放样】复合模型后,在【修改】命令面板中,单击【变形】卷展栏中的【缩放】按钮,即可打开【缩放变形】编辑器窗口。该编辑器窗口用于缩放【放样】复合模型的截面,以获得同形状的截面在路径不同位置上的不同效果,常用于制作花瓶、圆柱等模型。

【例5-8】 缩放变形创建柱子模型。

(1) 将场景重置。打开【样条线】创建命令面板，在【顶】视图创建一个半径为15.0的圆，作为放样模型的截面图形，然后在【左】视图中创建一条直线作为放样模型的路径。

(2) 在视图中选中圆形，打开复合建模工具面板，单击【放样】按钮，在【创建方法】卷展栏单击【获取路径】按钮，在视图中单击直线图形，得到放样模型，如图5-44所示。

(3) 打开【修改】命令面板，在【变形】卷展栏中单击【缩放】按钮，打开【缩放变形】窗口，在工具栏中单击【显示X轴】按钮，在窗口中显示X轴变形曲线，如图5-45所示。

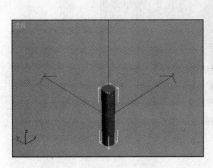
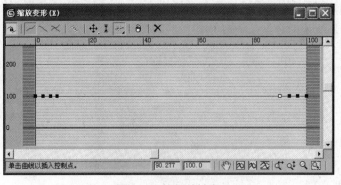

图5-44　原始的放样模型　　　　　　　　　图5-45　【缩放变形】窗口

(4) 在工具栏单击【插入角点】按钮，然后在变形曲线上单击添加关键点，用同样的方式添加多个关键点，如图5-46所示。

图5-46　添加关键点

💫 提示
利用主工具栏的【移动控制点】按钮↔和↕，可以分别沿水平方向和垂直方向移动关键点，使用图标工具可对变形曲线进行任意调整，同时视图中放样模型也相应发生变换，用户可对比效果来修改变形曲线。

(5) 在工具栏单击【缩放控制】按钮，调整添加的关键点，调整为柱子的外轮廓形状，如图5-47右图所示。

(6) 场景中的柱子模型有些粗糙，在【缩放变形】窗口中，选择所有关键点，右击后在弹出菜单中选择【Bezier-平滑】命令，调整控制手柄，最终效果如图 5-47 左图所示。

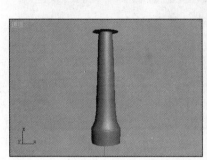
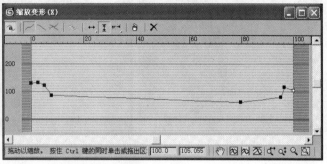

图 5-47 缩放变形创建柱子模型

5.3.2 【扭曲变形】编辑器

选择【放样】复合模型后，在【修改】命令面板中，单击【变形】卷展栏中的【扭曲】按钮，即可打开【扭曲变形】编辑器窗口。该编辑器窗口用于沿放样路径所在轴旋转【放样】复合模型的截面图形以形成扭曲，常用于创建钻头、螺丝等模型。

【例 5-9】扭曲变形创建钻头模型。

(1) 将场景重置。执行【创建】|【图形】|【样条线】命令，打开【样条线】创建命令面板。单击【星形】按钮，在【顶】视图创建一个星形图形，在【参数】卷展栏中，将【半径 1】设置为 30.0，【半径 2】设置为 15.0，【点】设置为 4。

(2) 单击【矩形】按钮，在【顶】视图创建一个正方形(创建矩形的同时按住 Ctrl 键可创建正方形)，将边长设置为 30.0。单击【线】按钮，在【左】视图创建一条直线。以星形和矩形为放样截面，以直线为放样路径进行放样建模，其中星形放样百分比为 20%。【透视】视图模型效果如图 5-48 所示。

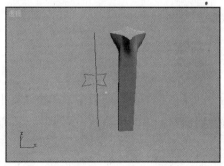

图 5-48 放样原始模型

(3) 选中放样模型，打开【修改】命令面板。在【变形】卷展栏下，单击【缩放】按钮，打开【缩放变形】窗口，在窗口中显示 X 轴变形曲线。在 20% 的位置添加一个关键点并对曲线

右端关键点进行压缩，如图 5-49 右图所示，【透视】视图中效果如图 5-49 左图所示。

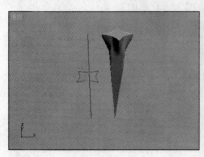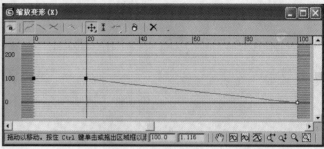

图 5-49　缩放放样模型

(4) 单击【扭曲】按钮，打开【扭曲变形】窗口，在 20%的位置添加关键点，并对曲线右侧关键点进行缩放，如图 5-50 右图所示，【透视】视图中效果如图 5-50 左图所示。

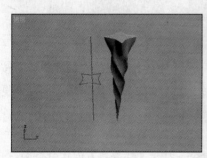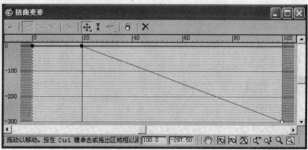

图 5-50　扭曲放样模型

提示

　　【变形】卷展栏中各放样变形按钮右侧均有一个灯泡形状的按钮，用于确定是否显示其所对应的变形效果。可同时启用多个按钮使其高亮显示，场景中将同时显示出这几种放样变形综合作用的效果。例 5-9 实质上就是缩放变形和扭曲变形综合作用的效果。

⑤.3.3　【倾斜变形】编辑器

选择【放样】复合模型后，在【修改】命令面板中，单击【变形】卷展栏中的【倾斜】按钮，即可打开【倾斜变形】编辑器窗口。该编辑器窗口用于围绕局部 X 轴和 Y 轴旋转【放样】复合模型的截面图形。

⑤.3.4　【倒角变形】编辑器

选择【放样】复合模型后，在【修改】命令面板中，单击【变形】卷展栏中的【倒角】按钮，即可打开【倒角变形】编辑器窗口。该编辑器窗口用于对【放样】复合模型产生倒角效果，常用在路径两端进行操作。

【例5-10】使用【倒角】编辑器编辑创建的【放样】复合模型。

(1) 选择【文件】|【重置】命令，恢复3ds Max至初始状态。

(2) 在【前】视图中，创建一个半径1为48、半径2为36、点为7的七角星图形，如图5-51左图所示。在【顶】视图中，创建一条直线，如图5-51右图所示。

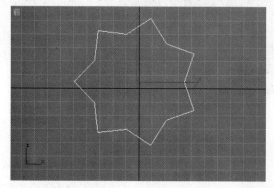
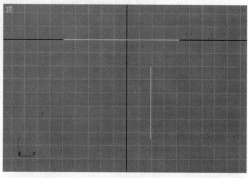

图 5-51 创建七角星图形和直线

(3) 选择创建的七角星图形，在【创建】命令面板中单击【几何体】按钮 ，选择下拉列表框中的【复合对象】选项，然后单击【对象类型】选项组中的【放样】按钮，打开【放样】创建命令面板。

(4) 在【放样】创建命令面板的【创建方法】卷展栏中，选择【移动】单选按钮，再单击【获取路径】按钮，然后选择直线，创建【放样】复合模型，如图5-52所示。

(5) 在【修改】命令面板中，单击【变形】卷展栏中的【倒角】按钮，打开【倒角变形】编辑器窗口。在该编辑器窗口中，参照如图5-53所示添加变形曲线上的控制点并调整位置。修改【放样】复合模型后的效果如图5-54所示。

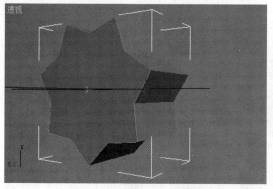
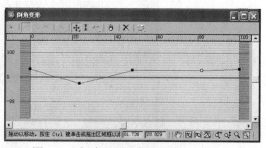

图 5-52 创建【放样】复合模型　　　　　图 5-53 创建和调整变形曲线上的控制点

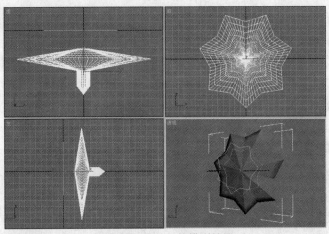

图 5-54　调整后的模型效果

⑤.3.5　【拟合变形】编辑器

选择【放样】复合模型后，在【修改】命令面板中，单击【变形】卷展栏中的【拟合】按钮，即可打开【拟合变形】编辑器窗口。该编辑器窗口用于在路径的 X、Y 轴上进行拟和放样操作，它是【放样】复合建模功能的最有效补充。其原理是使放样对象在 X 轴平面和 Y 轴平面上同时受到两个图形的挤出限制，形成新的模型，也可以在单轴向上单独做拟合变形。

【例 5-11】使用【拟合】编辑器编辑创建的【放样】复合模型。

(1) 选择【文件】|【重置】命令，恢复 3ds Max 至初始状态。

(2) 在【顶】视图中，创建一个半径为 50 的圆形；在【前】视图中，创建一个高度为 100、宽度为 200 的矩形和一条直线；在【左】视图中，创建一个高度为 70、宽度为 280 的椭圆。创建后的效果如图 5-55 所示。

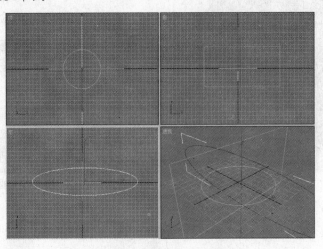

图 5-55　创建的 3 个图形

(3) 选择圆形，单击工具栏中的【对齐】按钮，然后单击【顶】视图中的矩形，打开【对齐当前选择】对话框。在该对话框中，仅选中【X 位置】复选框，设置对齐方式为中心对齐，如图 5-56 所示。设置完成后，单击【确定】按钮。

(4) 选择直线，然后打开【修改】命令面板，单击【选择】卷展栏中的【顶点】按钮，再选择【几何体】卷展栏中的【平滑】单选按钮，这样可以保证直线的均匀性。

(5) 在【创建】命令面板中单击【几何体】按钮，选择下拉列表框中的【复合对象】选项，然后单击【对象类型】选项组中的【放样】按钮，打开【放样】创建命令面板。

(6) 在【放样】创建命令面板的【创建方法】卷展栏中，选择【移动】单选按钮，再单击【获取图形】按钮，然后选择圆形，创建【放样】复合模型。

(7) 在【蒙皮参数】卷展栏中，设置【图形步数】为 26，【路径步数】为 30，如图 5-57 所示。

图 5-56　设置【对齐当前选择】对话框中参数选项　　图 5-57　设置【蒙皮参数】卷展栏中参数选项

(8) 在【修改】命令面板中，单击【变形】卷展栏中的【拟合】按钮，打开【拟合变形】编辑器窗口。

(9) 在该编辑器窗口的工具栏中，单击【均衡】按钮，再单击【获取曲线】按钮。然后在场景中选择椭圆，即可在【拟合变形】编辑器窗口中添加该图形，如图 5-58 所示。

(10) 在【拟合变形】编辑器窗口的工具栏中，单击【显示 Y 轴】按钮，再单击【获取曲线】按钮。然后在场景中选择矩形，即可在【拟合变形】编辑器窗口中添加该图形。最终视口中的【放样】复合模型编辑成如图 5-59 所示效果。

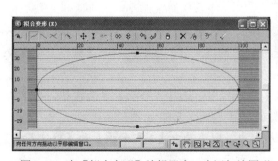
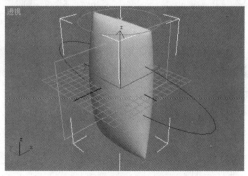

图 5-58　在【拟合变形】编辑器窗口中添加该图形　　图 5-59　修改【放样】复合模型

⑤.4 上机练习

本章的上机实验主要练习创建【放样】复合模型，掌握该编辑器的操作方法和技巧。通过绘制圆形和直线，创建【放样】复合模型，然后使用【缩放】编辑器和【倾斜】编辑器调整【放样】复合模型，制作出落地灯的灯罩，使用【扭曲】编辑器调整【放样】复合模型，制作落地灯的灯杆，最终制作出如图 5-60 所示的落地灯。

图 5-60　落地灯模型

(1) 选择【文件】|【重置】命令，恢复 3ds Max 至初始状态。

(2) 在【前】视图中，创建一条直线，如图 5-61 左图所示。

(3) 在【顶】视图中，创建一个半径为 8 的圆形，如图 5-61 右图所示。

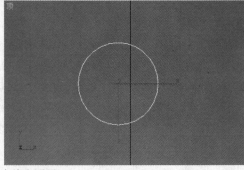

图 5-61　创建直线和圆形

(4) 选择创建的直线，在【创建】命令面板中单击【几何体】按钮，选择下拉列表框中的【复合对象】选项，然后单击【对象类型】选项组中的【放样】按钮，打开【放样】创建命令面板。

(5) 在【放样】创建命令面板的【创建方法】卷展栏中，选择【移动】单选按钮，再单击【获取图形】按钮，然后选择圆形，创建落地灯的灯罩，如图 5-62 左图所示。

(6) 在【修改】命令面板的【蒙皮参数】卷展栏中，取消选中【封口始端】和【封口末端】复选框，不封闭落地灯的灯罩两端，如图 5-62 右图所示。

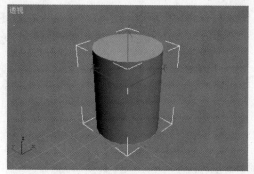
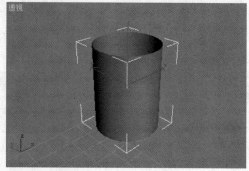

图 5-62　创建和修改落地灯的灯罩

(7) 打开【修改】命令面板，单击【变形】卷展栏中的【缩放】按钮，打开【缩放变形】编辑器窗口，如图 5-63 所示。

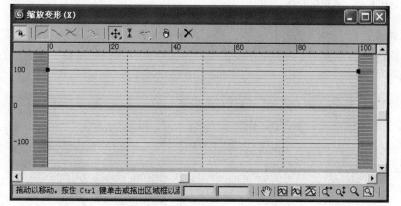

图 5-63　【缩放变形】编辑器窗口

(8) 在【缩放变形】编辑器窗口的工具栏中，单击【显示 X 轴】按钮 。默认情况下，该按钮为选择状态。

(9) 在【缩放变形】编辑器窗口的工具栏中，单击【插入角点】按钮 ，然后在变形曲线(红色线)上单击添加一个控制点。使用相同的操作方法，在变形曲线上添加 2 个控制点。添加后的效果如图 5-64 所示。

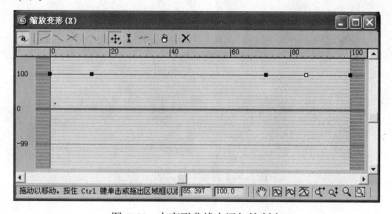

图 5-64　在变形曲线上添加控制点

(10) 在【缩放变形】编辑器窗口的工具栏中，单击【缩放控制点】按钮，然后选择创建的控制点，上下移动调整缩放参数，调整后的效果如图 5-65 所示。将创建的圆柱体编辑成落地灯的灯罩，如图 5-66 所示。

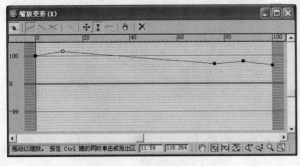
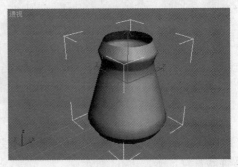

图 5-65　调整控制点　　　　　　　　　　图 5-66　调整后灯罩

(11) 在【缩放变形】编辑器窗口的工具栏中，单击【移动控制点】按钮。然后右击控制点，在弹出的快捷菜单中选择【Bezier-平滑】命令，调整控制点的控制柄，以平滑灯罩的轮廓，如图 5-67 所示。

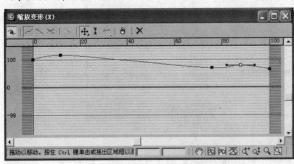
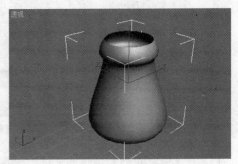

图 5-67　平滑灯罩形状

(12) 在【前】视图中创建一条直线，如图 5-68 左图所示。

(13) 在【顶】视图中创建一个半径为 1 的圆形，如图 5-68 右图所示。

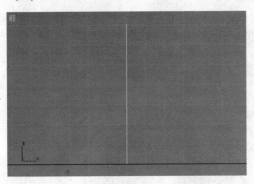
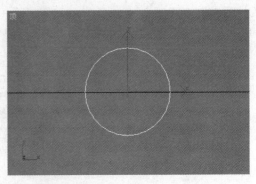

图 5-68　创建直线和圆形

(14) 选择创建的直线，在【创建】命令面板中单击【几何体】按钮，选择下拉列表框中的【复合对象】选项，然后单击【对象类型】选项组中的【放样】按钮，打开【放样】创建命令面板。

(15) 在【放样】命令面板的【创建方法】卷展栏中，选择【移动】单选按钮，再单击【获取图形】按钮，然后选择圆形，创建落地灯的灯杆，如图 5-69 所示。

(16) 打开【修改】命令面板，单击【变形】卷展栏中的【扭曲】按钮，打开【扭曲变形】编辑器窗口，如图 5-70 所示。

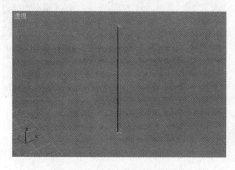

图 5-69　创建落地灯的灯杆

图 5-70　【扭曲变形】编辑器窗口

(17) 在该编辑器窗口中，参照图 5-71 左图添加变形曲线上的控制点并调整位置。完成落地灯的灯杆制作。效果如图 5-71 右图所示。

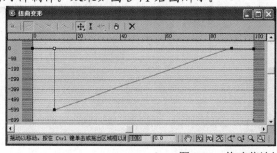

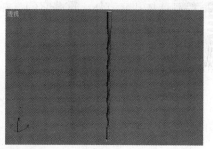

图 5-71　修改落地灯的灯杆

(18) 在视口中移动落地灯的灯杆，调整其与灯罩之间的位置，如图 5-72 所示。

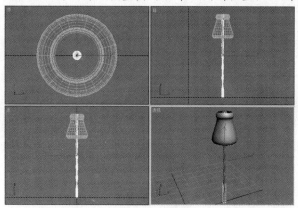

图 5-72　调整灯杆与灯罩之间的位置

(19) 选择落地灯的灯罩。打开【修改】命令面板，单击【变形】卷展栏中的【倾斜】按钮，打开【倾斜变形】编辑器窗口。

(20) 在该编辑器窗口中，参照图 5-73 左图所示，添加变形曲线上的控制点并调整位置。修改落地灯的灯罩后效果如图 5-73 右图所示。这样就完成了落地灯的创建。

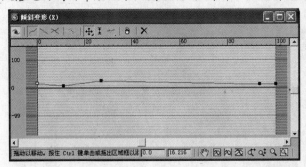

图 5-73 修改落地灯的灯罩

⑤.5 习题

1. 绘制一个圆球，并在其表面散布立方体。
2. 绘制球体和立方体，重叠它们，并通过【布尔】命令，分别求出 A-B 和 B-A 的结果。

第6章

使用修改器编辑模型对象

学习目标

在 3ds Max 中，用户可以使用【修改】命令面板中的修改编辑器编辑创建的模型对象。使用修改编辑器，不但可以改变模型对象的形状，还可以改变模型子对象的数量与位置等。本章将介绍 3ds Max 9 中的常用修改器、常用二维修改器及【网格】修改器的使用方法和技巧。

本章重点

- ◉ 【锥化】、FFD、【噪波】和【涟漪】修改器的操作方法
- ◉ 常用二维修改器的操作方法
- ◉ 【网格】修改器的操作方法

6.1 使用【修改】命令面板

在 3ds Max 中，大部分修改编辑器都放置在【修改】命令面板中。下面就详细介绍【修改】命令面板中基本参数选项和基本操作方法。

1. 认识【修改】命令面板

通常，编辑模型对象需要经过多个修改器的配合使用才能达到最终所需模型效果。在 3ds Max 9 中使用的修改器会放置在【修改】命令面板【修改器列表】下方列表框中，该列表框称为【修改器堆栈】，如图 6-1 所示。

3ds Max 中对模型使用的修改器，均会按次序放置在修改器堆栈中。先使用的修改器放置在列表的最下方，后使用的修改器放置在列表的最上方。创建模型对象后，用户可随时单击命令面板中的【修改】标签进入【修改】命令面板。使用该命令面板中的修改器可以对模型对象进行各种变形编辑，同时这些修改器也可以对模型对象的点、面、线段等子级进行编辑修改。对同一模型对象，可以同时使用多个修改器。可以随时选择所需修改器重新设置参数选项，也

可以随时删除修改器堆栈中的修改器。

在【修改】命令面板的修改器堆栈中，各个主要按钮的作用如下。

- ◉ 【锁定堆栈】按钮 ：用于锁定修改器在当前选择的对象上的应用。

- ◉ 【显示最终结果开/关切换】按钮 ：用于切换显示对象使用修改器的编辑效果。

- ◉ 【使唯一】按钮 ：用于决定对象关联功能是否独立。单击该按钮，可以断开当前对象与其他使用统一编辑修改功能对象的连接。需要注意该操作不可恢复，并且只作用于当前选择的对象。

- ◉ 【从堆栈中移出修改器】按钮 ：单击该按钮，可以将选择的修改器从修改器堆栈中删除。

- ◉ 【配置修改器集】按钮 ：单击该按钮，可以弹出如图 6-2 所示的快捷菜单。在该快捷菜单中，可以决定是否显示按钮、列表中的所有集等配置命令。

图 6-1　修改器堆栈　　　　图 6-2　单击【配置修改器集】按钮弹出的快捷菜单

2. 设置修改器列表中修改器的显示

对于修改器列表中修改器的显示，可以单击【配置修改器集】按钮 ，在弹出的快捷菜单中进行设置。在该快捷菜单中，各主要命令的作用如下。

- ◉ 【配置修改器集】命令：选择该命令，会打开【配置修改器集】对话框，如图 6-3 所示。在该对话框中，用于添加或删除修改器。

- ◉ 【显示按钮】命令：选择该命令，可以将修改器以按钮形式显示在【修改】命令面板中。单击修改器名称按钮，即可选择该修改器。

- ◉ 【显示列表中的所有集】命令：选择该命令，可以在【修改器列表】中显示所有的修改器。未选中时，在修改器下拉列表框中只显示与当前编辑相关的修改器。

图 6-3　【配置修改器集】对话框

提示

在【配置修改器集】按钮的快捷菜单中，3ds Max 按照每种修改器的作用对它们进行分类放置，选择所需修改器类别，即可使该类别的修改器排列在修改器列表的最前区域。

3. 选择修改器的操作方法

在 3ds Max 9 中，使用修改器的方法很多。可以在【修改】命令面板的【修改器列表】下拉列表框中选择，也可以选择【修改器】命令菜单中相关的菜单命令来使用。

6.2　常用修改器

在 3ds Max 的【修改】命令面板中，提供了大量的修改器，要了解所有的修改器需要花费大量的时间。因此，本节只介绍其中最为常用且具有特点的修改器，以帮助用户熟悉和掌握常用修改器的操作方法和技巧。

6.2.1　【弯曲】修改器

3ds Max 中构建的实体造型都可根据需要应用【弯曲】修改器，它主要用于弯曲修改模型对象。【弯曲】修改器作用于模型对象的指定轴向上。在【修改】命令面板的【修改器列表】下拉列表框中，选择【弯曲】命令，即可打开【弯曲】修改器命令面板，如图 6-4 所示。

图 6-4　【弯曲】修改器命令面板

提示

弯曲有两种方式：Gizmo 方式和中心方式。这两种方式的修改参数是相同的，其实质也是相同的，只是方式上有所区别。中心方式是通过改变对象的轴心，来改变 Gizmo 的形状，从而间接地改变对象形状。

在【弯曲】修改器命令面板的【弯曲】选项组中，【角度】文本框用于设置弯曲的角度；【方向】文本框用于设置弯曲的方向。【弯曲轴】选项组用于设置弯曲的轴向，默认方向为 Z

轴。在【限制】选项组中，选中【限制效果】复选框，可以限制对象的弯曲范围；【上限】文本框用于设置从对象中心到选择轴向正方向的弯曲范围；【下限】文本框用于设置从对象中心到选择轴向负方向的弯曲范围。

在场景中选择对象后，打开【修改】命令面板并选择【修改器列表】下拉列表框中的【弯曲】命令，打开【弯曲】修改器命令面板。然后在该修改器命令面板的【参数】卷展栏中，根据需要设置参数选项，即可应用弯曲效果。图 6-5 所示为对创建的圆柱体应用【弯曲】修改器的效果。

 提示 ---------------------------------------

创建的对象需要设置足够数量的段数，如果没有一定的段数或段数较少，那么在进行弯曲修改时造型不会发生变化或被弯曲的表面不够光滑。

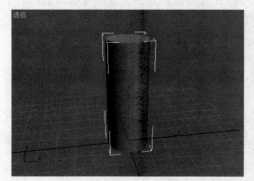 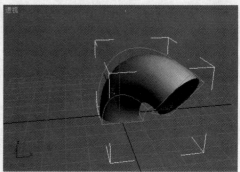

图 6-5 应用【弯曲】修改器效果

6.2.2 【锥化】修改器

【锥化】修改器用于缩放对象的两端生成一端放大另一端缩小的锥化轮廓。它可以在两组轴向上设置锥化的数量和曲线，也可以对对象的局部设置锥化效果。

在【修改】命令面板的【修改器列表】下拉列表框中，选择【锥化】选项，即可打开【锥化】修改器命令面板，如图 6-6 所示。

图 6-6 【锥化】修改器命令面板

在【锥化】修改器命令面板的【锥化】选项组中，【数量】文本框用于设置缩放扩展的末端；【曲线】文本框用于调整锥化的弯曲效果，为正值表示向外弯曲，为负值表示向内弯曲。在【锥化轴】选项组中，【主轴】选项用于设置锥化的中心样条或中心轴；【效果】选项用于设置锥化的方向轴或对称轴；选中【对称】复选框，可以围绕主轴生成对称锥化。在【限制】选项组中，选中【限制效果】复选框，可以设置限制对象的锥化区域；【上限】文本框用于设置从对象的中心到所选轴向正方向的锥化范围；【下限】文本框用于设置从对象中心到所选轴向负方向的锥化范围。

　　【例6-1】对创建的圆柱体应用锥化效果，并制作出锥化圆柱体动画。

　　(1) 选择【文件】|【重置】命令，恢复3ds Max至初始状态。

　　(2) 在【透视】视图中，创建一个半径为20、高度为50、高度分段为16、边数为18的圆柱体，如图6-7所示。

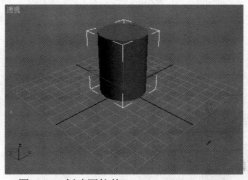

图6-7　创建圆柱体

　　(3) 选择圆柱体，然后选择【修改】命令面板的【修改器列表】下拉列表框中【锥化】命令，打开【锥化】修改器命令面板。

 提示

　　应用修改器后，视口中的对象会显示一个橙色线框，该线框称为Gizmo，代表被修改对象的结构。

　　(4) 在该修改器命令面板的【参数】卷展栏中，设置【数量】为 - 0.5，【曲线】为 - 1，改变圆柱体形状，如图6-8所示。

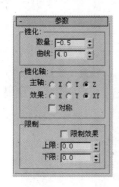
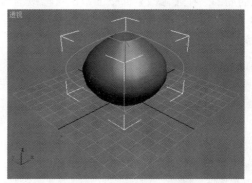

图6-8　设置【参数】卷展栏中的参数选项

(5) 在修改命令堆栈中展开【锥化】修改器，选择 Gizmo 子选项。

 提示

选择 Gizmo 子选项后，视口中的 Gizmo 线框会由橙色变为黄色，表示该结构框被选择。

(6) 确定时间滑块在第 0 帧位置，然后单击动画控件区域中的【自动关键点】按钮，启动自动创建关键点功能。

(7) 移动时间滑块至第 50 帧位置，选择工具栏中的【选择并旋转】工具，然后在【透视】视图中，沿 Y 轴旋转 Gizmo -30°，如图 6-9 所示。

(8) 移动时间滑块至第 100 帧位置，在【透视】视图中，沿 Y 轴旋转 Gizmo 30°。

(9) 单击【自动关键点】按钮，停止自动创建关键点功能。这样就完成了动画的制作，用户可以在动画控件区域中单击【播放动画】按钮，浏览动画效果。图 6-10 所示为第 78 帧时的画面效果。

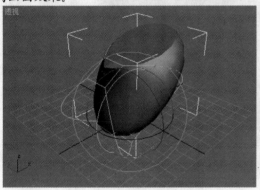

图 6-9 沿 Y 轴旋转 Gizmo

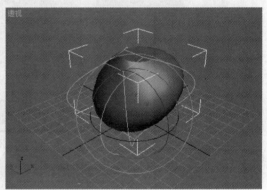

图 6-10 第 78 帧时的画面效果

6.2.3 【扭曲】修改器

【扭曲】修改器用于创建对象的旋转扭曲效果，它可以设置任意轴向上的扭曲角度，也可以设置扭曲对象的局部。在【修改】命令面板的【修改器列表】下拉列表框中，选择【扭曲】命令，即可打开【扭曲】修改器命令面板，如图 6-11 所示。

图 6-11 【扭曲】修改器命令面板

 提示

【偏移】用于设置对象扭曲偏离 Gizmo 中心的量，默认为 0.0，表示均匀扭曲。值为正时，对象扭曲时将远离 Gizmo 中心，值为负时，对象扭曲时靠近 Gizmo 中心。

在【扭曲】修改器命令面板的【扭曲】选项组中，【角度】文本框用于设置围绕垂直轴扭曲的数值；【偏移】文本框用于使扭曲旋转在对象的任意末端聚团。【扭曲轴】选项组用于设置扭曲的轴向，默认选项为 Z 轴。图 6-12 所示为对创建的多个长方体应用【扭曲】修改器的效果。

图 6-12　应用【扭曲】修改器的效果

6.2.4　FFD 修改器

【FFD（自由形式变形器）】修改器通过建立对象的变形器框架，然后使用工具栏中的旋转、移动、缩放等工具调整框架中控制点的位置来改变对象的外观形状。使用 FFD 修改器编辑对象时，可以在【修改器堆栈】中展开该修改器，选择【控制点】、【晶格】或【设置体积】子层次编辑模式进行操作。

在 3ds Max 中 FFD 修改器有【FFD 2×2×2】、【FFD 3×3×3】、【FFD 4×4×4】、【FFD 长方体】和【FFD 圆柱体】5 种类型。这里以【FFD 长方体】修改器为例进行介绍。在【修改】命令面板的【修改器列表】下拉列表框中，选择【FFD 长方体】命令，即可打开【FFD 长方体】修改器命令面板，如图 6-13 所示。

图 6-13　【FFD 长方体】修改器命令面板

在【FFD 长方体】修改器命令面板中，各主要参数选项的作用如下。

◉ 【尺寸】选项组：用于调整源体积的单位尺寸，并可以设置晶格的控制点数目。单击【设置点数】按钮，可以在打开的【设置 FFD 尺寸】对话框中设置控制点的数量，如图 6-14 所示。

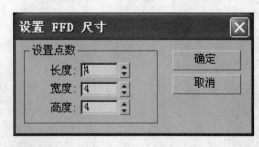

图 6-14　【设置 FFD 尺寸】对话框

◉ 【显示】选项组：用于设置 FFD 修改器在视口中的显示参数选项。选中【晶格】复选框，会显示连接控制点的线条；选中【源体积】复选框，控制点和晶格会以未修改状态显示。

◉ 【变形】选项组：用于设置受 FFD 修改器影响的顶点范围。选择【仅在体内】单选按钮，则只有位于源体积内的顶点会变形，源体积外的顶点不受影响；选择【所有顶点】单选按钮，则所有顶点都会变形，不管是位于源体积内部或外部，其具体情况取决于【衰减】文本框中的数值；【衰减】文本框仅在选择【所有顶点】单选按钮时可用，它用于设置 FFD 修改器效果减为零时离晶格的距离，当数值为 0 时，顶点处于关闭状态不衰减。

◉ 【张力】文本框：用于设置变形曲线的张力。张力越大，则该顶点的影响范围越广，顶点周围的点都会向外突起。

◉ 【连续性】文本框：用于设置曲线变形的连续效果。

◉ 【选择】选项组：用于设置控制点的选择方法。可以分别单击【全部 X】、或【全部 Y】和【全部 Z】按钮，也可以同时单击多个按钮任意组合它们，然后就可以在一个或多个轴向上选择控制点。

◉ 【控制点】选项组：在该选项组中，单击【重置】按钮，可以将所有控制点返回至其原始位置；单击【全部动画化】按钮，可以将【点】控制器指定给所有控制点，这样它们在【轨迹视图】中为可见；单击【与图形一致】按钮，会在对象中心控制点位置之间沿直线延长线将每一个 FFD 控制点移到修改对象的交叉点上。这时，选中【内部点】复选框，则仅控制受【与图形一致】影响的对象内部点；选中【外部点】复选框，则仅控制受【与图形一致】影响的对象外部点。【偏移】文本框用于设置受【与图形一致】影响的控制点偏移对象曲面的距离。

【例 6-2】对创建的切角圆柱体应用 FFD 修改器，制作出流线型的坐垫，如图 6-15 所示。

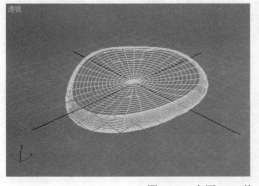 

图 6-15 应用 FFD 修改器制作的流线型坐垫

(1) 选择【文件】|【重置】命令，恢复 3ds Max 至初始状态。

(2) 在【透视】视图中，创建一个半径为 45、高度为 10、圆角为 5、高度分段和圆角分段为 16、边数为 32、端面分段为 16 的切角圆柱体，如图 6-16 所示。

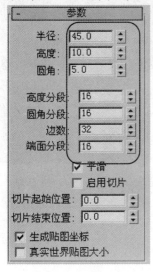

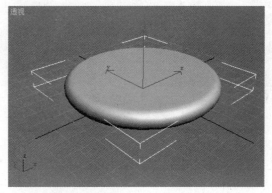

图 6-16 创建切角圆柱体

(3) 在【修改】命令面板的【修改器列表】下拉列表框中，选择【FFD 4×4×4】命令，打开【FFD 4×4×4】修改器命令面板。

(4) 在【修改命令堆栈】中展开【FFD 4×4×4】修改器，选择【控制点】子选项进入编辑控制点模式。

(5) 在【顶】视图中，框选最左边的 4 个控制点。然后使用工具栏中的【选择并非均匀缩放】工具，沿着 X 轴向左移动，收缩选择的控制点，如图 6-17 所示。

(6) 使用工具栏中的【选择并移动】工具，在【前】视图中沿着 Y 轴向下调整控制点位置，如图 6-18 所示。

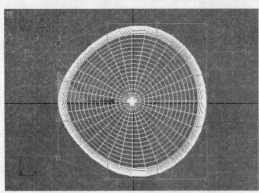 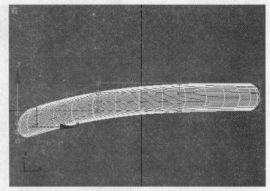

图 6-17　沿着 X 轴向收缩选择的控制点　　　　图 6-18　沿着 Y 轴向下调整控制点位置

(7) 在视口中，选择中央的 4 个控制点，然后沿着 Y 轴向下移动，形成中心部分凹陷效果，如图 6-19 所示。这样就完成了坐垫制作。

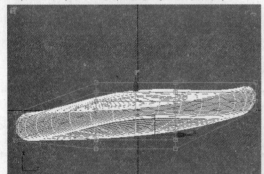 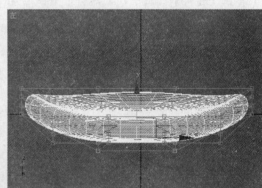

图 6-19　制作坐垫中心部分凹陷效果

⑥.2.5　【噪波】修改器

应用【噪波】修改器可以在不破坏对象表面细节的情况下，使对象的表面突起、破裂和扭曲，常用于山峰、沙丘和波浪等模型的制作中。在【修改】命令面板的【修改器列表】下拉列表框中，选择【噪波】命令，即可打开【噪波】修改器命令面板，如图 6-20 所示。

图 6-20　【噪波】修改器命令面板

在【噪波】修改器命令面板中，各主要参数选项的作用如下。

- ◉ 【噪波】选项组：用于控制噪波的显示，及由此引起的在对象的物理变形上的影响。【种子】文本框用于设置噪波的起始点；【比例】文本框用于设置噪波影响(不是强度)的大小，数值越大产生的噪波越平滑，默认值为 100；【分形】复选框用于根据当前设置产生的分形效果，默认设置为取消选中状态；【粗糙度】文本框用于设置分形变化的程度，数值越低分形越精细，其数值范围为 0~1.0，默认值为 0；【迭代次数】文本框用于设置分形功能使用的迭代数目，使用较小的迭代次数配合使用较少的分形能量，能够生成更平滑的噪波效果。

- ◉ 【强度】选项组：用于设置噪波的强度，其中 X、Y 和 Z 分别代表 3 个不同方向的噪波效果强度。

- ◉ 【动画】选项组：用于设置噪波的动画效果。选中【动画噪波】复选框，系统将自动为噪波设置动画效果；【频率】文本框用于设置正弦波的周期，调节噪波效果的速度；【相位】文本框用于设置移动基本波形的开始和结束点。

【例 6-3】创建平面并应用【噪波】修改器制作海面涌动的动画。

(1) 选择【文件】|【重置】命令，恢复 3ds Max 至初始状态。

(2) 在【顶】视图中，创建一个长度和宽度为 250、长度分段和宽度分段为 30 的平面模型，如图 6-21 所示效果。

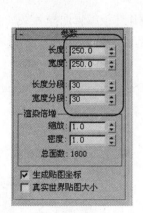
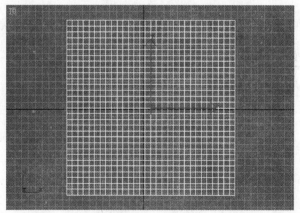

图 6-21　创建平面模型

(3) 选择平面模型，然后打开【修改】命令面板并选择【修改器列表】下拉列表框中的【噪波】命令。

(4) 在【噪波】修改器命令面板的【噪波】选项组中，设置【种子】为 20；选中【分形】复选框，设置【粗糙度】文本框中的数值为 1，【迭代次数】为 5；在【强度】选项组中，设置 X、Y、Z 都为 10。设置参数选项后【参数】卷展栏的状态如图 6-22 左图所示。完成设置后，创建的平面被处理为图 6-22 右图所示效果。

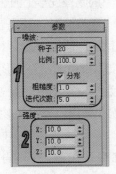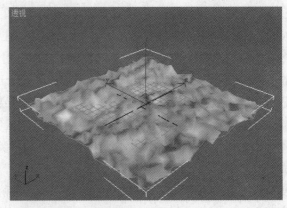

图 6-22　应用【噪波】修改器后的平面模型

(5) 在【噪波】修改器命令面板中，选中【动画噪波】复选框，并设置【频率】为 0.1。

(6) 这样就完成了动画的制作，可以在动画控件区域中单击【播放动画】按钮▷，浏览动画效果。图 6-23 所示为第 76 帧时的画面渲染后的效果。

⑥.2.6　【涟漪】修改器

【涟漪】修改器与【波浪】修改器类似，都是按正弦曲线偏移节点编辑选择对象，它们的不同之处在于，【涟漪】修改器是从 Gizmo 中心产生一个放射状的正弦曲线，类似于投石于水中的效果。在【修改】命令面板的【修改器列表】下拉列表框中，选择【涟漪】命令，即可打开【涟漪】修改器命令面板，如图 6-24 所示。

图 6-23　第 76 帧时的画面渲染后效果　　　　图 6-24　【涟漪】修改器命令面板

在【涟漪】修改器命令面板中，各主要参数选项的作用如下。

⦿ 【振幅1】文本框：用于设置对象表面沿着 X 轴方向的振幅。

⦿ 【振幅2】文本框：用于设置对象表面沿着 Y 轴方向的振幅。

⦿ 【波长】文本框：用于设置波峰之间的距离。

- ⦿ 【相位】文本框：用于转移对象上的涟漪图案。如果设置正数数值，则可以使图案向内移动；如果设置负数数值，则可以使图案向外移动。

- ⦿ 【衰退】文本框：用于限制从中心生成波纹的效果。默认值为 0 时，波纹将从中心无限产生。增加【衰退】文本框中数值时，波纹振幅会随中心距离逐渐减小。

【例6-4】创建平面并应用【涟漪】修改器制作泛波效果的动画。

(1) 选择【文件】|【重置】命令，恢复 3ds Max 至初始状态。

(2) 在【项】视图中，创建一个长度和宽度都为 250、长度分段和宽度分段都为 30 的平面模型。

(3) 选择平面模型，然后打开【修改】命令面板并选择【修改器列表】下拉列表框中的【涟漪】命令。

(4) 在【涟漪】修改器命令面板中，设置【振幅1】为 7，【振幅2】为 8，【波长】为 40，处理平面模型，效果如图 6-25 所示。

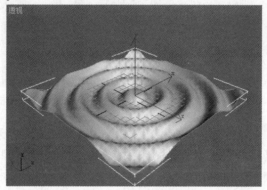

图 6-25　设置【涟漪】修改器命令面板中参数选项

(5) 移动时间滑块至第 0 帧位置，单击动画控件区域中的【自动关键点】按钮，开启自动创建关键点功能。

(6) 移动时间滑块至第 100 帧位置。在【涟漪】修改器命令面板中，设置【相位】为 1，【衰退】为 0.05，更改【涟漪】修改器命令面板中的参数选项，如图 6-26 所示。

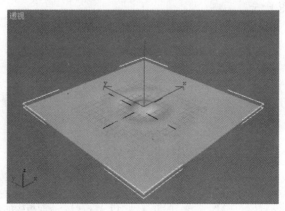

图 6-26　更改【涟漪】修改器命令面板中的参数选项

(7) 单击【自动关键点】按钮，停止自动创建关键点功能。这样就完成了动画的制作，用户可以在动画控件区域中单击【播放动画】按钮▶，浏览动画效果。

⑥.2.7 【波浪】修改器

使用【波浪】修改器可使对象产生波浪效果。在【修改】命令面板的【修改器列表】下拉列表框中，选择【波浪】命令，打开【波浪】修改器命令面板，如图 6-27 所示。该修改器命令面板中的参数选项与【涟漪】修改器命令面板基本相同。

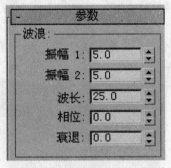

图 6-27　【波浪】修改器命令面板

【例 6-5】创建立方体并应用【波浪】修改器制作正弦泛波的动画。

(1) 选择【文件】|【重置】命令，恢复 3ds Max 至初始状态。

(2) 在【顶】视图中创建一个长度和宽度都为 250、长度分段和宽度分段都为 30 的平面模型。

(3) 选择平面模型，单击动画控件区域中的【自动关键点】按钮，启动自动创建关键点功能。然后移动时间滑块至 100 帧位置。

(4) 打开【修改】命令面板，选择【修改器列表】下拉列表框中的【波浪】命令。然后在该修改器命令面板的【参数】卷展栏中，设置【振幅 1】为 10，【振幅 2】为 10，【波长】为 35，如图 6-28 所示。

图 6-28　设置【波浪】修改器命令面板中的参数选项

(5) 在【修改器堆栈】中展开【波浪】修改器，选择 Gizmo 子项。

(6) 选择工具栏中的【选择并旋转】工具 🔄，在【顶】视图中，沿 Z 轴旋转 Gizmo 60°，改变波纹的传播方向，如图 6-29 所示。

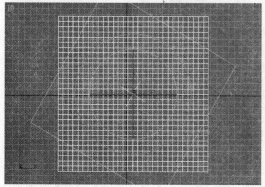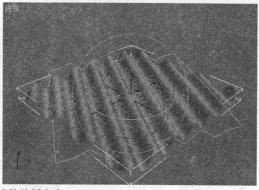

图 6-29　改变波的传播方向

(7) 在【参数】卷展栏中，设置【相位】为 1，【衰退】为 0.05，设置波纹的衰减，如图 6-30 所示。

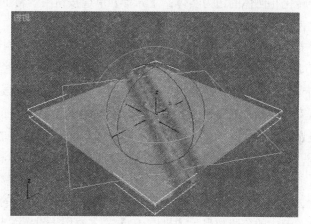

图 6-30　设置波纹的衰减

(8) 单击【自动关键点】按钮，停止自动创建关键点功能。这样就完成了动画的制作，可以在动画控件区域中单击【播放动画】按钮 ▶，浏览动画效果。

⑥.2.8　【晶格】修改器

【晶格】修改器可以将对象的网格变为实体，并且取消中间连接的多边形面。该修改器对对象的外观有较大影响。但是，对运算对象本身而言，并没有增加数据的运算量，其只是将对象实体化，并未改变构成对象的边和顶点数目。

在【修改】命令面板的【修改器列表】下拉列表框中，选择【晶格】命令，打开【晶格】修改器命令面板，如图 6-31 所示。

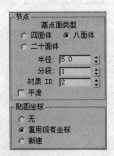

图 6-31 【晶格】命令面板

在【晶格】修改器命令面板中，各主要参数选项的作用如下。

- ◉ 【几何体】选项组：用于设置晶格编辑的几何体部分。选中【应用于整个对象】复选框，可以晶格化整个对象，包括边和顶点；【仅来自顶点的节点】单选按钮用于转化连接顶点为实体，连接顶点其实就是两条线相交的交点；【仅来自边的支柱】单选按钮用于转化几何体的边为实体；【二者】单选按钮用于将上述两个选项中涉及的部分都转化为实体。

- ◉ 【支柱】选项组：用于设置影响几何体支柱的控件。选择【仅来自边的支柱】单选按钮或【二者】单选按钮时，该选项组为可用状态。【半径】文本框用于设置转化为实体的支柱半径大小；【分段】文本框用于设置支柱的分段数量；【边数】文本框用于设置支柱横截面的边数；【材质 ID】文本框用于设置支柱的材质 ID；选中【忽略隐藏边】复选框，不会实体化修改对象的隐藏边；选中【末端封口】复选框，会封闭对象的顶部；选中【平滑】复选框，会平滑处理对象的支柱。

- ◉ 【节点】选项组：用于设置节点转化为实体后的有关参数。【基本面类型】选项指定用于关节的多面体类型；【半径】文本框用于设置关节的半径；【分段】文本框用于指定关节中的分段数目；【材质 ID】文本框用于设置关节的材质 ID。

- ◉ 【贴图坐标】选项组：用于确定指定给对象的贴图类型。选择【无】单选按钮，将不指定贴图；选择【重用现有坐标】单选按钮，会将当前贴图指定给对象；选择【新建】单选按钮，会将贴图用于【晶格】修改器。

图 6-32 所示为对创建的球体应用【晶格】修改器的效果。

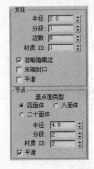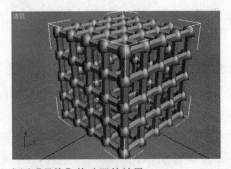

图 6-32 应用【晶格】修改器的效果

6.3 常用二维修改器

3ds Max 中创建的二维基本参数模型，不仅可以使用放样建模方法创建成三维模型，还可以使用二维修改器转换二维基本参数模型为三维模型。

6.3.1 【挤出】修改器

使用【挤出】修改器创建模型是转换二维基本参数模型为三维模型的重要建模方法之一，也是 3ds Max 中极为重要的模型编辑方式。挤出造型的基本原理是利用二维图形作为轮廓，制作出相同形状、厚度的可调节三维模型。在建模实际应用中，【挤出】建模方法常应用于建筑模型和工业模型制作中。

在【修改】命令面板的【修改器列表】下拉列表框中，选择【挤出】选项，打开【挤出】修改器命令面板，如图 6-33 所示。

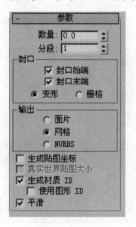

提示

挤出修改器通过对二维图形的面进行"挤出"而生成具有一定厚度的三维造型，它适用于所有的二维图形，但前提是它们都必须是面结构。也就是说，它们的边缘线必须是封闭的，才可以进行"挤出"从而产生立体效果。

图 6-33 【挤出】修改器命令面板

在【挤出】修改器命令面板的【参数】卷展栏中，各主要参数选项的作用如下。

- ⊙ 【数量】文本框：用于设置图形挤出的厚度数值。
- ⊙ 【分段】文本框：用于设置挤出方向上生成的段数。
- ⊙ 【封口始端】复选框：选中该复选框，挤出的模型始端会创建一个面。
- ⊙ 【封口末端】复选框：选中该复选框，挤出的模型底部会创建一个面。
- ⊙ 【变形】单选按钮：选择该单选按钮，在一个可预测、可重复模式下安排封口面。
- ⊙ 【栅格】单选按钮：选择该单选按钮，在图形边界上的方形修剪栅格中安排封口面。
- ⊙ 【输出】选项组：用于设置挤出的输出模式，有 3 种类型。选择【面片】单选按钮，会以面片模式输出生成的对象；选择【网格】单选按钮，会以网格模式输出生成的对象；选择【NURBS】单选按钮，会以 NURBS 曲面模式输出生成的对象。

【例6-6】使用【挤出】修改器创建如图6-34所示模型。

图 6-34　使用【挤出】修改器创建的三维模型

(1) 选择【文件】|【重置】命令，恢复 3ds Max 至初始状态。

(2) 在【前】视图中，创建一个长度和宽度都为 60 并沿 Z 轴旋转 45° 的正方形图形，如图 6-35 所示。

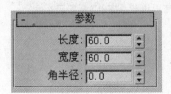
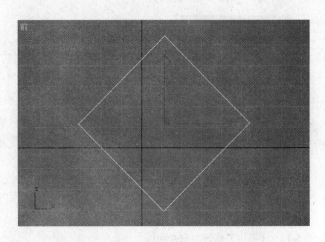

图 6-35　创建正方形图形

(3) 在【前】视图中，创建一个如图 6-36 所示的文本图形。

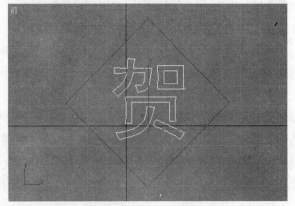

图 6-36　创建文本图形

(4) 选中正方形图形，打开【修改】命令面板。选择【修改器列表】下拉列表框中的【编辑样条线】命令。然后在该修改器命令面板中，单击【几何体】卷展栏中的【附加】按钮，选择文本图形，即可将文本图形与正方形图形合为一个图形，如图 6-37 所示。

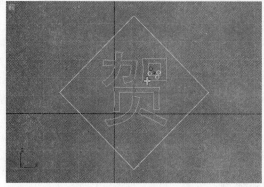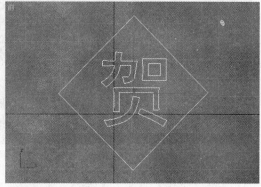

图 6-37　合并图形

(5) 在【修改】命令面板中，选择【修改器列表】下拉列表框中的【挤出】命令，然后参照图 6-38 左图所示设置参数选项。设置完成后模型的效果如图 6-38 右图所示。

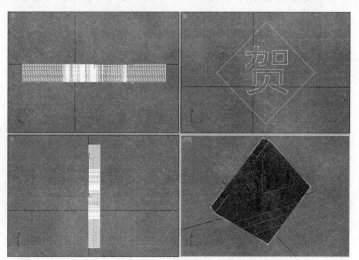

图 6-38　设置【挤出】修改器命令面板中的参数选项

6.3.2　【倒角】修改器

【倒角】修改器能够在拉伸二维模型为三维模型的同时，对三维模型的棱角进行编辑。它适用于大部分二维图形，通常用于创建三维立体文字与图形。

【例6-7】使用【倒角】修改器创建如图6-39所示的三维模型。

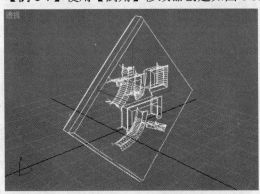

图6-39　使用【倒角】修改器创建的三维模型

(1) 选择【文件】|【重置】命令，恢复 3ds Max 至初始状态。

(2) 创建【例6-6】中的合并图形模型。

(3) 在【修改】命令面板中，选择【修改器列表】下拉列表框中的【倒角】命令。

(4) 在【倒角】修改器命令面板中，参照如图 6-40 所示设置参数选项，即可得到如图 6-39 左图所示的三维模型。

图6-40　设置【倒角】修改器命令面板中的参数选项

⑥.3.3　【车削】修改器

　　【车削】修改器的原理就像制作陶罐的沙轮一样，通过绕轴旋转一个图形或 NURBS 曲线来创建 3D 对象。该修改器常用于制作高脚杯、酒坛、花盆等模型。

　　在【修改】命令面板的【修改器列表】下拉列表框中，选择【车削】命令，打开【车削】修改器命令面板，如图 6-41 所示。

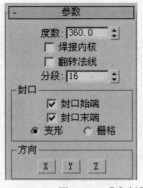
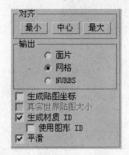

图 6-41　【车削】修改器命令面板

在【车削】修改器命令面板的【参数】卷展栏中，各主要参数选项的作用如下。

- ◉ 【度数】文本框：用于确定对象绕轴旋绕的角度。其数值范围在 0°~360° 之间。一般要创建闭合的三维模型都要设为 360°。

- ◉ 【焊接内核】复选框：选中该复选框，通过将旋转轴中的顶点焊接来简化网格。由于二维线条不一定完全符合旋转规范，会造成旋绕后旋绕中心的网格面不平滑。

- ◉ 【翻转法线】复选框：选中该复选框，可将物体表面法线翻转。

- ◉ 【分段】文本框：用于设置旋绕生成模型的精度。不过，这样会增加模型的复杂程度。

- ◉ 【封口】选项组：如果设置的车削对象的度数小于 360°，则使用该选项组来控制是否在车削对象内部创建封口。

- ◉ 【方向】选项组：用于设置车削旋转的轴向。

- ◉ 【对齐】选项组：用于设置对象旋绕中心的位置。

【例 6-8】使用【车削】修改器创建图 6-42 所示的陶罐。

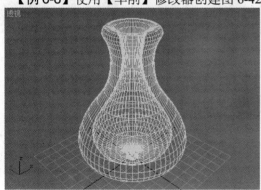

图 6-42　使用【车削】修改器创建的陶罐模型

(1) 选择【文件】|【重置】命令，恢复 3ds Max 至初始状态。

(2) 在【前】视图中，简单绘制陶罐的轮廓线，如图 6-43 所示。

(3) 打开【修改】命令面板，单击【选择】卷展栏中的【顶点】按钮 ∴。

(4) 选择除起始和终止点以外的顶点，然后右击选择的顶点，在弹出的快捷菜单中选择 Bezier 命令。

计
算
机
基
础
与
实
训
教
材
系
列

(5) 使用工具栏中的【选择并移动】工具，调整陶罐的轮廓线如图 6-44 所示效果。

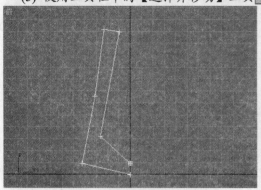

图 6-43　简单绘制陶罐的轮廓线

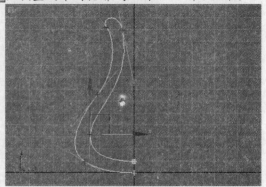

图 6-44　调整陶罐的轮廓线

(6) 在【修改】命令面板的【修改器列表】下拉列表框中，选择【车削】命令，即可创建三维模型，如图 6-45 所示。

(7) 在【车削】修改器命令面板的【对齐】选项组中，单击【最大】按钮，调整陶罐模型，如图 6-46 所示。

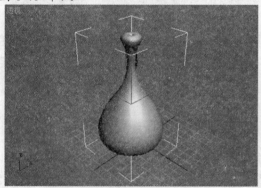

图 6-45　应用【车削】修改器

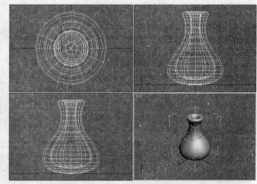

图 6-46　调整陶罐模型

6.4　使用【编辑网格】修改器

使用【编辑网格】修改器，可以转换创建的对象成为网格对象，然后编辑对象的点、线、面，创建出更多的三维造型。点用于确定线的形状，线用于确定面的组成，而面则构成对象的形态。3ds Max 中创建的二维基本参数模型、标准基本体模型、扩展基本体模型、复合模型和 NURBS 模型等，都可以转换成网格对象。

要转换创建的模型对象为网格对象，可以选择该对象后进行如下操作。

- 右击该对象，在弹出的快捷菜单中选择【转换为】|【转换为可编辑网格】命令。
- 在【修改】命令面板的修改器堆栈中，右击该对象名称，在弹出的快捷菜单中选择【可编辑网格】命令。
- 在【修改】命令面板的【修改器列表】下拉列表框中，选择【编辑网格】命令。

【可编辑网格】对象与【编辑网格】对象并不是一个概念。原模型对象转换为【可编辑网格】对象时，其原有可调节参数将不会被保留；而原模型对象转换为【编辑网格】对象时，其原有可调节参数会被保留，这样用户可以根据需要再次对原对象进行编辑处理，例如创建的圆锥体模型转换为【编辑网格】对象后，还可以更改其【半径1】文本框中的参数数值。

创建对象后，在【修改】命令面板的【修改器列表】下拉列表框中，选择【编辑网格】命令，即可打开【编辑网格】修改器命令面板，如图 6-47 所示。

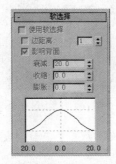

图 6-47 【编辑网格】修改器命令面板

另外，通过【编辑网格】修改器可以选择对象的子对象级，再应用其他修改器进行编辑修改。这样就可以创建出更多的三维造型。

【例 6-9】对创建的长方体模型使用【编辑网格】修改器选择顶点，再应用【倾斜】修改器改变长方体外形。

(1) 选择【文件】|【重置】命令，恢复 3ds Max 至初始状态。

(2) 在【透视】视图中，创建一个长度为 60、宽度为 50、高度为 60 的长方体模型，如图 6-48 所示。

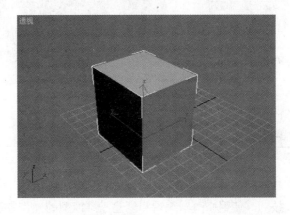

图 6-48 创建长方体模型

（3）在【修改】命令面板的【修改器列表】下拉列表框中，选择【编辑网格】命令，打开【编辑网格】修改器命令面板。

（4）在该修改器命令面板中，单击【顶点】按钮进入顶点编辑模式。

（5）在【左】视图中，选择如图 6-49 左图所示的上部两顶点，然后在【顶】视图中取消左上角顶点的选择，如图 6-49 右图所示。

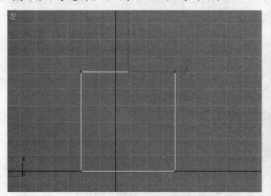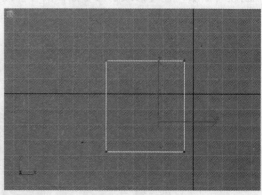

图 6-49　选择长方体的顶点

（6）在【修改】命令面板的【修改器列表】下拉列表框中，选择【倾斜】命令，打开【倾斜】修改器命令面板。

（7）在该修改器命令面板中，设置【数量】为 20，【方向】为 60，即可改变长方体外形，如图 6-50 所示。

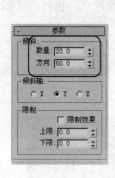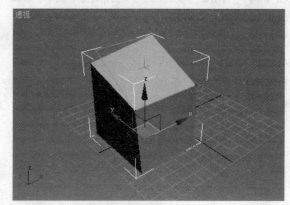

图 6-50　改变长方体外形

6.5　上机练习

本章的上机实验主要练习在 3ds Max 9 中使用修改器将二维基本参数模型创建成三维模型的操作方法和技巧，使用修改器编辑和创建三维模型的操作方法和技巧。

6.5.1 制作乒乓球拍

通过使用【椭圆】、【矩形】、【长方体】、【圆柱体】、【编辑样条线】和【挤出】等工具和修改器，制作如图 6-51 所示的乒乓球拍模型。

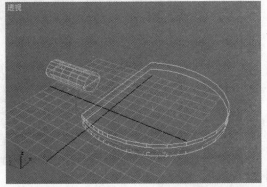

图 6-51 乒乓球拍模型

(1) 选择【文件】|【重置】命令，恢复 3ds Max 至初始状态。

(2) 在【顶】视图中，创建一个长度为 130、宽度为 120 的椭圆图形，如图 6-52 所示。

(3) 在【顶】视图中，创建一个长度为 80、宽度为 25、角半径为 6 的矩形图形，如图 6-53 所示。

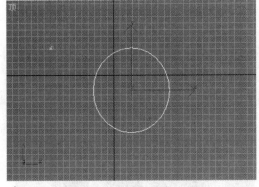
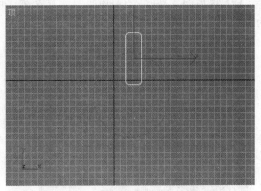

图 6-52 创建椭圆   图 6-53 创建矩形

(4) 在【顶】视图中，选择椭圆图形并打开【修改】命令面板。在【修改器列表】下拉列表框中选择【编辑样条线】命令。

(5) 在【编辑样条线】修改器命令面板中，单击【附加】按钮，再选择矩形图形，使得两个图形合并成一个图形。然后在【编辑样条线】创建命令面板的【选择】卷展栏中，单击【样条线】按钮 。

(6) 在【编辑样条线】修改器命令面板的【几何体】卷展栏中，单击【修剪】按钮。然后在【顶】视图中单击需要去掉的样条线，最终效果如图 6-54 所示。

(7) 在【编辑样条线】修改器命令面板的【选择】卷展栏中，单击【顶点】按钮。选择【顶】视图中一组相交的顶点，然后单击【几何体】卷展栏中的【焊接】按钮，合并两个顶点。使用相同的操作方法将另一边相交的顶点合并，如图 6-55 所示。合并完成后，再次单击【选择】卷展栏中的【顶点】按钮。

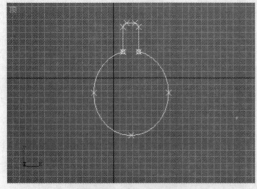

图 6-54　修剪样条线

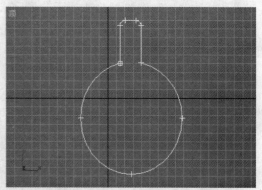

图 6-55　焊接合并相交的顶点

(8) 在【修改】命令面板的【修改器列表】下拉列表框中，选择【倒角】命令。在【倒角】修改器命令面板的【倒角值】卷展栏中，设置【级别 1】选项组的【高度】为 2，【轮廓】为 1.5；选中【级别 2】复选框，并设置该选项组中的【高度】为 2，【轮廓】为 1.5。设置完成后，即可制作出球拍，如图 6-56 所示。

(9) 使用与步骤(1)和(2)相同的操作方法，在【顶】视图中创建一个长度为 130、宽度为 120 的椭圆图形，如图 6-57 所示。

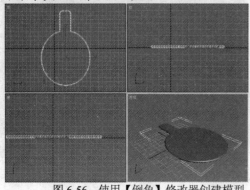

图 6-56　使用【倒角】修改器创建模型

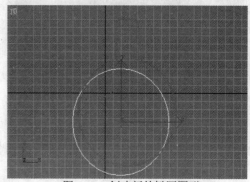

图 6-57　创建新的椭圆图形

(10) 在【创建】命令面板中，取消【对象类型】卷展栏中【开始新图形】复选框的选中状态。然后单击【矩形】按钮，在【顶】视图中创建一个矩形，如图 6-58 所示。

(11) 在【修改】命令面板的【选择】卷展栏中，单击【样条线】按钮。选择【顶】视图中新创建的椭圆图形，在【几何体】卷展栏中，单击【布尔】按钮，再单击【差集】按钮，然后选择新创建的矩形图形，即可应用【差集】布尔运算方式，如图 6-59 所示。运算完成后，再次单击【样条线】按钮。

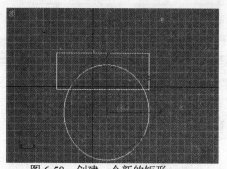

图 6-58 创建一个新的矩形

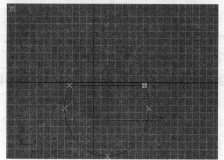

图 6-59 经过布尔运算之后的图形

(12) 在【顶】视图中，选择经过布尔处理的图形，单击工具栏中的【对齐】按钮。然后单击球拍模型，打开【对齐当前选择】对话框。选中【对齐位置】选项组中的 X、Y、Z 复选框，选择【当前对象】和【目标对象】选项组中的【轴点】单选按钮。设置完成后单击【确定】按钮，两个物体即可实现轴点中心对齐，如图 6-60 所示。

(13) 在【顶】视图中，选择经过布尔处理的图形，打开【修改】命令面板。在该命令面板的【修改器列表】下拉列表框中，选择【挤出】命令，然后在【参数】卷展栏中设置【数量】为 3。设置完成后，即可制作出球拍的橡胶垫，如图 6-61 所示。

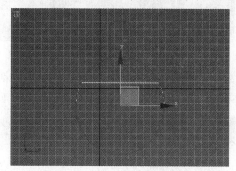

图 6-60 对齐两个图形

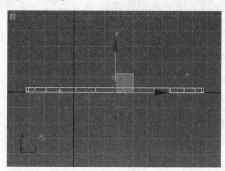

图 6-61 制作出球拍的橡胶垫

(14) 选择工具栏中的【选择并移动】工具，在【前】视图中选择球拍的橡胶垫模型，然后按住 Shift 键，沿 Y 轴向上拖动其至适合位置释放鼠标和按键，这时会打开【克隆选项】对话框，选择【复制】单选按钮，单击【确定】按钮，复制出一个新的橡胶垫。使用【选择并移动】工具，分别放置两个橡胶垫在球拍的上下两个表面，结果如图 6-62 所示。

(15) 在【前】视图中，创建一个半径为 12、高度为 50 的圆柱体，如图 6-63 所示。

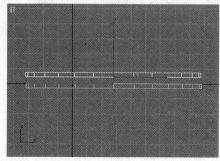

图 6-62 放置橡胶垫在球拍的表面

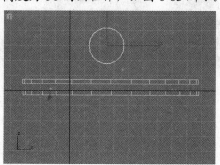

图 6-63 创建圆柱体

(16) 在【前】视图中，创建一个长度为16、宽度为50、高度为56的长方体，并使用【选择并移动】工具调整长方体在场景中的位置，如图6-64所示。

(17) 在【前】视图中，选择圆柱体。在【创建】命令面板中单击【几何体】按钮◎，选择下拉列表框中的【复合对象】选项，然后单击【对象类型】选项组中的【布尔】按钮，打开【布尔】创建命令面板。

(18) 在【布尔】创建命令面板的【拾取布尔】卷展栏中，单击【拾取操作对象B】按钮。然后在【参数】卷展栏的【操作】选项组中，选择【差集(A-B)】单选按钮，再单击【前】视图中的长方体，创建出球拍柄上的木片部分，如图6-65所示。

计算机 基础与实训教材系列

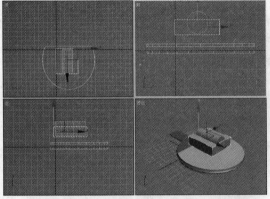
图6-64 创建长方体并调整其在场景中的位置

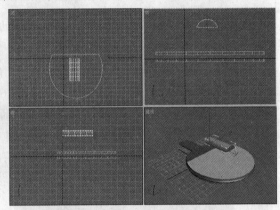
图6-65 创建球拍柄上的木片部分

(19) 选择工具栏中的【选择并旋转】工具↻。在【前】视图中，按住Shift键拖动球拍柄模型沿Z轴顺时针旋转180°，释放鼠标和按键时会打开【克隆选项】对话框。在该对话框中，选择【复制】单选按钮，单击【确定】按钮，复制创建出新的球拍柄模型，如图6-66所示。

(20) 使用工具栏中的【选择并移动】工具，分别调整两个球拍柄模型的位置，如图6-67所示。

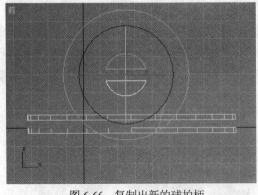
图6-66 复制出新的球拍柄

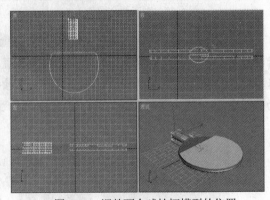
图6-67 调整两个球拍柄模型的位置

(21) 这样就完成了乒乓球拍模型的创建操作。还可以根据需要分别创建和应用所属材质。

6.5.2　制作国际象棋棋子

使用【线】工具和【车削】修改器，创建国际象棋棋子的底座；使用【圆柱体】工具和【挤出】修改器，创建国际象棋棋子的顶部。最终制作出如图 6-68 所示的国际象棋棋子。

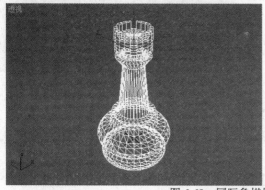

图 6-68　国际象棋棋子的渲染效果

(1) 选择【文件】|【重置】命令，恢复 3ds Max 至初始状态。

(2) 在【前】视图中，创建一条如图 6-69 所示的样条线。

(3) 打开【修改】命令面板，在【修改器堆栈】中展开 Line 选项并选择【顶点】选项，如图 6-70 所示。

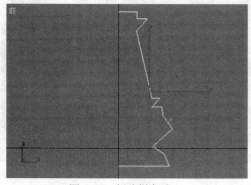

计算机 基础与实训教材系列

图 6-69　创建样条线　　　　图 6-70　选择【顶点】选项

(4) 使用工具栏中的【选择并移动】工具，调整样条线上的第 2 顶点与第 1 顶点平行(这里是按照由上到下的排列顺序)，使其之间的线段为直线。然后调整第 2 顶点与第 3 顶点、第 3 顶点与第 4 顶点、第 6 顶点与第 7 顶点、第 8 顶点与第 9 顶点、第 14 顶点与第 15 顶点之间的线段为直线。调整后样条线的效果如图 6-71 所示。

(5) 右击样条线的第 10 顶点，在弹出的快捷菜单中选择【Bezier 角点】命令，然后改变该点两边线段弧度。

(6) 使用与步骤(5)相同的操作方法，调整第 13 顶点两边的线段弧度。调整样条线后的形状如图 6-72 所示。

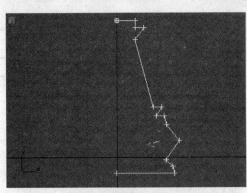

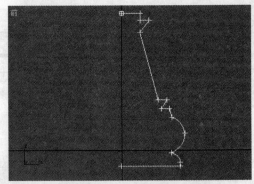

图 6-71　调整样条线　　　　　　　　图 6-72　圆化处理样条线中线段

(7) 在【修改】命令面板的【修改器堆栈】中选择【顶点】选项。

(8) 在【修改器列表】下拉列表框中，选择【车削】命令，即可创建国际象棋棋子的底座模型。

(9) 在【车削】修改器命令面板的【参数】卷展栏中，单击【对齐】选项组中的【最小】按钮，调整国际象棋的底座模型，如图 6-73 所示。

(10) 在【修改】命令面板的【修改器堆栈】中，展开 Line 选项并选择【顶点】选项，

(11) 使用工具栏中的【选择并移动】工具，调整样条线上的顶点位置，使其为如图 6-74 所示的外形。

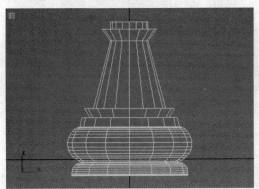

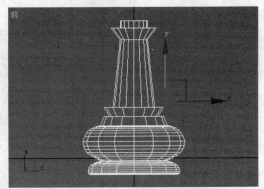

图 6-73　调整国际象棋棋子的底座模型　　　图 6-74　调整样条线上的顶点后的模型效果

(12) 在【顶】视图中，创建一个半径为 75、高度为 60、端面分段为 6、边数为 20 的圆柱体。然后使用【选择并移动】工具，移动创建的圆柱体至国际象棋棋子的底座模型顶部，如图 6-75 所示。

(13) 右击圆柱体，在弹出的快捷菜单中选择【转换为】|【转换为可编辑网格】命令，转换圆柱体为可编辑网格对象。

(14) 选择【顶】视图中的圆柱体，单击【对齐】按钮，再选择国际象棋棋子的底座模型。在打开的【对齐当前选择】对话框中，选中【对齐位置】选项组的 X 和 Y 复选框，选择【当前对象】和【目标对象】选项组中的【中心】单选按钮。设置完成后，单击【确定】按钮，对齐圆柱体与国际象棋棋子的底座模型中心。

（15）选择【左】视图中的圆柱体，单击【对齐】按钮，再选择国际象棋棋子的底座模型。然后在打开的【对齐当前选择】对话框中，选中【对齐位置】选项组中的 Y 复选框，在【当前】选项中选择【最小】单选按钮，在【目标对象】选项组中选择【最大】单选按钮。设置完成后，单击【确定】按钮，在 Y 轴方向对齐选择的两个对象。

（16）在【修改】命令面板的【修改器堆栈】中，展开【可编辑网格】选项，选择【多边形】选项。然后在【选择】卷展栏中，选中【忽略背面】复选框。这样在选择面操作时，不会选择模型对象背面的多边形面。

（17）在【顶】视图中，按住 Ctrl 键并按照选择间隔面的要求，选择圆柱体顶部中靠近边缘的面，如图 6-76 所示。

图 6-75　调整圆柱体位置

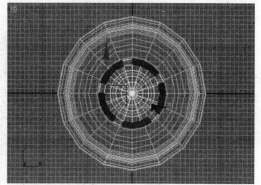
图 6-76　选择圆柱体顶部中靠近边缘的面

（18）在【可编辑网格】修改器命令面板的【编辑几何体】卷展栏中，单击【挤出】按钮并设置其文本框中的数值为 30。然后在【修改】命令面板的【修改器堆栈】中，单击【可编辑网格】选项，取消选择【多边形】选项。编辑后的模型效果如图 6-77 所示。

（19）选择国际象棋棋子的顶部模型，然后在【创建】命令面板中单击【几何体】按钮，选择下拉列表框中的【复合对象】选项，然后单击【对象类型】选项组中的【布尔】按钮，打开【布尔】创建命令面板。

（20）在【布尔】创建命令面板的【拾取布尔】卷展栏中，单击【拾取操作对象 B】按钮。然后在【参数】卷展栏的【操作】选项组中，选择【并集】单选按钮。单击国际象棋棋子的底座模型，合并国际象棋棋子的底座和顶部，使其成为一体，如图 6-78 所示。

图 6-77　【挤出】编辑后的模型

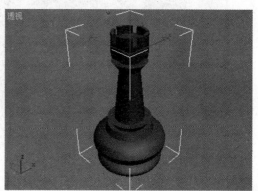
图 6-78　并集操作后的模型

(21) 这样就完成了国际象棋棋子模型的创建。还可以根据需要分别创建和应用所属材质。

6.5.3 制作浴缸和水龙头

通过对长方体和圆柱体使用【编辑多边形】和【面挤出】修改器，制作浴缸和水龙头模型，如图 6-79 所示。

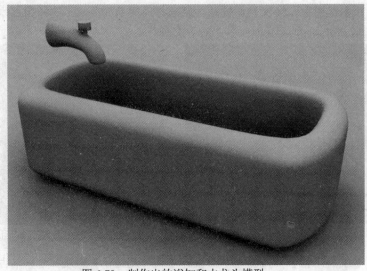

图 6-79 制作出的浴缸和水龙头模型

(1) 选择【文件】|【重置】命令，恢复 3ds Max 至初始状态。

(2) 在【透视】视图中，创建一个长为 300、宽为 150、高度为 40、长度分段和宽度分段为 6、高度分段为 2 的长方体，用于制作浴缸模型，如图 6-80 所示。

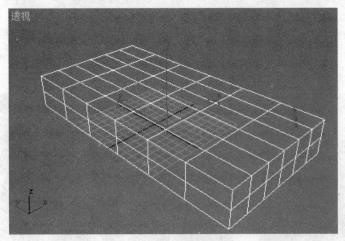

图 6-80 创建长方体

(3) 打开【修改】命令面板，在【修改器列表】下拉列表框中，选择【编辑网格】命令。单击【选择】卷展栏中的【多边形】按钮■，在【透视】视图中，按照图 6-81 所示选择长方体顶部的多边形。

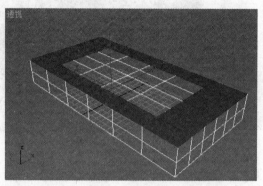

图 6-81　选择长方体顶部的多边形

(4) 在【修改器列表】下拉列表框中，选择【面挤出】命令。在【面挤出】修改器命令面板中，设置【数量】为 40，这样就将选择的多边形挤出 40 个单位的高度，如图 6-82 所示。

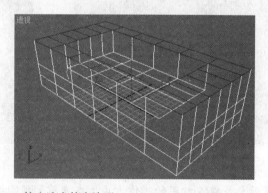

图 6-82　挤出选中的多边形

(5) 在【修改器列表】下拉列表框中，选择【编辑网格】命令。单击【选择】卷展栏中的【多边形】按钮■，在【透视】视图中选择边界上的多边形，如图 6-83 所示。在【修改器列表】下拉列表框中，选择【面挤出】命令。在【面挤出】修改器命令面板中，设置【数量】为 30，再挤出一层多边形，如图 6-84 所示。

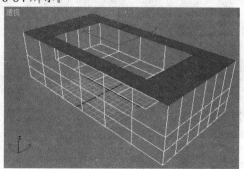

图 6-83　选择边界上的多边形

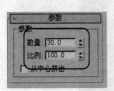

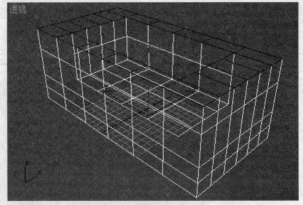

图 6-84　再挤出一层多边形

(6) 在【修改器列表】下拉列表框中，选择【编辑网格】命令。单击【选择】卷展栏中的【顶点】按钮，在【顶】视图中参照图 6-85 所示的编辑效果编辑顶点位置。

(7) 使用与步骤(5)相同的操作方法，在【左】视图中编辑顶点位置，如图 6-86 所示。

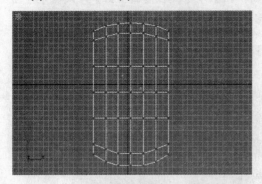

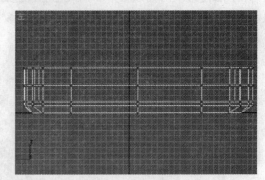

图 6-85　在【顶】视图中编辑顶点位置　　　　图 6-86　在【左】视图中编辑顶点位置

(8) 使用与步骤(5)相同的操作方法，在【前】视图中编辑顶点位置，如图 6-87 所示。

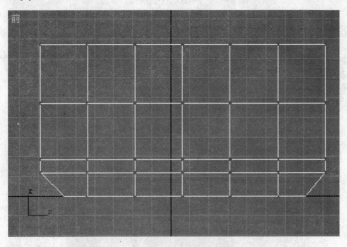

图 6-87　在【前】视图中编辑顶点位置

(9) 单击【选择】卷展栏中的【多边形】按钮■，在【透视】视图中选择边界上的多边形。然后在【修改器列表】下拉列表框中，选择【面挤出】命令。在【面挤出】修改器命令面板中，设置【数量】为20，挤出一层多边形，如图 6-88 所示。

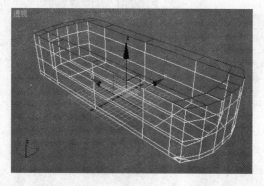

图 6-88　挤出一层多边形

(10) 在【修改器列表】下拉列表框中，选择【编辑网格】命令。单击【选择】卷展栏中的【顶点】按钮，在【顶】视图中选择编辑的顶点，如图 6-89 左图所示。然后沿 Z 轴向下移动，制作出浴缸边界表面的弯曲细节，如图 6-89 右图所示。

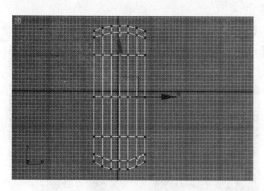
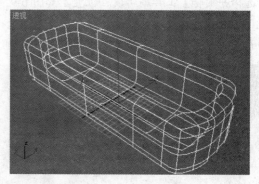

图 6-89　制作浴缸边界表面的弯曲细节

(11) 在【修改器列表】下拉列表框中，选择【网格平滑】命令。在【网格平滑】修改器命令面板的【细分量】卷展栏中，设置【迭代次数】为2，光滑处理浴缸，如图 6-90 所示。

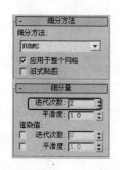

图 6-90　光滑处理的浴缸模型

(12) 在【左】视图中，创建一个半径为 10、高度为 60、高度分段为 5、端面分段为 2、边数为 10 的圆柱体，用于制作水龙头模型，如图 6-91 所示。

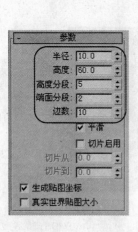
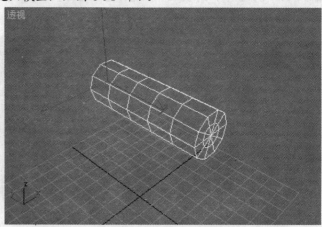

图 6-91　创建圆柱体

(13) 打开【修改】命令面板，在【修改器列表】下拉列表框中选择【编辑网格】命令。在【选择】卷展栏中，单击【顶点】按钮。然后在【左】视图中，使用【选择并移动】工具和【选择并旋转】工具编辑顶点位置，如图 6-92 所示。

(14) 在【修改器列表】下拉列表框中，选择【网格平滑】命令。在【网格平滑】修改器命令面板的【细分量】卷展栏中，设置【迭代次数】为 2，光滑处理水龙头模型，如图 6-93 所示。

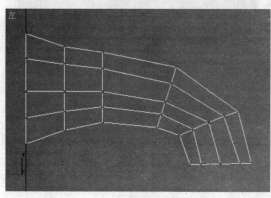

图 6-92　在【左】视图中编辑顶点位置　　　　　图 6-93　光滑处理水龙头模型

(15) 在【左】视图中，创建一个半径为 11、高度为 30、高度分段为 5、端面分段为 2、边数为 10 的圆柱体，用于制作水龙头的阀门开关。

(16) 打开【修改】命令面板，在【修改器列表】下拉列表框中，选择【编辑网格】命令。在【选择】卷展栏中，单击【顶点】按钮。然后使用工具栏中的【选择并均匀缩放】工具和【选择并移动】工具，在【前】视图中对圆柱体下半部分的顶点进行缩放和移动，如图 6-94 所示。

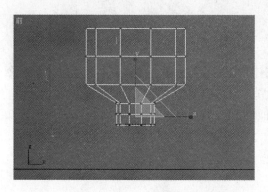
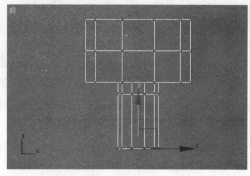

图 6-94　调整圆柱体下半部分的顶点位置

(17) 使用【选择并移动】工具调整水龙头阀门开关模型与水龙头模型之间的位置，如图 6-95 所示。

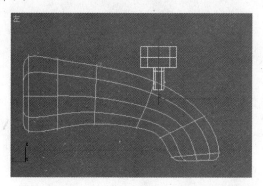
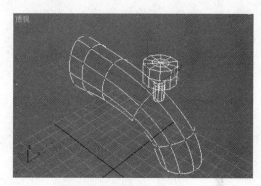

图 6-95　调整水龙头阀门开关模型与水龙头模型之间的位置

(18) 使用【选择并移动】工具调整浴缸模型与整个水龙头模型之间的位置。这样就完成了浴缸与水龙头模型的创建，如图 6-96 所示。

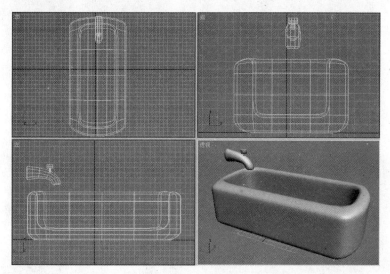

图 6-96　完成创建后的浴缸与水龙头模型

计算机 基础与实训教材系列

6.6 习题

1. 在场景中绘制多个长短、粗细不一的圆柱体，使用【弯曲】、【倾斜】和【锥化】命令对每个圆柱体进行修改，移动各圆柱体的空间位置，拼接成树干的形状。

2 在场景中模拟山地的形态，在山峰的低洼地模拟出湖水的效果，使用 FFD 命令对山地和湖水进行细节修改，使场景更逼真。

3. 使用【车削】修改器创建花坛。

第7章

设计材质与贴图

学习目标

在 3ds Max 中，材质和贴图主要用于描述对象表面的物质状态，构造真实世界中自然物质表面的视觉表象。不同的材质与贴图能够给人们带来不同的视觉感受，因此它们在 3ds Max 中是营造客观事物真实效果的最有效手段之一。材质用来指定物体的表面或数个面的特性，它决定这些平面在着色时的特性，如颜色、光亮程度、自发光度及不透明度等。指定到材质上的图形称为贴图。

本章重点

- ⊙ 设定材质的参数选项
- ⊙ 创建贴图坐标的操作方法
- ⊙ 设定对象贴图类型的方法
- ⊙ 设置贴图方式

7.1 认识【材质编辑器】对话框

在 3ds Max 9 的工具栏中，单击【材质编辑器】按钮 ⊞，可以打开【材质编辑器】对话框，如图 7-1 所示。该对话框分为上、下两部分，上半部分为示例窗和工具行、工具列，下半部分为参数卷展栏区。

系统默认的完整示例窗区域是 6×4，即拖动滑块共可以显示 24 个示例窗。对于新创建的 3D 场景，示例窗中的材质都是系统默认的。如果示例窗显示白色方框，表示该示例窗是当前材质，系统中始终只有一个示例窗被选择。【材质编辑器】对话框的下半部分参数选项均为当前材质所有，它们会随材质的改变而改变。由于在示例窗中渲染样本球采用的是描线渲染法，而在场景中选用的是交互式渲染法，因此为方便查看，双击示例窗，可以打开该样本材质的渲染窗口，如图 7-2 所示。

图 7-1 【材质编辑器】对话框

图 7-2 样本材质的渲染窗口

工具行和工具列中的图标会依据当前操作设置，自动显示可用或不可用状态，不可用时的图标呈灰色。右下角有小三角形的图标为弹出式图标按钮，按下此按钮后弹出并列图标，单击其中之一即可进行切换。

1. 使用工具行

在【材质编辑器】对话框的示例窗区域下端有一行工具按钮，如图 7-3 所示。该工具行中各按钮的名称和作用如表 7-1 所示。

图 7-3 【材质编辑器】对话框中的工具行

表 7-1 材质编辑器工具行中各工具按钮的名称和作用

按钮图标	按钮名称	作用
	获取材质	从材质库获取材质到当前示例窗中。单击此按钮，弹出材质浏览器(材质/ 贴图浏览器)
	将材质放入场景	将从场景中选取的材质放回场景
	将材质指定给选定对象	将当前示例窗中的材质赋予当前被选中的对象，单击此按钮即可生效
	重置贴图/材质为默认设置	把材质编辑器中的各选项恢复到系统的默认设置
	复制材质	将当前示例窗中的材质复制到另一示例窗中
	放入库	将当前示例窗中的材质存入到当前的材质库中
	使唯一	将当前多重材质整合成一个材质记录
	材质效果通道	给材质指定 Video Post 通道，以产生特殊效果
	在视口中显示贴图	在场景中显示材质贴图

(续表)

按钮图标	按 钮 名 称	作 用
	显示最终结果	显示当前材质的最终效果
	转到父级	将编辑操作移到材质编辑器的上一层
	转到下一个同级项	将编辑操作移到下一个贴图或材质

2. 使用工具列

在【材质编辑器】对话框中的示例窗区域右侧，有一列工具按钮，如图 7-4 所示。工具列是对材质的显示样式进行编辑。工具列中各按钮的名称和作用如表 7-2 所示。

图 7-4 【材质编辑器】对话框中的工具列

表 7-2 工具列中各工具按钮的名称和作用

按钮图标	按 钮 名 称	作 用
	采样类型	设置样本显示方式，弹出式图标按钮。默认状态为球体显示方式，此外还有圆柱体和立方体显示方式
	背光	背景灯光开关，为示例窗设置背景灯光，默认状态是打开背景灯光
	背景	方格背景显示开关，为示例窗添加一个方格背景，默认状态为关闭
	采样 UV 平铺	贴图平铺次数的选择，是一个弹出式按钮，提供了 1 次、4 次、9 次、16 次 4 种选择，默认状态为 1 次
	视频颜色检查	检查除 NTSC 和 PAL 以外的视频信号的颜色
	生成预览	为动画材质生成预演文件
	选项	单击后可以在打开的对话框中进行材质编辑调整
	按材质选择	根据材质编辑器中选择的材质选择场景中的对象
	材质/贴图导航器	材质或位图(树状结构)导航器

在材质编辑器中选定一种材质放入当前示例窗后，即可将它赋予对象并命名。渲染后可以

看到对象被赋该材质后的状态。

【例 7-1】创建材质并重新命名，然后应用至创建的茶壶模型。

(1) 创建一个茶壶模型。

(2) 单击工具栏中的【材质编辑器】按钮 ，打开【材质编辑器】对话框。

(3) 在【材质编辑器】对话框中，选择第 1 个示例窗。

(4) 在工具行下的文本框中输入【茶壶】，如图 7-5 所示。

图 7-5　更改材质名称

(5) 选择茶壶模型，然后单击工具行中的【将材质指定给选定对象】按钮 ，即可将创建的材质应用到茶壶模型，这时该材质的示例窗四角会出现白色三角形边框。

计算机 基础与实训教材系列

7.2　设定材质的参数选项

虽然 3ds Max 的材质库中提供了丰富的材质和贴图，但是要更准确地表达制作的三维对象的材质特征，还需要通过调整和编辑材质的参数选项来实现。

3ds Max 9 在材质编辑器的下半部分提供了一个卷展栏区，专供用户修改材质贴图参数。其中基本参数从总体上控制材质贴图，扩展参数则提供更详细精确的控制。

7.2.1　设置材质的基本参数选项

在【材质编辑器】对话框中，可以通过【明暗器基本参数】和【Blinn 基本参数】卷展栏设置材质的基本参数选项，如图 7-6 所示。

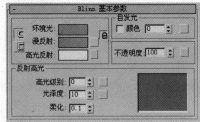

图 7-6　【明暗器基本参数】和【Blinn 基本参数】卷展栏

在【明暗器基本参数】卷展栏中，各主要参数选项的作用如下。

◎ 【着色类型】下拉列表框：用于设置材质着色类型。

◎ 【线框】复选框：选中该复选框，可以呈现对象网格材质特性。

◎ 【双面】复选框：选中该复选框，可以呈现对象双面材质特性。

◎ 【面贴图】复选框：选中该复选框，可以呈现对象面贴图特性。

⊙ 【面状】复选框：选中该复选框，可以呈现对象面状特性。

Blinn 基本参数卷展栏中具体内容会随着色方式的选择而不同，大致有以下内容。

1. 设置材质的光线属性

不同材料的物质，即使在相同的光照条件下，也会表现出不同的明暗特性和色彩特性。3ds Max 9 中把材质的明暗关系、颜色特性用如下 3 个参数选项来定义。

⊙ 环境光：用于表现材质在阴暗部分的颜色。

⊙ 漫反射：用于表现光源直接照射下材质表现的颜色。

⊙ 高光反射：用于表现材质高光部分的颜色。

在【Blinn 基本参数】卷展栏中，以上 3 个参数选项右边都有颜色块用于设置其颜色。在【环境光】颜色块和【漫反射】颜色块间，以及【漫反射】颜色块和【高光反射】颜色块间，各有一个【锁定】按钮。按下该按钮，被锁定的两个参数选项的颜色会发生相同的变化。

2. 其他参数选项

【不透明度】文本框用于创建透明材质。当需要创建一个透明材质时，用户可调整该参数选项。不透明度参数选项是一个可以在一定范围内变动的数值，系统默认状态下不透明度参数数值为最高值。随不透明度数值的减少，材质的透明度会增加。图 7-7 所示为不同透明度下的示例窗效果。

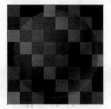

100%不透明度   30%不透明度   0%不透明度

图 7-7　不同透明度下的示例窗效果

在【反射高光】选项组中，【高光级别】文本框用于设置材质表面的光泽；【光泽度】文本框用于设置材质的金属特质；【柔化】文本框用于调整材质的高光区域。

⑦.2.2　设置材质的扩展参数选项

【材质编辑器】对话框中的每种材质，除了可以设置基本参数选项以外，还可以设置材质的扩展参数选项。【扩展参数】卷展栏用于进一步对材质的透明度和网格状态进行设置，如图 7-8 所示。

【扩展参数】卷展栏中的【衰减】选项组用于选择在内部还是在外部进行衰减，以及衰减程度。其中，【内】和【外】单选按钮是透明衰减方式选项。选择【内】单选按钮时，材质会由外向内变得透明；选择【外】单选按钮时，材质会由内向外变得透明，并且通过【数量】文

计算机 基础与实训教材系列

本框设置材质衰减的透明度。图 7-9 所示为设置同样的【数量】文本框中数值时，内、外衰减效果的对比。

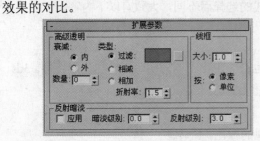

图 7-8　【扩展参数】卷展栏

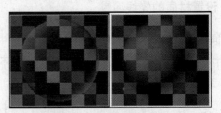

图 7-9　内、外衰减效果的对比

在【扩展参数】卷展栏的【类型】选项中，提供了过滤、相减和相加 3 种透明度类型。系统默认为【过滤】类型，其透明效果最逼真；【相减】类型用于创建具有半透明特性的材质；【相加】类型用于模拟灯泡、光束之类的明亮对象。图 7-10 所示为 3 种透明类型的效果对比。【折射率】文本框用于调整材质表面的折射效果。图 7-11 所示为不同折射率的材质效果对比。

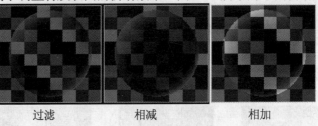

　　过滤　　　　　　　相减　　　　　　　相加

图 7-10　3 种透明类型的效果对比

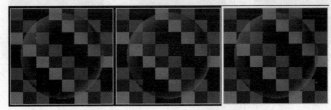

图 7-11　不同折射率的材质效果对比

【扩展参数】卷展栏中的【线框】选项组用于调整网格参数。其中，【大小】文本框用于调整网格的尺寸；【按】选项可以选择控制网格的两种方法。

在【扩展参数】卷展栏的【反射暗淡】选项组中，选中【应用】复选框时，调整【暗淡级别】的数值，可淡化材质的颜色，调整【反射级别】文本框的数值可调整材质的反光度。

⑦.3　使用材质库

3ds Max 9 的材质库提供了丰富的材质，以满足不同的需要，同时材质库也允许用户存入新的材质。灵活使用材质库不仅可以生成生动的图形，而且通过对材质库的编辑，也可以大大提高添加材质的效率。单击【材质编辑器】对话框中的【获取材质】按钮 ，即可打开【材质

/贴图浏览器】对话框，如图 7-12 所示。

图 7-12 【材质/贴图浏览器】对话框

【材质/贴图浏览器】对话框左边有 4 个区域，用于控制浏览器的各种属性；右边的列表区域，显示当前库中的材质和贴图。在【材质/贴图浏览器】对话框中，各主要参数选项的作用如下。

- ⊙ 【材质/贴图名称】文本框：用于输入材质或贴图的名称，以便于查找。
- ⊙ 【材质/贴图】预览框：用于显示选中的材质。
- ⊙ 【浏览自】选项组：用于设置选择的材质或贴图的来源。
- ⊙ 【显示】选项组：用于设置浏览材质库的方式。

【例 7-2】在 3ds Max 中，从材质库中获取材质。

(1) 单击工具栏中的【材质编辑器】按钮，打开【材质编辑器】对话框。

(2) 单击【材质编辑器】对话框中工具行上的【获取材质】按钮，打开【材质/贴图浏览器】对话框。

(3) 在【材质/贴图浏览器】对话框的材质列表中，选中所需的材质，即可在【材质/贴图】预览框中显示。

(4) 直接将【材质/贴图】预览框中的材质拖至【材质编辑器】对话框中的示例窗中，即可获取材质。

【材质编辑器】对话框中的示例窗区域只能设置 24 种材质，为了获取更多的材质，用户可以将材质库中的材质调入示例窗。

【例 7-3】在 3ds Max 中创建新材质库。

(1) 打开【材质编辑器】对话框和【材质/贴图浏览器】对话框。

(2) 在【材质/贴图浏览器】对话框的【浏览自】选项组中，选择【材质库】单选按钮，即可显示材质库中的材质。

计算机基础与实训教材系列

（3）在【材质/贴图浏览器】对话框的材质列表框上方，单击【清除材质库】按钮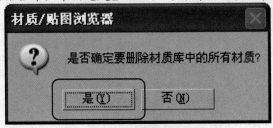，删除列表框中所列的材质。这时会打开一个系统提示对话框，提示是否要删除材质库中所有材质，如图 7-13 所示。在该对话框中，单击【是】按钮，即可清空材质列表框。

图 7-13　系统提示对话框

（4）将示例窗中的材质拖到【材质/贴图浏览器】对话框的材质列表框中，这时列表框中会显示材质名称。

（5）单击【材质/贴图浏览器】对话框【文件】选项组中的【另存为】按钮，打开【保存材质库】对话框，输入材质库名称后，单击【保存】按钮，即可完成新的材质库创建。

7.4　使用冷热材质

在 3ds Max 中，材质有冷、热之分。懂得冷热材质的区分和转化，可以避免很多误操作，以便更加快捷、方便地对材质进行编辑。热材质是指已经出现在场景中的材质，它和样本框中的材质是相互连接的。改变热材质，场景中的相应材质将发生变换。冷材质是指没有出现在场景中的材质。改变冷材质，场景中的材质不会发生变化。一旦把冷材质赋予了场景中的对象或背景，冷材质就变成了热材质。带白色三角框的样本材质是热材质，带白色方框的材质是当前被激活的材质。热材质不一定被激活，被激活的材质也不一定是热材质。

【例 7-4】创建异面体模型，并设置冷材质和热材质。

（1）选择【文件】|【重置】命令，恢复 3ds Max 至初始状态。

（2）创建一个异面体模型。

（3）单击工具栏中的【材质编辑器】按钮，打开【材质编辑器】对话框。

（4）选择【材质编辑器】对话框中的一个示例窗。

（5）单击工具行中的【将材质指定给选定对象】按钮，应用材质至异面体模型。

（6）选中【明暗器基本参数】卷展栏中的【线框】复选框，即可使异面体模型变成灰色网格状，渲染效果如图 7-14 所示。

（7）移动光标至当前示例窗中，拖动样本球到它下方的样本球上，释放鼠标，当前示例窗被白色方框包围，如图 7-15 所示。

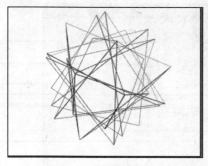
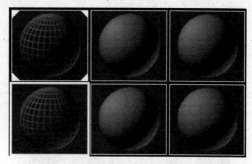

图7-14　选择线框参数后的渲染效果　图 7-15　拖动当前示例窗中的样本球至其下方示例窗后的效果

(8) 对新选中的示例窗进行修改，取消选中【线框】复选框，样本小球不再是网格状的，而视口中的异面体仍然保持不变，这就说明所选中的样本材质是冷材质。

(9) 激活最初选择的示例窗，取消【线框】复选框，发现样本材质和异面体同时去掉网格，这就说明原材质是热材质。

冷材质和热材质之间是可以互相转化的，一旦将冷材质赋予场景中的模型，它就变成了热材质。选择热材质，然后单击工具行中的【复制材质】按钮，可以将热材质转化为冷材质。要将冷材质变为热材质，只需直接将冷材质应用于场景中的对象即可。

7.5　使用复合材质

复合材质是由其他材质组合而成的材质。组成复合材质的材质称为子材质，复合而成的材质称为父材质，复合材质与子材质构成层次树。创建复合材质可分为构造材质层次和编辑子材质两大部分，但这两部分并不完全独立，在编辑子材质时，如果将子材质设为复合材质，则父材质的结构也发生变化。在 3ds Max 9 中，常用的复合材质有双面显示的复合材质、混合材质和多重材质 3 种类型。

1. 应用双面显示的复合材质

双面显示的复合材质是最基本的复合材质，使用这种复合材质可以为对象表面的正反两面指定不同的材质。

【例 7-5】在 3ds Max 中，创建一个新的双面材质。

(1) 创建一个立体文字模型，如图 7-16 所示。

(2) 单击工具栏中的【材质编辑器】按钮，在打开的【材质编辑器】对话框中选择一个示例窗。

(3) 单击 Standard 按钮，打开【材质/贴图浏览器】对话框。

(4) 在【浏览自】选项组中，选中【新建】单选按钮。然后在右侧的材质列表框中，选择【双面】选项，如图 7-17 所示。

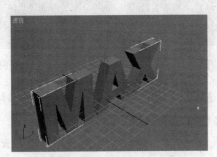

图 7-16　创建立体文字模型

图 7-17　【材质/贴图浏览器】对话框

(5) 单击【确定】按钮，打开【替换材质】对话框，选中【将旧材质保存为子材质】单选按钮，将原来的材质保留为子材质。

(6) 单击【确定】按钮，关闭该对话框。在【材质/贴图浏览器】中的卷展栏区内直接对正面和背面这两种子材质进行编辑。

编辑子材质只需在父材质所在层单击子材质的编辑按钮即可进行。单击后材质编辑器就切换到所选的一层。在该层中编辑子材质的方法与编辑标准材质完全一致，在此就不再赘述。所不同的是，编辑复合材质，既有对子材质的调整又有对父材质层参数的调整。

【例 7-6】在 3ds Max 中，编辑已经存在的子材质。

(1) 在【例 7-5】中创建的材质基础上继续进行编辑。

(2) 在【材质编辑器】对话框中，单击【双面基本参数】卷展栏里【正面材质】旁的按钮，编辑器切换到第一个子材质所在的那一层。

(3) 在【材质编辑器】对话框的工具行，可以看到【显示最终结果】按钮、【转到父级】按钮和【转到下一个同级项】按钮都处于可用状态。说明关闭【显示最终结果】按钮时，当前示例窗里显示的是当前正在被编辑的那一层材质。如果按下此按钮，则示例窗将显示父材质，即最终用于场景中的材质。

(4) 单击【转到父级】按钮，切换到当前材质的父材质所在的那一层(由于子材质也可以是复合材质，所以当前材质的父材质不一定是整个材质树里的父材质)。单击【转到下一个同级项】按钮，不经过父材质层就直接切换到下一个子材质层进行编辑。

(5) 在第一个子材质层中，编辑材质；单击【显示最终结果】按钮，样本球发生变化，此时样本球显示的是子材质的状态。

(6) 单击【转到父级】按钮，切换到父材质层，在【正面】选项旁的按钮上出现了子材质的名称和类型。

(7) 使用与步骤(2)~(5)相同的操作，编辑第二个子材质。

(8) 在工具栏中单击【快速渲染】按钮，双面材质的效果如图 7-18 所示。

2. 应用混合材质

混合材质是指将两种子材质混合在一起，使它们的父材质兼有二者的效果。与双面材质不同的是，混合材质是在对象表面的一侧融合另外一种材质，它的效果和设定半透明度后的双面材质完全不同。

【例 7-7】在 3ds Max 中，创建新的混合材质。

(1) 打开【材质编辑器】对话框，选择一个示例窗。

(2) 单击 Standard 按钮，打开【材质/贴图浏览器】对话框，在列表框中双击【混合】选项，打开【替换材质】对话框。

(3) 在【替换材质】对话框中，选择【将旧材质保存为子材质】单选按钮，将原来的材质作为子材质保留下来。

(4) 单击【确定】按钮，关闭该对话框后。在【材质编辑器】对话框中显示【混合基本参数】卷展栏，如图 7-19 所示。

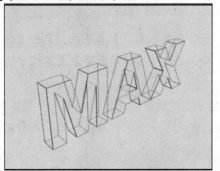

图 7-18 双面材质的效果

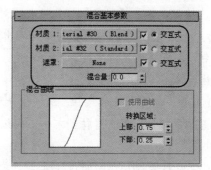

图 7-19 混合材质基本参数

(5) 单击【材质 1】的按钮，进入该材质的编辑层，设置此材质的类型、颜色、名称以及其他属性。然后单击【转到下一个同级项】按钮，进入第二个子材质的编辑器；对第二个子材质进行设置。

(6) 单击【显示最终结果】按钮，样本球上显示最终的复合材质，它是两种子材质的混合，兼有两者的特点。

(7) 单击【转到父级】按钮，返回到父材质编辑状态。

3. 应用多重材质

多重材质是指包含多种同级子材质的一种复合材质。在多重材质方式下，对象(尤其是复杂的几何体)的各个子对象都可以被赋予多重材质中的某种子材质。

【例 7-8】在 3ds Max 中，创建新的多重材质并直接应用于对象。

(1) 选择【文件】|【重置】命令，恢复 3ds max 至初始状态。

(2) 创建一个异面体，对它稍做旋转，以便于观察，如图 7-20 所示。

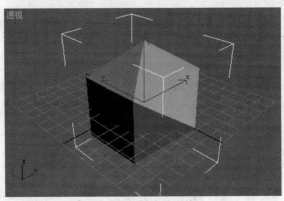

图 7-20　创建异面体

(3) 打开【材质编辑器】对话框并选择一个示例窗。然后单击 standard 按钮，打开【材质/贴图浏览器】对话框。

(4) 在【材质/贴图浏览器】对话框的【浏览自】选项组中选中【新建】单选按钮，在列表框中双击【多维/子对象】选项，在打开的【替换材质】对话框中，选择【将旧材质保存为子材质】单选按钮，单击【确定】按钮，关闭对话框。

(5) 在【材质/贴图浏览器】对话框中出现【多维/子对象基本参数】卷展栏。单击【设置数量】按钮，打开【设置材质数量】对话框，如图 7-21 所示。设置【材质数量】文本框中的数值为 8，然后单击【确定】按钮。

(6) 单击一个子材质的按钮，进入该子材质的编辑层。对该子材质进行编辑，设置其类型、颜色、名称等项目。单击【转到下一个同级项】按钮，进入下一个子材质编辑器，并对它进行设置。

(7) 使用与步骤(6)相同的操作方法，直到设置完所需的子材质，如图 7-22 所示。

图 7-21　【设置材质数量】对话框

图 7-22　设置多重材质子对象

(8) 单击【转到父级】按钮，进入父材质编辑器，查看子材质的设置结果。

(9) 双击当前示例窗，打开样本球上材质的效果，如图 7-23 所示。单击【将材质指定给选定对象】按钮，应用材质至异面体。

(10) 单击【快速渲染】图标按钮，渲染对象，结果如图 7-24 所示。

图 7-23　示例窗

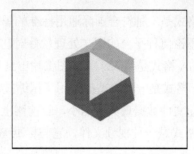

图 7-24　多重材质的渲染效果

在图 7-24 中，样本球上的材质并没有完全运用于对象，因为并没有为子对象指定相应的子材质。如果要对不同的子对象指定不同的材质，需要指定对象的标志符。标志符也称为材质标志码，简称 ID。标志符的特点如下。

- 所有的对象都可以指定标志符。
- 标志符既是子对象的编号，又是子材质的编号。
- 指定子对象的 ID 可用修改命令面板中的编辑网格项完成。
- 单击【材质/贴图导航器】按钮，可以查看此多重材质的层次结构。

【例 7-9】在 3ds Max 中，修改子材质效果。

(1) 在父材质编辑器中单击需要修改的子材质按钮，进入该子材质的编辑器中。

(2) 单击【关闭显示最终结果】按钮，显示当前材质层的修改结果。

(3) 修改该子材质，由于该子材质已赋予了场景中的对象，因此它为热材质，对它的修改将直接反映到相应的子对象上。

(4) 单击【转到下一个同级项】按钮，进入其他子材质编辑器，或单击【转到父级】按钮进入父材质编辑器，再单击需要修改的子材质按钮。

7.6　应用贴图

贴图也属于材质，使用贴图可以改善材质的外观和真实感，它通常用来模拟各种纹理、反射、折射效果。材质与贴图往往一起使用，材质描述模型内在物理属性，贴图描述模型的表面属性，为模型添加一些细节而不会增加它的复杂度(位移贴图除外)。

7.6.1　贴图的来源

3ds Max 中可以使用各式各样的贴图，所有的贴图素材是各种已存储于计算机本身或计算机能够识别的各种存储介质上的位图图像，不同的位图有其不同的存储格式。

3ds Max 支持多种格式的图像作为贴图来源，其中常用的图像类型有 BMP、GIF、TIF、TARGA、JPEG 及用于动画贴图的 FLC 格式。

BMP 格式是 Microsoft Windows 的标准图像格式，也是一种被广泛应用的基本图像格式。

TIF 格式是一种符合国际通用标准的图像格式，也有着广泛的应用，尤其在印刷桌面制版工业上，不论何种平台的图文处理软件对它都有极好的兼容性。

TARGA 格式是将 3ds Max 图像输出到视频时经常使用的图像格式。

JPEG 格式是一种典型的采用了压缩技术的文件格式。该格式所支持的图像能在保证高质量的同时使文件数据量大大缩小，目前网上下载的电子图像多用此格式。

FLC 格式是一种视频文件，它与标准 Windows 视频文件相似，兼容性好。

⑦.6.2　确定贴图坐标

3ds Max 中设置贴图坐标的方法有 3 种。

第 1 种是内建式贴图坐标，即按照系统预定的方式给对象指定贴图坐标，也就是选中【修改】命令面板中的【生成贴图坐标】复选框。

第 2 种是外部指定式贴图坐标，就是创建者根据对象形状使用 UVW 贴图调整器，通过改变 U、V、W 三个方向的贴图位置来改变贴图在对象上的位置。

第 3 种是三维放样对象贴图坐标，指在放样对象生成或者修改时，按照对象横向(长度)和纵向(圆周)指定贴图坐标。

标准对象的内建式贴图坐标确定了贴图所在的位置，如圆柱图案会围绕其侧面一周进行贴图，而对于一些非标准对象，像一些多面体，其每个侧面的贴图坐标可能都是不同的。

1. 内建式贴图坐标

内建式贴图坐标的调整是相对的，如平移、翻转等，所有的调整都需要改变贴图坐标。【材质编辑器】对话框中的【坐标】卷展栏用来调整贴图在对象上的具体坐标位置，其中【偏移】选项用于设定贴图起始点的坐标，X 为横向坐标，Y 为纵向坐标，Z 表示空间垂直坐标轴；【平铺】选项用于设定图像在各个方向上的重复次数；【角度】选项用于设定图像相对于对象在各个方向上的偏移角度；【模糊】与【模糊偏移】文本框共同决定图像的模糊程度，如图 7-25 所示。以上是对 2D 贴图参数的设定，如果是 3D 贴图，则 X、Y、Z 轴变为 U、V、W 轴，设置稍有改变，但基本是一致的。

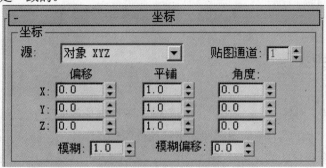

图 7-25　【坐标】卷展栏

【例7-10】在 3ds Max 中，创建内建贴图坐标进行贴图。

(1) 选择【文件】|【重置】命令，恢复 3ds Max 至初始状态。

(2) 创建一个长方体。

(3) 打开【材质编辑器】对话框，选择一个示例窗。单击【材质编辑器】对话框工具栏上的【将材质指定给选定对象】按钮，将此材质赋予球体。

(4) 展开【贴图】卷展栏，选中【漫反射颜色】复选框，并单击其后的贴图类型按钮，系统将打开如图 7-26 所示的【材质/贴图浏览器】对话框，在该对话框的右侧列出了系统内置的多种贴图样式。

(5) 在【浏览自】选项组中，选中【新建】单选按钮。然后在【材质/贴图浏览器】对话框右侧列表框中选择【行星】贴图样式，并单击【确定】按钮关闭浏览器。此时编辑器的样本球上出现该贴图，如图 7-27 所示。

图 7-26　选择贴图样式

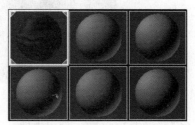

图 7-27　为样本球选择贴图

(6) 选择【透视】视图，单击工具栏中的【快速渲染】按钮，渲染后的效果如图 7-28 所示。

图 7-28　内建贴图坐标的渲染效果

由【例 7-10】可以看出，由于 3ds Max 强大的功能，即使不指定贴图坐标，系统也会建立内在贴图坐标，自动对对象产生相应的贴图。但是为了得到理想的效果，就需要手动设定贴图坐标。对于标准对象(即在命令面板上列出的对象)，可以使用 UVW 贴图调整器来调整贴图坐标；对于命令面板上没有列出的非标准对象，使用特殊的贴图坐标控制器。以下两种情况不需要设定贴图坐标。

- ◉ 反射或者折射贴图，使用环境贴图系统。
- ◉ 三维过程贴图，它们的贴图位置依据局部坐标系获得。

2. 内建贴图坐标参数

系统提供的内建贴图坐标，在通常情况下可以恰当地安排贴图。例如，对于球体，贴图图像将绕球体一周；对于立方体，将出现在 6 个面上。如图 7-29 所示为球体的贴图。但是当需要改变贴图在对象上的相对位置(如平移、旋转)时，就要修改贴图坐标。

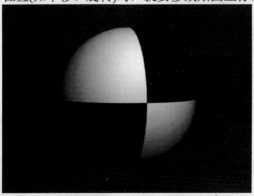

图 7-29　球体的贴图

【例 7-11】在 3ds Max 中，使用内建贴图坐标参数贴图。

(1) 在【材质编辑器】对话框中选择【例 7-10】创建的材质。

(2) 展开【材质编辑器】对话框中的【贴图】卷展栏。

(3) 单击【漫反射颜色】的贴图类型按钮，然后展开【坐标】卷展栏，参照图 7-30 设置参数选项。

(4) 完成设置内建贴图坐标参数后，单击工具栏中的【快速渲染】按钮，渲染后的效果，如图 7-31 所示。

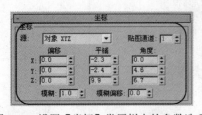

图 7-30　设置【坐标】卷展栏中的参数选项　　图 7-31　设置内建贴图坐标参数后的渲染效果

3. UVW 贴图坐标

使用材质编辑器对贴图进行调整，实际上是对所有使用此材质的对象进行调整。而使用 UVW 贴图坐标，可以对单个的对象进行修改。UVW 空间坐标系主要用于描述位图在几何空间中的比例关系。U、V 分别代表一个二维平面位图的宽与高。U、V 两轴构成一个 UV 平面，即贴图平面。

UVW 贴图坐标通过【修改】命令面板上的【UVW 贴图】调整器设置。该调整器的值优先于内建贴图坐标的值。

【例 7-12】在 3ds Max 中，使用 UVW 贴图坐标参数贴图。

(1) 在【材质编辑器】对话框中，选择一个使用 X、Y、Z 坐标的贴图材质(同步材质)所在的示例窗。然后单击【材质编辑器】对话框工具栏中的【重置贴图/材质为默认设置】按钮，恢复到默认设置。

(2) 在【修改】命令面板中，取消【生成贴图坐标】复选框。

(3) 在【修改】命令面板的【修改器列表】下拉列表框中选择【UVW 贴图】选项，打开 UVW 编辑器。UVW 编辑器由【贴图】、【通道】、【对齐】与【显示】4 个选项组组成，如图 7-32 所示。

图 7-32　UVW 编辑器

(4) 要设置 UVW 贴图坐标，只需在【贴图】选项组中进行设置即可。【贴图】选项组中的 7 个单选按钮用于设置贴图方式。默认选中【平面】单选按钮，此时被赋贴图的对象中出现黄色范围框。选择不同的单选按钮，将看到不同形状和位置的范围框。该范围框即表示贴图图像；3 个尺寸文本框用于调整范围框的长、宽、高。

(5) 将对象进行 UVW 贴图，并经过渲染后的效果如图 7-33 所示。

图 7-33　使用 UVW 贴图坐标所设置的贴图效果

4. 镜像贴图

镜像贴图是一个控制开关,在系统默认的状态下贴图材质的镜像功能处于关闭状态。当被开启时,系统将在被选中的轴上自动将位图以镜像方式复制一份。镜像是平铺的延伸,使贴图图像连续翻转。

【例7-13】在3ds Max中,设置材质的镜像参数选项。

(1) 在场景中创建一个球体对象。

(2) 在【材质编辑器】对话框中,选择一个示例窗。

(3) 单击【贴图】卷展栏中【漫反射颜色】的贴图类型按钮,打开【材质/贴图浏览器】对话框。在该对话框中选中【2D贴图】单选按钮,并在贴图列表框中双击【漩涡】选项。这时样本视图中将出现该贴图效果。

(4) 在示例窗下方的控制工具栏中单击【在视口中显示贴图】按钮。

(5) 单击【将材质指定给选定对象】按钮,将该贴图应用到场景中的对象上。

(6) 在【坐标】卷展栏内选中【镜像】复选框,调整U、V轴参数,可以发现样本视图中小球的表面贴图随之变化。图7-34所示为调整此参数所得的各种不同效果。

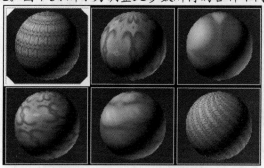

图7-34 镜像贴图调整效果对照

7.7 贴图层操作

材质和贴图都是用来修饰物体表面的。与材质一样,在贴图的过程中,也存在有【复合】的概念。所谓【复合】贴图也就是由若干子贴图组成的贴图。父贴图和子贴图构成一定的层次树,也就是贴图层。

【例7-14】在3ds Max中,设定贴图层。

(1) 选择【文件】|【重置】命令,恢复3ds Max至初始状态。

(2) 创建一个茶壶。

(3) 打开【材质编辑器】对话框,选择一个示例窗。展开【材质编辑器】对话框中的【贴图】卷展栏,选中【反射】贴图层的复选框,并单击该层的贴图类型按钮,打开【材质/贴图浏览器】对话框。在材质浏览器的【浏览自】选项组中选中【新建】单选按钮;在【显示】选项组中选中【3D贴图】单选按钮,如图7-35所示。

(4) 双击列表框中的【木材】选项，则【材质编辑器】对话框中选中的样本球上出现【木材】贴图。

(5) 单击【材质编辑器】对话框中的【转到父级】按钮，可以看到在【贴图】卷展栏的【反射】层上赋予了【木材】贴图，如图 7-36 所示。

图 7-35　确定创建的贴图类型　　　　图 7-36　为反射层赋予木材贴图

(6) 单击反射层的【贴图类型】按钮，再次打开该贴图层的编辑器。在【坐标】卷展栏中提供了贴图坐标，可以看到坐标轴是 XYZ，说明采用了自动生成 XYZ 贴图坐标的方法。然后展开【木材参数】卷展栏，在该卷展栏中设置木材贴图的颜色，如图 7-37 所示。

(7) 设置木材参数，单击【颜色 #1】和【颜色 #2】的颜色块，可以打开调色板进行调色；单击【交换】按钮，可将【颜色 #1】和【颜色 #2】对调颜色；单击【颜色 #1】或【颜色 #2】旁的 None 钮，可以打开【材质/贴图浏览器】对话框，再增加一个子贴图。

(8) 选中【修改】命令面板【参数】卷展栏中的【生成贴图坐标】复选框，系统将自动为对象生成贴图坐标。

(9) 单击【快速渲染】按钮，可以看到经过渲染后的长方体形成了多层贴图效果，如图 7-38 所示。

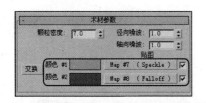

图 7-37　设置【木材参数】卷展栏中的参数　　　图 7-38　复合贴图示例

对所设置的子贴图层或父贴图层不满意时，也可以进行修改和删除。在 3ds Max 中，打开【材质编辑器】对话框。在该对话框中的【贴图通道】下拉列表框中，选择要删除的贴图层。右击该层中的【贴图】按钮，选择【清除】命令。这时【贴图】按钮上的贴图名称消失，完成删除选定贴图层的操作。

7.8 设定贴图类型

根据贴图被赋予材质的不同成分，如环境反射色、镜面反射色、漫反射色等成分，可以定义各种不同的贴图类型，不同类型的贴图有不同的特点、用途。

7.8.1 凹凸贴图

凹凸贴图是利用位图的明暗度来控制对象表面的凹凸感。它以贴图来取代材质中的高亮度成分，从而产生凹凸的效果。位图上的阴暗部分在漫射光的作用下能使对象表面给人以凹陷的感觉，而位图的高光部分容易使人产生凸起的感觉。

实际应用中，凹凸贴图能够传神地在对象表面模拟出一种粗糙、凹凸不平的质感。它可以消除对象表面的光滑效果，产生类似于浮雕的图案。

【例 7-15】在 3ds Max 中，使用凹凸贴图。

(1) 选择【文件】|【新建】命令。

(2) 创建一个长方体。

(3) 在工具栏中单击【材质编辑器】按钮，打开【材质编辑器】对话框。

(4) 在对话框的【贴图】卷展栏中选中【漫反射颜色】复选框，并单击其后的贴图类型按钮，打开【材质/贴图浏览器】对话框。

(5) 在【材质/贴图浏览器】对话框左上角的文本框中指定新建的贴图名称，在【浏览自】选项组中选中【新建】单选按钮，在【显示】选项组中选中【3D 贴图】单选按钮，并在列表框中双击【噪波】选项。

(6) 在示例窗中完全显示当前贴图层的效果，如图 7-39 所示。

(7) 在材质编辑器窗口下方的【噪波参数】卷展栏中，选中【湍流】单选按钮，并通过【颜色 #1】和【颜色 #2】色块设置贴图颜色，如图 7-40 所示。

(8) 单击【转到父级】按钮，返回到编辑贴图的最上层。单击【将材质指定给选定对象】按钮，将贴图应用到场景中的对象上。

(9) 在工具栏中单击【快速渲染】按钮，渲染后使用凹凸贴图后的对象效果如图 7-41 所示。

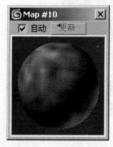
图 7-39 噪波贴图层效果

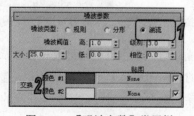
图 7-40 【噪波参数】卷展栏

图 7-41 凹凸贴图示例

7.8.2　位图贴图

位图贴图是最常用的一种贴图类型，支持多种位图格式，包括 TIF、TGA、BMP、JPG、GIF、PSD 等。

【例 7-16】在 3ds Max 中，使用位图贴图。

(1) 选择【文件】|【重置】命令，恢复 3ds Max 至初始状态。

(2) 创建一个茶壶。

(3) 在工具栏中单击【材质编辑器】按钮，打开【材质编辑器】对话框。

(4) 在对话框的【贴图】卷展栏中选中【漫反射颜色】复选框，并单击其后的贴图类型按钮，打开【材质/贴图浏览器】对话框。

(5) 在【显示】选项组中选中【全部】单选按钮，显示所有的贴图类型。

(6) 在贴图列表中双击【位图】选项，打开如图 7-42 所示的【选择位图图像文件】对话框，选择一幅用于贴图的位图图像。

(7) 在【材质编辑器】对话框的【坐标】卷展栏内调整贴图参数。

(8) 滚动编辑器下部的面板，可以看到在【位图参数】卷展栏中【位图】右边的按钮上，列出了所选择文件的名称和路径，如图 7-43 所示。

图 7-42　【选择位图图像文件】对话框　　　图 7-43　【位图参数】卷展栏

(9) 在样本球视图中显示的贴图如图 7-44 所示。

(10) 在工具栏中单击【快速渲染】按钮，渲染后的效果如图 7-45 所示。

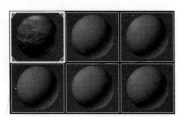

图 7-44　在样本区域中显示贴图效果　　　　图 7-45　位图贴图效果

⑦.8.3 其他贴图类型

凹凸贴图和位图贴图都使用贴图来代替材质的各种属性。3ds Max 中提供的贴图除已经介绍的两种以外还有许多类型，对其他贴图的调用操作与前两种贴图大致相同，本节不再赘述。其他各种贴图的特点如下。

1. 透空贴图

透空贴图是通过位图的明暗关系来控制材质表面的透明效果的。位图表面的高光部分使材质表面变得透明，而位图的暗调部分使材质表面的透明度降低。简言之，图像中的黑色部分代表完全透明，白色部分代表不透明，介于二者之间的为半透明。

2. 反射贴图

反射贴图是用来描述现实世界中一些诸如玻璃球、金属镀膜、高度抛光物等对象的表面特性。3ds Max 中共有 3 种反射贴图：基本反射贴图、自动反射贴图和平面镜反射贴图。其中，基本反射贴图使贴图看上去是从对象表面反射出来的，多用它来构造类似于玻璃、金属的感觉。

3. 自动折射贴图

折射贴图用来产生一种透明的错觉。它把环境的图像贴在子对象表面，看上去就像是透过对象表面进行观察一样。一旦某种折射贴图被赋予对象，材质编辑器中不透明卷展栏就不能被使用了。

4. 自发光贴图

自发光贴图用于影响发光效果的强度。确切地讲是自发光贴图中的颜色强度值影响了自发光效果。图像中白色可以产生较强的自发光效果，黑色则不能产生自发光效果。

⑦.9 设置贴图方式

当选择 UVW 贴图坐标后，在【修改】命令面板的【参数】卷展栏中有 7 个单选按钮，这是 3ds Max 提供的 7 种不同的贴图方式，不同的对象适合于不同的贴图方式。其中常用的有平面、柱形和球形方式。

⑦.9.1 常用贴图方式

【柱形】贴图方式适于对圆柱体贴图。下面以【柱形】贴图方式为例，对常用贴图方式的设置进行介绍。

计算机 基础与实训教材系列

【例 7-17】在 3ds Max 中使用【柱形】贴图。

(1) 选择【文件】|【重置】命令，恢复 3ds Max 至初始状态。

(2) 创建一个圆柱体。

(3) 在【修改】命令面板的【修改器列表】下拉列表框中选择【UVW 贴图】选项。在【参数】卷展栏中，选择【柱形】单选按钮，采用圆柱贴图方式。再选择【柱形】单选按钮旁的【封口】复选框，避免圆柱体两个端面上的贴图图像发生变形。

(4) 在【材质编辑器】对话框中，选择一个示例窗赋予圆柱。然后选中【Blinn 基本参数】卷展栏中的【颜色】复选框，并单击其后的按钮，双击打开的【材质/贴图浏览器】对话框中的【棋盘格】选项。再设置【坐标】卷展栏中的【平铺】选项 U 文本框中的数值为 10、V 文本框数值为 10。这样就制作了棋盘格贴图的材质。

(5) 选择创建的圆柱体，单击【材质编辑器】对话框中的【将材质指定给选定对象】按钮，应用设置的贴图至选择的圆柱体上。

(6) 单击工具栏上的【快速渲染】按钮，渲染效果如图 7-46 所示。如果没有选中【封口】复选框，则位图包围圆柱体的底部、顶部、造成严重的变形失真，如图 7-47 所示。

图 7-46　【柱形】贴图方式示例

图 7-47　未选中【封口】复选框的贴图效果

在常用的贴图方式中，另两种方式的使用与柱形贴图的使用方法相似。其中，【平面】贴图方式是 3ds Max 系统默认的贴图方式，也是最常用的贴图方式，经渲染后【平面】贴图方式的效果如图 7-48 所示。

【球形】贴图方式是将位图投射到对象表面的过程中，以位图中心点为起点，向外发散，并且投射的角度始终垂直于对象表面上的每一个切线方向，如图 7-49 所示。

图 7-48　【平面】贴图方式示例

图 7-49　【球形】贴图方式示例

7.9.2 其他贴图方式

利用 UVW 贴图调整器，还可以设置其他贴图方式，如图 7-50 所示。【收缩包裹】贴图方式用于收缩贴图，使贴图图像逐渐收缩为一点；【长方体】贴图方式用于盒型贴图，将抽象的贴图贴在形状复杂的几何体上，避免出现条纹和图像的变形；【面】贴图方式能将贴图显示在物体表面的所有细划后的小面上；【XYZ 到 UVW】贴图方式，可以使三维程序类的贴图随物体表面的变化而变化。

【收缩包裹】贴图方式示例

【长方体】贴图方式示例

【面】贴图方式示例

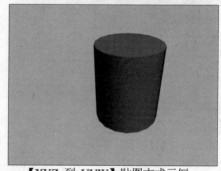
【XYZ 到 UVW】贴图方式示例

图 7-50 其他贴图方式

7.10 上机练习

本章的上机实验主要练习在 3ds Max 中创建和设定对象贴图的操作方法。对于本章中的其他内容，可根据理论指导部分进行练习。使用【车削】和 FFD 工具创建水果模型，然后通过渐变贴图、光线跟踪、各向异性等材质的编辑，制作各种材质效果的苹果模型，最终效果如图 7-51 所示。

(1) 选择【文件】|【重置】命令，恢复 3ds Max 至初始状态。单击【创建】命令面板中的【图形】按钮，打开【图形】创建命令面板。

图 7-51 苹果最终效果图

(2) 单击【图形】创建命令面板中的【线】按钮，在【前】视图中创建苹果的轮廓曲线，如图 7-52 所示。

(3) 在【修改】命令面板的【修改器列表】下拉列表框中，选择【车削】命令。然后在【参数】卷展栏的【对齐】选项中，单击【最大】按钮，调整旋转的对齐位置，如图 7-53 所示。

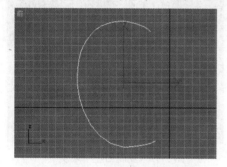

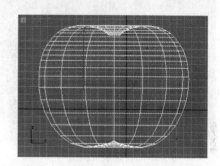

图 7-52 绘制苹果轮廓线条　　　　　图 7-53 使用【车削】旋转造型

(4) 在【修改器列表】下拉列表框中选择【FFD(长方体)】命令。在【修改器堆栈】中展开 FFD(长方体)4×4×4 选项，单击【控制点】选项进入控制顶点的次物体层级。然后在视口中选择一个控制点，使用【选择并移动】工具调整苹果的造型，如图 7-54 所示。

(5) 在【图形】创建命令面板中，单击【线】按钮，在【前】视图中创建苹果柄的轮廓曲线。再单击【图形】创建命令面板中的【圆】按钮，创建一个半径为 0.5 的小圆，如图 7-55 所示。

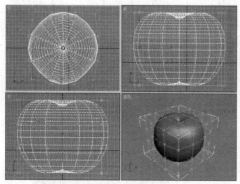

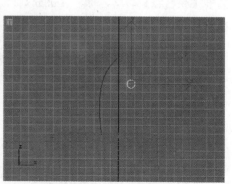

图 7-54 调整苹果造型　　　　　图 7-55 创建苹果柄轮廓线和圆形图形

(6) 选中创建的苹果柄曲线，在【创建】命令面板中单击【几何体】按钮，并在下拉列表框中选择【复合对象】选项。然后单击【放样】按钮，在【创建方法】卷展栏中单击【获取图形】按钮，在视口中选择刚才制作的圆，放样生成曲面。

(7) 在【修改器列表】下拉列表框中选择 FFD 4×4×4 选项。在【修改器堆栈】中展开 FFD 4×4×4 选项，单击【控制点】选项进入控制顶点的次物体层级。然后在视口中选择一个控制点，使用工具栏中的【选择并移动】工具和【选择并均匀缩放】工具，调整苹果柄呈如图 7-56 所示的造型。

(8) 在【修改器堆栈】中，展开【FFD 4×4×4】选项，单击【控制点】选项。在视口中选中苹果和苹果柄模型，选择【组】|【成组】命令，使其成为一个群组。选择【编辑】|【克隆】命令，在打开的【克隆选项】对话框中，选择【对象】选项组中的【实例】单选按钮，单击【确定】按钮复制出另一个苹果，并使用【选择并移动】工具，调整其位置。重复复制和移动操作，在场景中再复制出 1 个苹果模型，如图 7-57 所示。

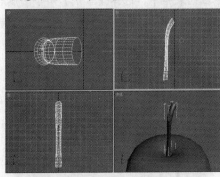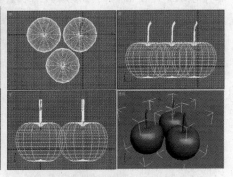

图 7-56　调整苹果柄造型　　　　图 7-57　复制创建苹果模型

(9) 单击工具栏中的【材质编辑器】按钮，打开【材质编辑器】对话框，选择一个示例窗。然后在【明暗器基本参数】卷展栏的下拉列表框中选择 Blinn 选项，在【Blinn 基本参数】卷展栏中设置【高光级别】为25，【光泽度】为45，如图 7-58 所示。

(10) 展开【贴图】卷展栏，单击【漫反射颜色】后边的贴图类型按钮，在打开的【材质/贴图浏览器】对话框中双击【混合】选项。在【混合参数】卷展栏中单击【颜色#1】右侧的 None 按钮，在打开的【材质/贴图浏览器】对话框中双击【泼溅】选项，按照如图 7-59 所示设置其参数，其中【颜色#2】的红、绿、蓝值分别为 180、174、138。单击【颜色#1】右侧的 None 按钮，在打开的【材质/贴图浏览器】对话框中双击【噪波】选项。

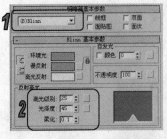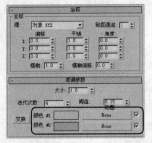

图 7-58　设置苹果材质基本参数　　　图 7-59　设置【泼溅】贴图参数

(11) 在【噪波参数】卷展栏中，设置【大小】文本框中数值为 60，设置【颜色#1】的红、绿、蓝值分别为 216、47、68，设置【颜色#2】的红、绿、蓝值分别为 253、249、139，如图 7-60 所示。单击【显示最终结果】按钮，取消按下的状态，显示当前材质的材质效果。双击示例窗查看【噪波】贴图的材质效果。

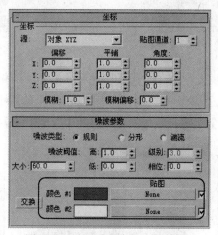

图 7-60　设置【噪波】贴图参数

(12) 连续两次单击【转到父对象】按钮返回到【混合】材质面板，单击【颜色#2】右侧的 None 按钮，在打开的【材质/贴图浏览器】对话框中双击【渐变】选项，按照如图 7-61 所示设置其参数，其中【颜色#1】的红、绿、蓝值分别设置为 152、5、44，【颜色#2】的红、绿、蓝值分别设置为 219、145、17，【颜色#3】的红、绿、蓝值分别设置为 234、242、5。双击示例窗查看【渐变】贴图的材质效果，如图 7-62 所示。

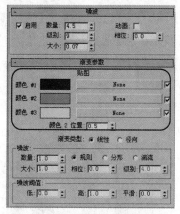

图 7-61　设置【渐变】贴图参数

图 7-62　【渐变】贴图效果

(13) 单击【转到父对象】按钮返回到【混合】材质面板，按照图 7-63 所示设置其参数。单击【显示最终结果】按钮，显示最终的材质效果。双击材质小球查看苹果材质效果，如图 7-64 所示。在视口中选择一个苹果模型，单击【将材质指定给选定对象】按钮，将材质指定给对象。

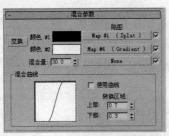

图 7-63 设置【混合】材质参数

图 7-64 苹果材质最终效果

(14) 选择【渲染】|【环境】命令，打开【环境和效果】对话框。在【公用参数】卷展栏中单击【背景】选项组的【颜色】颜色块，在打开的【颜色选择器】对话框中设置【红】、【绿】、【蓝】都为 255。激活【透视】视图，单击工具栏中的【快速渲染】按钮，渲染效果如图 7-65所示。

图 7-65 渲染效果

(15) 在【材质编辑器】对话框中，选择一个新的示例窗。单击 Standard 按钮，在打开的【材质/贴图浏览器】对话框中双击【光线跟踪】选项。在【光线跟踪基本参数】卷展栏中，设置【着色】选项为 Phong；【漫反射】的红、绿、蓝值分别为 127、136、135；【透明度】的红、绿、蓝值分别为 181、181、181；【折射率】为 1.65；【高光颜色】的红、绿、蓝值分别为 254、254、254；【高光级别】为 120；【光泽度】为 50。设置完成后的效果如图 7-66 所示。

(16) 展开【扩展参数】卷展栏，设置【半透明】的红、绿、蓝值分别为 127、127、127。展开【光线跟踪器控制】卷展栏，按照图 7-67 所示设置其参数。

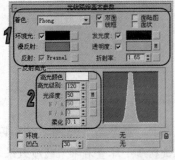

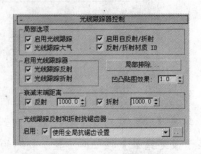

图 7-66 设置【光线跟踪基本参数】卷展栏中参数　　图 7-67 设置【光线跟踪器控制】卷展栏中参数

(17) 展开【贴图】卷展栏，为【透明度】通道使用【衰减】贴图，将第 2 个色块的红、绿、蓝值分别设置为 121、121、121。展开【混合曲线】卷展栏，在曲线左侧的端点右击，在打开的快捷菜单中选择【Bezier-角点】命令，然后单击卷展栏中的【移动】按钮 ✥，调节其控制柄的位置，并向下移动右侧的端点，如图 7-68 所示。

(18) 单击【转到父对象】按钮 返回上层材质面板，为【半透明】通道使用【衰减】贴图，将其第 1 个色块的红、绿、蓝值分别设置为 0、0、0，将第 2 个色块的红、绿、蓝值分别设置为 121、121、121。展开【混合曲线】卷展栏，右击曲线右侧的端点，在弹出的快捷菜单中选择【Bezier-角点】命令，单击【移动】按钮 ✥ 调节其控制柄的位置，并将该端点向下移动少许位置，如图 7-69 所示。

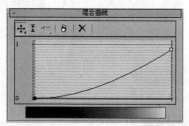
图 7-68　设置【混合曲线】卷展栏中参数选项

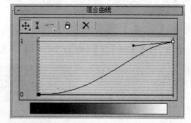
图 7-69　设置混合曲线参数

(19) 单击【转到父对象】按钮 返回上层材质面板，将【透明度】通道的【衰减】贴图拖到【光泽度】通道上释放，在打开的对话框中选择复制方式为【复制】。设置完成后的效果如图 7-70 所示。

(20) 选择一个苹果模型，单击【将材质指定给选定对象】按钮 ，将材质指定给对象。激活【透视】视图，单击工具栏中的【快速渲染】按钮 ，渲染效果如图 7-71 所示。

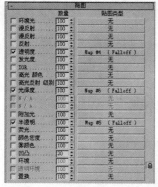
图 7-70　复制贴图

图 7-71　渲染效果

(21) 单击工具栏中的【材质编辑器】按钮 ，打开【材质编辑器】对话框，选择一个示例窗。然后在【明暗器基本参数】卷展栏的下拉列表框中选择【各向异性】选项。选中【双面】复选框，解开【环境光】和【漫反射】左侧的锁；设置【漫反射】的红、绿、蓝值分别为 20、21、22；选中【自发光】选项组中的【颜色】复选框；设置【高光级别】为 242，【光泽度】为 73，【各向异性】为 30。设置完成后的效果如图 7-72 所示。

(22) 展开【贴图】卷展栏，为【反射】通道使用【光线跟踪】贴图，并按照如图 7-73 所示设置其参数。

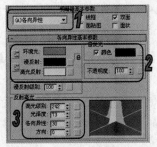 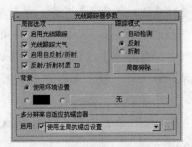

图 7-72 设置【各向异性基本参数】卷展栏中参数 图 7-73 设置【光线跟踪器参数】卷展栏中参数

(23) 展开【衰减】卷展栏，选择【衰减类型】为【自定义衰减】，设置【结束】为 13000，【控制 1】为 1，【控制 2】为 0.75，【远端】为 0.3，如图 7-74 所示。

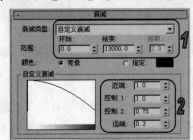

图 7-74 设置【衰减】卷展栏中参数

(24) 再选择一个苹果模型，单击【将材质指定给选定对象】按钮，将材质指定给对象。激活【透视】视图，单击工具栏中的【快速渲染】按钮，渲染制作好的模型。

7.11 习题

1. 绘制立方体，为立方体的每个面设置不同的颜色和材质。
2. 制作如图 7-75 所示的粗糙大理石木纹茶壶。

图 7-75 粗糙大理石木纹茶壶

第8章

设计灯光和摄影机

学习目标

灯光是创建真实世界视觉感受最有效的手段之一，场景中对象的材质效果也往往依赖于环境布光。在 3ds Max 中，灯光也是一种对象，它可以移动和变换方向，影响场景的明暗效果。在 3ds Max 中创建摄影机可以模拟真实摄影机拍摄三维场景。同时，它也是制作动画的一种重要的表现手法。

本章重点

- ◉ 创建和编辑泛光灯的操作方法
- ◉ 创建和编辑聚光灯的操作方法
- ◉ 设置摄影机拍摄范围的操作方法

8.1 创建与编辑场景中的灯光效果

灯光用于模拟现实世界中的各种光源，当场景中没有灯光时，系统会使用默认的灯光渲染场景。与现实世界中一样，3ds Max 中的灯光是通过位置变换影响周围对象表面的亮度、色彩和光泽的，以增强场景的清晰度和三维视觉效果，使场景中的对象更加逼真。不同种类的灯光用不同的方法进行投射，模拟真实世界中不同种类的光源，例如办公室灯光、舞台灯光、太阳光等。

8.1.1 灯光类型

3ds Max 9 中提供标准灯光和光学灯光两种类型的灯光。另外，还有 mental ray 专用灯光。所有类型在视口中均显示为灯光对象，它们共享某些参数。

标准灯光模拟各种灯光设备，有聚光灯、泛光灯、平行光、天光等。光学灯光是通过光学值精确定义的灯光，有光学点灯光、线灯光、区域灯光、IES(照明工程协会)太阳光和 IES 天光等。与现实中的灯光一样，可以设置它们的分布、强度、色温等特性，也可以导入照明制造商的特定光学文件，设计商用灯光照明。通常光学灯光是与【光能传递解决方案】结合使用的，它可以进行精确的物理渲染或执行照明分析。

8.1.2 使用泛光灯

泛光灯是一种点光源，使用它会均匀地照亮所有面向它的对象，同时也可以对对象进行投影。系统提供的默认光源就是泛光灯。泛光灯用于将对象和环境分离并照亮场景中的黑暗部分。它是场景中大量使用的一种灯光，通常只是作为一种辅助灯光使用，如背光或辅光。

【例 8-1】在 3ds Max 的场景中，创建泛光灯效果。

(1) 选择【文件】|【重置】命令，恢复 3ds Max 至初始状态。创建一个茶壶模型。

(2) 在【创建】命令面板中，单击【灯光】按钮，打开【灯光】创建命令面板。

(3) 单击【灯光】创建命令面板中的【泛光灯】按钮，光标在视口中即可显示为 形状。

(4) 在视口中的任意位置单击，创建泛光灯。

(5) 使用工具栏中的【选择并移动】工具，拖动泛光灯并观察泛光灯产生的效果，如图 8-1 所示。

(6) 使用与步骤(3)~(5)相同的操作方法，在场景中创建多个泛光灯，并调整它们的位置。最终场景渲染后效果如图 8-2 所示。

图 8-1 调整泛光灯的位置　　　　　　　图 8-2 场景渲染后效果

1. 设置泛光灯的颜色

选择要调整的泛光灯后，打开【修改】命令面板，可以看到泛光灯的【参数】卷展栏。该卷展栏中列出了选中的泛光灯的全部参数选项，可以通过设置它们调整场景中泛光灯的高光、颜色等参数属性。

泛光灯的颜色是指泛光灯灯光的颜色，而不是指泛光灯本身的颜色。要改变泛光灯本身的颜色，只需单击【修改】命令面板中泛光灯名称旁的颜色块，在打开的【对象颜色】对话框中重新设置即可。要改变泛光灯灯光的颜色，可以在如图 8-3 所示的【强度/颜色/衰减】卷展栏中进行设置。

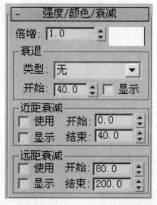

图 8-3　泛光灯的【强度/颜色/衰减】卷展栏

【例 8-2】改变场景中创建的泛光灯灯光的颜色。

(1) 在场景中，选择要改变灯光颜色的泛光灯。

(2) 在【修改】命令面板中，展开【强度/颜色/衰减】卷展栏。

(3) 单击【倍增】选项右侧的颜色块，打开【颜色选择器：灯光颜色】对话框，参照图 8-4 所示设置颜色的参数数值。

(4) 设置完成后，单击【关闭】按钮。这时【强度/颜色/衰减】卷展栏中的颜色块已改变颜色。

(5) 单击工具栏中的【快速渲染】按钮，渲染后的场景效果如图 8-5 所示。

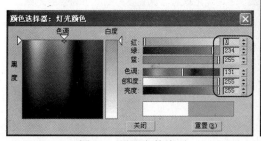

图 8-4　设置参数选项

图 8-5　改变泛光灯的灯光颜色

2. 设置泛光灯的高光区域与环境光

对于创建的泛光灯，可以设置不同的高光区域。泛光灯的高光区域用于在对象上产生明亮区域。

计算机基础与实训教材系列

【例8-3】在 3ds Max 场景中创建泛光灯，调整其高光区域。

(1) 选择【文件】|【重置】命令，恢复 3ds Max 至初始状态。创建一个茶壶模型。

(2) 在【创建】命令面板中，单击【摄影机】按钮，打开【摄影机】创建命令面板，单击【目标】按钮，在场景中创建一个目标摄影机，如图 8-6 所示。

(3) 在【创建】命令面板中，单击【灯光】按钮，打开【灯光】创建命令面板。在【灯光】创建命令面板中，单击【泛光灯】按钮，在场景中创建泛光灯。

(4) 按住工具栏中的【对齐】按钮，在弹出的菜单中选择【放置高光】按钮。

(5) 右击【前】视图的名称，在弹出的快捷菜单中，选择【视图】| Camera01 命令，将当前视图切换为 Camera 01 视图，如图 8-7 所示。

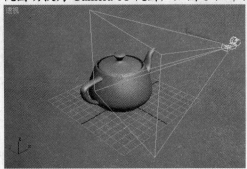
图 8-6　创建目标摄影机

图 8-7　将当前视图切换为 Camera 01 视图

(6) 在 Camera 01 视图中，光标变成形状，按住鼠标左键并拖动调整泛光灯的高光位置。这时光标会显示为蓝色箭头，表示对象的高光照射方向。拖动至适合位置释放鼠标，即可设定泛光灯的高光区域，如图 8-8 所示。

图 8-8　设定泛光灯的高光区域后的场景效果

提示

在 3ds Max 中，还可以设置泛光灯的环境光效果。环境光效果可以直接影响整个场景的光照。默认状态下，系统预设的环境光可以使用户看到对象暗面。

【例8-4】在场景中创建泛光灯并设置其环境光效果。

(1) 选择【渲染】|【环境】命令，打开【环境和效果】对话框，如图 8-9 所示。

(2) 单击【公用参数】卷展栏【全局照明】选项组中的【环境光】颜色块，打开【颜色选择器：环境光】对话框。

(3) 在【颜色选择器：环境光】对话框中，设置环境光的颜色。设置完成后，单击【关闭】按钮，关闭【环境和效果】对话框。这样就改变了泛光灯的环境光颜色，如图 8-10 所示。

图 8-9　【环境和效果】对话框　　图 8-10　改变泛光灯的环境光颜色后的渲染效果

8.1.3　使用聚光灯

聚光灯是用途最广、使用频率最高的一种灯，其发出的光带有方向性。3ds Max 9 中聚光灯有目标聚光灯和自由聚光灯两种。两者功能基本相同，只是在使用方式和用途上略有不同而已。目标聚光灯是能够独立移动目标，对准照射物的一种聚光灯，通过它可以调整照射对象的光束大小及产生对象的阴影和投影图像。

1. 创建目标聚光灯

表现对象时最常使用目标聚光灯。因为该聚光灯可以将光线集中在一个锥形的范围之内，以集中表现场景中具体对象的细节。

【例 8-5】在场景中创建目标聚光灯并调整其灯光效果。

(1) 选择【文件】|【重置】命令，恢复 3ds Max 至初始状态。创建一个茶壶模型。

(2) 在【创建】命令面板中，单击【灯光】按钮，打开【灯光】创建命令面板。

(3) 在【灯光】创建命令面板的【对象类型】卷展栏中，单击【目标聚光灯】按钮。

(4) 在【前】视图中，移动光标至茶壶右上方单击，然后向茶壶方向拖动，调整目标聚光灯的光照范围，如图 8-11 左图所示。拖动至适合位置释放鼠标，即可创建目标聚光灯。图 8-11 右图所示为创建的目标聚光灯在【透视】视图中的效果。

图 8-11　创建目标聚光灯

(5) 单击工具栏中的【快速渲染】按钮 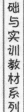，渲染后的场景效果如图 8-12 所示。

2．调整目标聚光灯

由于目标聚光灯发出的光是有方向的，因此调整目标聚光灯的操作涉及到光源和光的目标点。选择创建的目标聚光灯后，通过【修改】命令面板的【聚光灯参数】卷展栏，对目标聚光灯进行设置，如图 8-13 所示。

图 8-12　渲染后的场景效果　　　　图 8-13　【目标聚光灯】修改命令面板

在【聚光灯参数】卷展栏中，各主要参数选项的作用如下。

◉ 【聚光区/光束】文本框：用于设置目标聚光灯投影光束的半径。发射角越小，光束就越窄。

◉ 【衰减区/区域】文本框：用于设置目标聚光灯光束向外渐暗的区域大小。该文本框中的数值必须等于或大于发射角的角度。当等于发射角的角度时，光束有清晰的边缘。

◉ 【泛光化】复选框：用于设置是否使目标聚光灯在照射过渡角以外区域的所有方向上产生投影。选中该复选框，渲染场景中的整个区域都会被灯光照射，而过渡角区域以外的对象没有阴影。

◉ 【圆】和【矩形】单选按钮：用于决定聚光灯的形状。默认状态下选择【圆】单选按钮，聚光灯的照射范围为圆形。选择【矩形】单选按钮，聚光灯的照射范围为矩形。

◉ 【纵横比】文本框：通过调整可以产生不同形状的聚光灯效果。该文本框中的数值仅对矩形聚光灯有效。因此只有选择【矩形】单选按钮时，【纵横比】文本框才为可用状态。

3．调整目标聚光灯的阴影

灯光能使被照射物体产生阴影，在 3ds Max 9 中提供了多种类型的阴影，如高级对象跟踪、区域阴影、阴影贴图等。选择创建的目标聚光灯后，在【修改】命令面板的【常规参数】卷展栏和【阴影参数】卷展栏中，都有与阴影有关的参数控制选项，如图 8-14 所示。

图 8-14　【修改】命令面板的【常规参数】卷展栏和【阴影参数】卷展栏

在【阴影参数】卷展栏中，通过【对象阴影】选项组设置的阴影，具有边缘较模糊、生成速度快、精度低等特点；通过【大气阴影】选项组设置的阴影，具有边缘较清晰、生成速度慢、可对透明对象产生高精度阴影效果等特点。在【阴影参数】卷展栏中，【贴图】复选框用于设置以贴图方式创建聚光灯的阴影效果；【密度】文本框用于调整阴影的光亮度。

【例 8-6】在场景中创建目标聚光灯，并通过设置其参数选项创建对象的阴影效果。

(1) 选择【文件】|【重置】命令，恢复 3ds Max 至初始状态。

(2) 创建一个茶壶模型和一个平面模型，如图 8-15 所示。

图 8-15　创建茶壶模型和平面模型

(3) 创建一个目标聚光灯。

(4) 在【修改】命令面板的【常规参数】卷展栏中，选中【阴影】选项组中的【启用】复选框和【使用全局设置】复选框。然后参照图 8-16 设置【聚光灯参数】卷展栏和【阴影参数】卷展栏的参数选项。

图 8-16　设置【聚光灯参数】卷展栏和【阴影参数】卷展栏中参数选项

(5) 单击工具栏中的【快速渲染】按钮，渲染后的场景效果如图 8-17 所示。

图 8-17　渲染后的场景效果

4. 使用自由聚光灯

自由聚光灯与目标聚光灯相比，最大的区别在于其没有具体的目标点，因此更加适于体现较大对象的某个部分或细节。自由聚光灯功能与目标聚光灯大致相同。与目标聚光灯一样，自由聚光灯也大量地应用于三维模型的形态表现中。

【例8-7】在场景中创建自由聚光灯。

(1) 选择【文件】|【重置】命令，恢复 3ds Max 至初始状态。

(2) 创建一个茶壶模型。

(3) 在【创建】命令面板中，单击【灯光】按钮，打开【灯光】创建命令面板。

(4) 单击【灯光】创建命令面板中的【自由聚光灯】按钮。

(5) 在【透视】视图中，创建一个自由聚光灯，如图 8-18 左图所示。

(6) 使用工具栏中的【选择并移动】工具，调整自由聚光灯的位置，如图 8-18 右图所示。

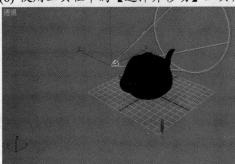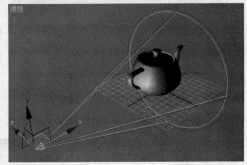

图 8-18　创建自由聚光灯并调整其位置

8.1.4　使用平行光

目标平行光和自由平行光都可以用于模拟阳光效果，而且也可以选择性照射对象。目标平行光与目标聚光灯基本类似，区别之处在于目标平行光灯可以发射出类似于柱状的平行光，用于模拟极远处的太阳光线，并且可以手动调整其投射点与目标点的位置和方向。自由平行光与自由聚光灯基本类似，区别之处在于自由平行光灯可以发射类似于柱状的平行灯光，而自由聚光灯只能调整光柱与投射点，不能对目标点进行调整。

【例8-8】在场景中创建目标平行光。

(1) 选择【文件】|【重置】命令，恢复 3ds Max 至初始状态。

(2) 创建一个茶壶模型和一个平面模型。

(3) 在【创建】命令面板中，单击【灯光】按钮，打开【灯光】创建命令面板。

(4) 单击【灯光】创建命令面板中的【目标平行光】按钮。

(5) 在【前】视图中，移动光标至茶壶模型上方，按住鼠标左键并向下拖动，拖动出目标平行光柱状投射范围，如图 8-19 左图所示。拖动至适合位置时释放鼠标，即可创建一个目标平行光，如图 8-19 右图所示。

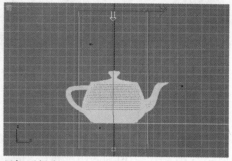

图 8-19 创建目标平行光

(6) 单击工具栏中的【快速渲染】按钮 ，渲染后的场景效果如图 8-20 所示。

图 8-20 渲染后的场景效果

⑧.2 设置摄影机

摄影机(Camera)是场景中必不可少的组成部分，它用于拍摄三维动画的场景，并在摄影机视图中渲染输出所建立的场景及动画片。3ds Max 9 中的摄影机与真实世界中的摄影机属性基本相同，也具有焦距、景深、视角、透视变形等镜头的光学特性。

⑧.2.1 创建摄影机

摄影机有目标摄影机和自由摄影机两种。一般而言，目标摄影机更加容易控制，该类型摄影机适用于静止、漫游、追踪跟随、空中拍摄等画面制作。自由摄影机没有目标控制点，只能依靠旋转工具对齐目标对象，操作较为繁琐。不过，其可以基于路径设置动画，因此需要平移摄影机时，自由摄影机是不错的选择。

摄影机类型的选择操作比较简单，只需单击【创建】命令面板中的【摄影机】按钮 ，打开如图 8-21 所示的【摄影机】创建命令面板，单击所需的摄影机类型按钮即可。

摄影机的创建过程和聚光灯的创建过程相似，要创建目标摄影机，可以先在视口中单击，确定摄影机的位置。然后按住鼠标左键并拖动，确定摄像范围至目标对象位置，再释放鼠标左键即可。要创建自由摄影机，只需在视口中单击即可。

8.2.2 设置摄影机拍摄范围

创建摄影机后，修改命令面板中会显示【参数】卷展栏，如图 8-22 所示。与真实的摄影机一样，在 3ds Max 中也可以调整摄影机镜头的焦距，即设置【参数】卷展栏【镜头】文本框中的数值，它决定了摄影机拍摄的影像范围。

图 8-21 【摄影机】创建命令面板　　　图 8-22 【摄影机】修改命令面板的【参数】卷展栏

在【摄影机】修改命令面板的【参数】卷展栏中，【镜头】文本框用于设置摄影机的镜头焦距，其以毫米为单位。它和【视野】文本框中的数值是相互依存的。改变其中任何一个文本框中的数值时，另一个文本框中的数值也会相应改变。【视野】文本框中的数值用于设置摄影机的视野角度大小。通过单击【视野】文本框左边的按钮，可以选择水平或垂直方向、对角线方向的视野角度。镜头的焦距越小，【视野】文本框中数值越大，摄影机表现的效果是离对象越远；镜头焦距越大，【视野】文本框中数值也就越小，摄影机表现的效果是离对象越近。通常焦距小于50mm 的镜头叫广角镜头，用于表现远处的场景和拍摄动画的前几帧；焦距大于 50mm 的镜头叫长焦镜头，这种镜头可以包含更多的对象信息。图 8-23~8-26 所示为不同的镜头焦距之间的区别。

图 8-23　15mm 焦距的镜头　　　　　　图 8-24　35mm 焦距的镜头

图 8-25　50mm 焦距的镜头

图 8-26　85mm 焦距的镜头

使用【备用镜头】选项组中的功能按钮，可以很便捷地设置镜头为常用的几种镜头焦距。选中【正交投影】复选框，可以使摄影机视图和【用户】视图风格相似，如图 8-27 左图所示。取消选中该复选框，可以使摄影机视图和【透视】视图风格相似，如图 8-27 右图所示。

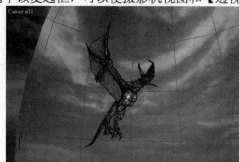
图 8-27　选中和取消选中【正交投影】复选框时的摄影机视图效果

在【摄影机】修改命令面板的【参数】卷展栏中，常用的主要参数选项作用如下。

- ◎　【类型】下拉列表框：用于改变摄影机的类型。
- ◎　【显示圆锥体】复选框：用于设置是否显示摄影机的显示范围所形成的角锥。
- ◎　【显示地平线】复选框：用于设置是否显示地平线。选中该复选框时，摄影机视图中会显示一条暗黑的线表示地平线位置。
- ◎　【显示】复选框：用于设置是否在视口中使用摄影机角锥中的黄色长方形显示【近距范围】和【远距范围】。
- ◎　【近距范围】和【远距范围】文本框：用于设置在摄影机视图中所能看到的环境效果的最近和最远的距离。

⑧.2.3　控制摄影机视图

在场景中创建摄影机后，可以右击视图名称，然后在弹出的快捷菜单中选择所要观看的摄影机名称，即可将当前视图设置为所选摄影机视图。

将当前视图设置为所选摄影机视图后，视图控件区域中的按钮会相应地改变为如图 8-28 所示的摄影机视图控件按钮。其中有 5 个是摄影机视图的特有按钮，它们的名称和功能如表 8-1

计算机 基础与实训教材系列

所示。

图 8-28 摄影机视图控件区域

表 8-1 摄影机视图控件区域中各按钮的名称和功能

按　钮	按钮名称	按钮功能
↔	推拉摄影机	用于代替常规的【缩放】按钮，会在场景中推拉摄影机；对于目标摄影机，会沿着目标对象和摄像的轴线移动摄影机。而对于自由摄影机，则会沿着摄影机的局部坐系的 Z 轴移动摄影机
◇	透视	如果是目标摄影机视图，则会保持目标对象不变，沿着目标对象和摄像的轴线移动摄影机；对于自由摄影机，则会沿着摄影机的局部坐系 Z 轴移动摄影机。在移动的同时也会按距离的反比例变化改变【视野】文本框中的数值
⌒	侧滚摄影机	用于沿着摄像局部坐系的 Z 轴旋转摄影机，左右拖动鼠标以改变角度
▷	视野	用于改变摄影机的焦距参数
◉	环游摄影机	用于绕目标对象旋转摄影机或绕摄影机旋转目标对象。对于自由摄影机，则由其【参数】卷展栏的【目标距离】文本框中的数值设置摄影机环绕的中心

要表现静态场景的动态效果时，常用的操作方法是为摄影机的位置添加一个路径控制器，使摄影机可以沿着特定的曲线进行移动，这样摄影机可以较平滑地移动表现画面效果。

在特定时间内集中地表现对象时，会将目标摄影机对准对象集中表现。常用的操作方法是为自由摄影机添加一个注视控制器，或将目标摄影机的目标对象连接到特定的对象上。

除了对自由摄影机使用添加【路径】和【注视】控制器的操作方法之外，还可以将目标摄影机的目标对象连接到特定的对象上。这样当摄影机对象本身设置变换动画时，摄影机视图会始终围绕这个对象。有经验的动画师在使用摄影机变换动画的同时，还对摄影机进行拉伸等变化，以产生场景的远近变化以及其他的特殊效果。

⑧.3 上机练习

本章的上机练习主要练习在 3ds Max 9 中使用摄影机的基本操作方法和技巧。通过使用【线】命令和【挤压】命令，创建迷宫模型。然后创建自由摄影机，绘制摄影机拍摄路径，制作迷宫动画。图 8-29 所示为制作完成后其中一个静帧画面效果。

图 8-29　迷宫动画中的一个静帧画面效果

(1) 选择【文件】|【重置】命令，恢复 3ds Max 至初始状态。打开【图形】创建命令面板，单击【线】按钮，在【顶】视图中创建两条如图 8-30 所示的线条。

(2) 按住 Shift 键使用【线】工具绘制线条，绘制好的线条如图 8-31 所示。

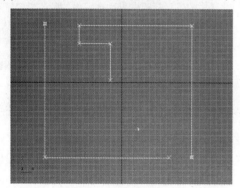

图 8-30　绘制基本线条

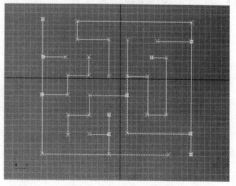

图 8-31　继续绘制线条

(3) 选择一条线条，打开【修改】命令面板。在该命令面板中，单击【附加】按钮，在【顶】视图中依次单击其余各条线条，使其成为一个整体。

(4) 在【选择】卷展栏中单击【样条线】按钮，进入【样条线】次物体层级。然后在【顶】视图中选中线条。展开【几何体】卷展栏，设置【轮廓】为 20。再单击【轮廓】按钮，这时轮廓线的各部分会转化为闭合的双线，间距为 20 个单位，如图 8-32 所示。

(5) 在【选择】卷展栏中单击【顶点】按钮，进入【顶点】次物体层级，在工具栏中单击【选择并移动】按钮，在【顶】视图中使用【选择并移动】工具对重合部分的顶点进行移动编辑，如图 8-33 所示。

计算机 基础与实训教材系列

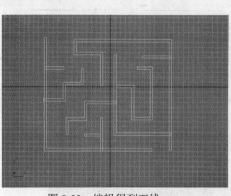

图 8-32　编辑得到双线

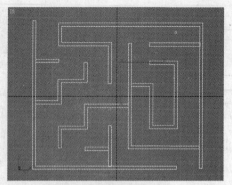

图 8-33　编辑线条

(6) 在【选择】卷展栏中单击【顶点】按钮，退出【顶点】次物体层级。在【修改】命令面板的【修改器列表】下拉列表框中选择【挤出】选项，按照如图 8-34 所示设置其参数，得到的效果如图 8-35 所示。

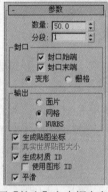

图 8-34　设置【挤出】文本框中参数选项

图 8-35　挤出创建的墙体模型

(7) 打开【图形】创建命令面板。单击【线】按钮，在【顶】视图中创建如图 8-36 所示的线条，作为摄影机的行进路线。

(8) 打开【摄影机】创建命令面板。然后单击【自由】按钮，在【顶】视图中，创建一架自由摄影机，如图 8-37 所示。

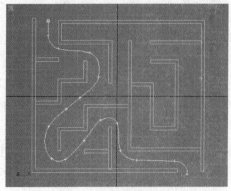

图 8-36　绘制路径线条

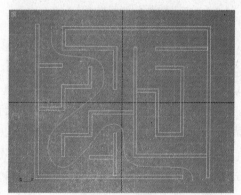

图 8-37　创建摄影机

(9) 选择摄影机，选择【动画】|【约束】|【路径约束】命令。这时候光标会变成十字形，并带有一段虚线，单击先前绘制的曲线路径，作为物体运动的路径。这时虚拟体已经自动移动到了曲线的开始端，在【自由摄影机】创建命令面板中，选择【轴】选项组里的 X 轴，并且选中【跟随】复选框，如图 8-38 所示，使其沿着指定的路径前进。

(10) 打开【修改】命令面板，按照图 8-39 所示设置摄影机的参数。

图 8-38 设置路径控制器参数

图 8-39 设置摄影机参数

(11) 单击【透视】视图使其成为当前视图，按 C 键切换成摄影机视图，单击【播放】按钮 ▶ 在摄影机视图中查看动画效果，如图 8-40 所示。

(12) 单击选择路径线条，打开【修改】命令面板。在【选择】卷展栏中单击【顶点】按钮 ⁙ ，进入【顶点】次物体层级。选中曲线上所有节点并右击，在弹出的快捷菜单中设置节点类型为 Bezier 方式，再使用【选择并移动】工具调整节点，如图 8-41 所示。

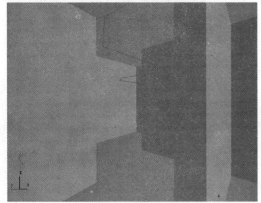

图 8-40 摄影机视图

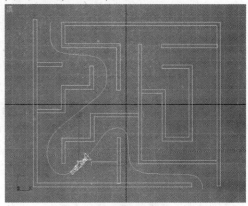

图 8-41 编辑路径线条

(13) 打开【几何体】创建命令面板。单击其中的【球体】按钮，在【顶】视图中创建一个球体。在【球体】创建命令面板的【参数】卷展栏中，设置【半球】为 0.5，其余参数按照如图 8-42 所示进行设置。创建完成后即可得到一个半球，如图 8-43 所示。

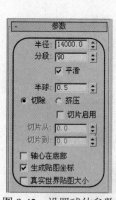

图 8-42 设置球体参数

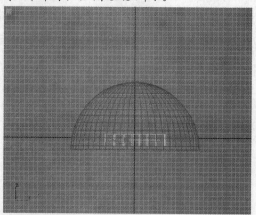

图 8-43 创建的球体模型

(14) 单击工具栏中的【材质编辑器】按钮，打开【材质编辑器】对话框。在该对话框中单击一个示例窗。在【明暗器基本参数】卷展栏的下拉列表框中选择 Blinn 选项，并按照图 8-44 所示设置其基本参数。

(15) 展开【贴图】卷展栏，单击【漫反射】贴图通道右侧的贴图类型按钮。在打开的【材质/贴图浏览器】对话框左侧区域中选择【新建】方式，在右侧组选择【位图】贴图，单击【确定】按钮，使用如图 8-45 所示的贴图图片。

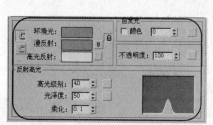

图 8-44 设置墙体材质基本参数

图 8-45 墙体使用贴图

(16) 单击选中墙体，在【材质编辑器】对话框中单击【将材质指定给选中对象】按钮，将材质赋予墙体。

(17) 将墙体的示例窗拖到另一个示例窗上释放进行复制，然后更换贴图图片，得到地面的材质。单击选中地面，在【材质编辑器】对话框中单击【将材质指定给选中对象】按钮，将材质赋予地面。

(18) 将墙体的示例窗拖到另一个示例窗上释放进行复制，然后将贴图图片更换为天空的图片，在【贴图】卷展栏中将【漫反射】通道的贴图拖到【自发光】通道上释放进行复制，得到天空的材质。在【材质编辑器】对话框中单击【将材质指定给选中对象】按钮，将材质赋予物体。

(19) 在视口中可以看到半球并不能很好地显示贴图，因此，还需要为其添加一个贴图坐标。在【修改】命令面板的【修改器列表】下拉列表框中，选择【UVW 贴图】选项，并按照如图8-46 所示设置其参数。完成设置后的贴图坐标如图 8-47 所示。

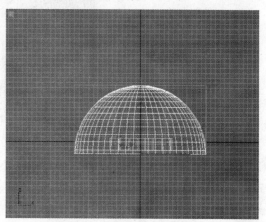

图 8-46　设置贴图坐标参数　　　　　　　　图 8-47　贴图坐标效果

(20) 按 F9 键进行快速渲染，查看效果图后发现整个场景没有阴影且明亮差异不够真实，需要另外设置灯光。

(21) 打开【灯光】创建命令面板。在该命令面板中，单击【泛光灯】按钮，创建 5 盏泛光灯，并使用【选择并移动】工具分别调整其位置，如图 8-48 所示。

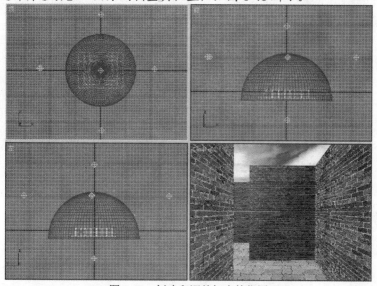

图 8-48　创建和调整灯光的位置

(22) 在【顶】视图中，选择最左边的一盏聚光灯，打开【修改】命令面板，按照图 8-49左图所示设置【强度/颜色/衰减】卷展栏中参数。选中【阴影参数】卷展栏中的【启用】复选框，打开阴影选项，设置【倍增】为 0.65，【密度】为 0.9。其余泛光灯的参数设置与之相同，只是不打开阴影选项。

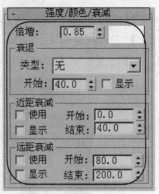

图 8-49　设置灯光效果

(23) 选择【渲染】|【渲染】命令，在打开的【渲染场景】对话框中单击【文件】按钮，在打开的文件浏览器中输入文件名，设置保存格式为 AVI，单击【保存】按钮确定。在打开的【保存格式】对话框中选择一种压缩格式，单击【确定】按钮返回【渲染场景】对话框，选择【活动时间】，并设置好输出的尺寸，单击【渲染】按钮输出动画。

 8.4　习题

1.　在 3ds Max 中，创建如图 8-50 所示的光照和阴影效果。
2.　分别在场景中创建目标摄影机和自由摄影机。

图 8-50　创建对象阴影的光照效果

第9章

设置环境与效果

学习目标

在 3ds Max 9 中创建的三维虚拟场景是绝对真空理想状态的，其空间中没有空气和灰尘，从而导致灯光效果的不真实。因此，为了达到场景的真实模拟效果，3ds Max 9 中提供多种环境特效供用户设置使用，从而可以创建出更加真实的三维场景，如雾效、光效和火焰效果等。

本章重点

- ◉ 创建和编辑标准雾的操作方法
- ◉ 创建和编辑分层雾的操作方法
- ◉ 创建和编辑体积光的操作方法

9.1　设置场景的背景颜色与背景贴图

选择【渲染】|【环境】命令，打开【环境和效果】对话框，如图 9-1 所示。该对话框用于设置 3ds Max 中的环境和效果，可以为场景制作各种背景、雾效、模糊、镜头特效等。这些环境和效果功能，需要与工具结合才能发挥作用，如雾效要与摄影机配合使用、体积光要与灯光配合使用等。

图 9-1　【环境和效果】对话框

 提示

　　3ds Max 中默认渲染的背景是黑色的，要更改场景的背景，可以使用【环境和效果】对话框设置场景的背景颜色或设定场景的背景贴图。

【例9-1】 设置创建场景的背景颜色和背景贴图。

(1) 选择【文件】|【重置】命令，恢复 3ds Max 至初始状态。

(2) 在【前】视图中，参照图 9-2 所示进行参数设置，创建 3ds Max 9 文本图形。

图 9-2　创建 3ds Max 9 文本图形

(3) 在【修改】命令面板中，选择【修改器列表】下拉列表框中的【挤出】命令。在该修改器命令面板中，设置【数量】文本框中的数值为 25，创建出立体效果的 3ds Max 9 文本模型，如图 9-3 所示。

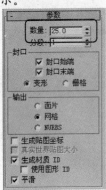
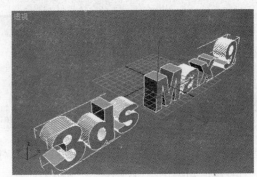

图 9-3　挤出文本图形后的效果

(4) 单击工具栏中的【材质编辑器】按钮，打开【材质编辑器】对话框。

(5) 在【材质编辑器】对话框中，选择一个材质样本球。然后在【Blinn 基本参数】卷展栏中，单击【环境光】选项的颜色块，打开【颜色选择器：背景色】对话框。然后参照图 9-4 所示设置环境光的颜色数值。

(6) 在【反射高光】选项组中，设置【高光级别】为 50，【光泽度】为 30。设置完成后，单击【材质编辑器】对话框中的【将材质指定给选定对象】按钮，将材质赋予文本模型。

(7) 选择【渲染】|【环境】命令，在打开的【环境和效果】对话框中，单击【背景】选项组中的颜色块，打开【颜色选择器：背景色】对话框，然后参照如图 9-5 所示设置背景色的颜色数值。

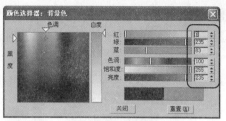

图 9-4　设置环境光的颜色数值　　　图 9-5　设置背景色的颜色数值

(8) 设置完成后，关闭【颜色选择器：背景色】对话框。然后单击工具栏中的【快速渲染】按钮 ，渲染后的场景效果如图 9-6 所示。

(9) 在【环境和效果】对话框中，单击【公用参数】卷展栏中【环境贴图】选项下方的【无】按钮，打开【材质/贴图浏览器】对话框。

(10) 在【材质/贴图浏览器】对话框中，选择【浏览自】选项组中的【材质库】单选按钮。然后在显示的材质列表框中，单击 Background_Brice 选项。设置完成后，单击【确定】按钮，即可设置场景的背景贴图。

(11) 单击工具栏中的【快速渲染】按钮 ，渲染后的效果如图 9-7 所示。

图 9-6　更改场景的背景色后渲染效果

图 9-7　设置场景背景贴图的渲染效果

⑨.2　添加环境雾效

为了让 3ds Max 中制作的场景更加真实化，可以在场景中添加环境雾效果，从而使场景中的对象变得更加富有层次。在 3ds Max 9 中，提供了标准雾、分层雾和体积雾 3 种雾化效果。

⑨.2.1　创建标准雾

使用标准雾可以在场景中增加大气扰动效果，也被称为【大气能见度】，其创建操作方法较为简单。默认情况下标准雾是白色雾，用户不仅可以改变雾的颜色，而且可以使用材质作为雾的颜色，创建出带有彩色纹理的雾。标准雾的深度是由摄影机的环境范围控制的，因此标准雾要与摄影机配合使用。设置标准雾后，需在摄影机视图中按场景景深进行渲染。

要创建场景中的标准雾效果，可以在【环境和效果】对话框中，单击【大气】卷展栏中的【添加】按钮，在打开的【添加大气效果】对话框中选择【雾】选项，如图9-8左图所示。然后单击【确定】按钮，即可添加雾至【大气】卷展栏的效果列表框中，如图9-8右图所示。这时，【大气】卷展栏下方会显示【雾参数】卷展栏。通过该卷展栏可以设置雾效的参数。

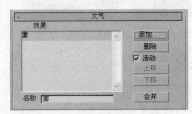

图9-8 添加雾至【大气】卷展栏的效果列表框中

【例9-2】在创建的场景中创建与调整标准雾效。

(1) 选择【文件】|【重置】命令，恢复3ds Max至初始状态。

(2) 创建4个半径为30的球体，并调整它们的位置，如图9-9所示。

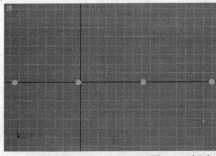

图9-9 创建4个球体并调整位置

(3) 在【前】视图中，创建一个自由摄影机。右击【透视】视图的视口名称，在弹出的快捷菜单中选择【视图】|Camera01命令，切换当前视图为Camera01摄影机视图。

(4) 使用工具栏中的【选择并移动】工具和【选择并旋转】工具，调整自由摄影机相对于球体的位置。调整完成后效果如图9-10所示。

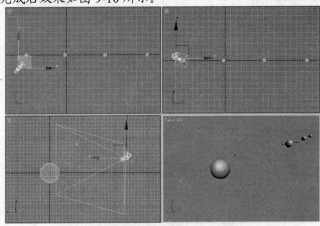

图9-10 调整自由摄影机相对于球体的位置

（5）选择【渲染】|【环境】命令，打开【环境和效果】对话框。单击【大气】卷展栏中的【添加】按钮，在打开的【添加大气效果】对话框中选择【雾】选项，再单击【确定】按钮关闭对话框。

（6）在【环境和效果】对话框的【雾参数】卷展栏中，选择【标准】单选按钮。然后选择 Camera01 视图，单击工具栏中的【快速渲染】按钮，渲染后的效果如图 9-11 所示。

（7）选择视口中的摄影机，打开【修改】命令面板。在【参数】卷展栏的【环境范围】选项组中，设置【近距范围】为 600，【远距范围】为 2000。然后选择 Camera01 视图，单击工具栏中的【快速渲染】按钮，渲染后的效果如图 9-12 所示。

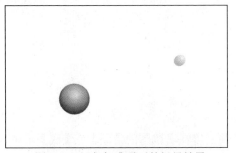
图 9-11 添加标准雾后的场景效果

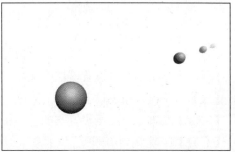
图 9-12 修改摄影机参数后的场景效果

（8）在【环境和效果】对话框中，单击【雾参数】卷展栏中的色块，打开【颜色选择器：背景色】对话框，然后参照图 9-13 设置雾的颜色数值。

（9）选择 Camera01 视图，单击工具栏中的【快速渲染】按钮，渲染后的效果如图 9-14 所示。

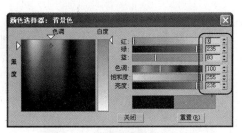
图 9-13 设置雾的颜色数值

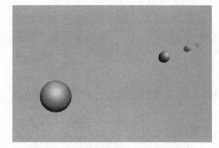
图 9-14 改变雾颜色后的场景效果

9.2.2 创建分层雾

使用分层雾效可以仅在空间的指定层产生雾效。与标准雾一样，分层雾也只能显示在以摄影机视图或【透视】视图渲染的画面中。分层雾效果如同舞台布景中使用的人造雾，薄薄一层覆盖着地表，具有一定的高度(即厚度)，有无限延伸的长度和宽度。在场景中的任一位置都可以设定分层雾的顶部和底部，其总是与场景中的地面平行。

在【环境和效果】对话框的【雾参数】卷展栏中，选择【类型】选项组中的【分层】单选按钮时，该卷展栏中的【分层】选项组为可用状态，如图 9-15 所示。

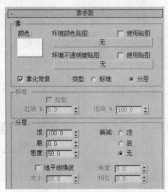

图 9-15　【分层】选项组

在【分层】选项组中，各主要参数的作用如下。

⊙　【顶】文本框：用于设置雾层的上限。

⊙　【底】文本框：用于设置雾层的下限。

⊙　【密度】文本框：用于设置雾的总体密度。

⊙　【衰减】选项组：用于设置指数衰减效果，使密度在雾范围的【顶】或【底】范围内减小到 0。

⊙　【地平线噪波】复选框：选中该复选框，可以应用地平线噪波系统。【地平线噪波】仅影响雾层的地平线，以增加真实感。

【例 9-3】在创建的场景中，使用多层雾模拟贴着地表的真实雾效。

(1) 选择【文件】|【重置】命令，恢复 3ds Max 至初始状态。

(2) 创建图 9-16 所示的场景。

图 9-16　创建场景

(3) 选择【渲染】|【环境】命令，打开【环境和效果】对话框。单击【大气】卷展栏中的【添加】按钮，在打开的【添加大气效果】对话框中选择【雾】选项，再单击【确定】按钮关闭对话框。

(4) 在【环境和效果】对话框的【雾参数】卷展栏中，选择【类型】选项中的【分层】单选按钮。在【分层】选项组中，设置【顶】为 80、【底】为 0。

(5) 选择【透视】视图，单击工具栏中的【快速渲染】按钮，渲染后的效果如图 9-17 所示。

图 9-17 渲染后的效果

(6) 在【雾参数】卷展栏中，选择【衰减】选项中的【顶】单选按钮，设置【密度】为 70，这样使雾在顶部较薄，向下的雾的效果会逐渐明显。选择【透视】视图，单击工具栏中的【快速渲染】按钮，渲染后的效果如图 9-18 所示。

图 9-18 修改参数选项后渲染的效果

(7) 在【环境和效果】对话框中，单击【大气】卷展栏中的【添加】按钮，在打开的【添加大气效果】对话框中选择【雾】选项，再单击【确定】按钮关闭对话框。

(8) 在【雾参数】卷展栏中，选择【类型】选项中的【分层】单选按钮。在【分层】选项组中，设置【顶】为 70；【底】为 40；选中【地平线噪波】复选框，设置【大小】为 50，【角度】为 20。

(9) 这样就完成了多层雾效的创建。选择【透视】视图，单击工具栏中的【快速渲染】按钮，渲染后的效果如图 9-19 所示。

图 9-19 设置多层雾后渲染的效果

9.2.3 创建体积雾

使用体积雾可以在场景中产生密度不均匀的雾，为场景制造出各种各样的云、雾、烟的效果，并且可以控制云雾的色彩、浓淡等。

选择【渲染】|【环境】命令，打开【环境和效果】对话框。单击【大气】卷展栏中的【添加】按钮，在打开的【添加大气效果】对话框中选择【体积雾】选项，再单击【确定】按钮关闭对话框，即可在【环境和效果】对话框中显示【体积雾参数】卷展栏，如图9-20所示。通过该卷展栏中的参数选项设置可以调整创建的体积雾效果。

> **提示**
> 　　体积雾是真正三维的雾化效果，可以创建随时空变化的雾。在默认状态下，体积雾填充整个场景。

图 9-20　【体积雾参数】卷展栏

【例9-4】在场景中创建和调整体积雾效。

(1) 选择【文件】|【重置】命令，恢复 3ds Max 至初始状态。创建与【例9-3】相同的场景。

(2) 选择【渲染】|【环境】命令，打开【环境和效果】对话框。单击【大气】卷展栏中的【添加】按钮，在打开的【添加大气效果】对话框中选择【体积雾】选项，再单击【确定】按钮关闭对话框。

(3) 选择【透视】视图，单击工具栏中的【快速渲染】按钮，渲染效果如图9-21所示。

(4) 在【环境和效果】对话框的【体积雾参数】卷展栏中，设置【密度】为15，【步长大小】为6，【最大步数】为40。

(5) 选择【透视】视图，单击工具栏中的【快速渲染】按钮，渲染效果如图9-22所示。

图 9-21　应用体积雾后的渲染效果　　　　图 9-22　调整体积雾参数后的渲染效果

计算机基础与实训教材系列

9.3 添加场景的体积光

使用体积光能够创建出灯光透过灰尘或雾的自然效果，利用它可以很方便地模拟大雾中汽车前灯照射路面的场景。体积光提供了使用粒子填充光锥的能力，以便在渲染时光柱或者光环变得清晰可见。它在使用时与泛光灯相结合，可以创建出圆滑的光斑效果；与聚光灯相结合，可以制作出光芒、光束等效果。

选择【渲染】|【环境】命令，打开【环境和效果】对话框。单击【大气】卷展栏中的【添加】按钮，在打开的【添加大气效果】对话框中选择【体积光】选项，再单击【确定】按钮关闭对话框，即可在【环境和效果】对话框中显示【体积光参数】卷展栏，如图 9-23 所示。通过该卷展栏中的参数选项设置，可以调整创建的体积雾效果。

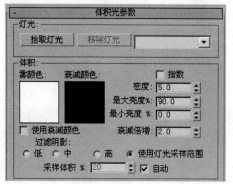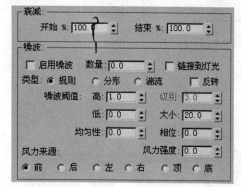

图 9-23 【体积光参数】卷展栏

在【体积光参数】卷展栏中，单击【拾取灯光】按钮，选择场景中的灯光，即可将其加入至体积光的使用光源列表中。要从体积光的使用光源列表中移除灯光，只需在体积光使用光源列表中选择该灯光名称，然后单击【移除灯光】按钮即可。

在【体积光参数】卷展栏中，各主要参数选项的作用如下。

- ⊙ 【雾颜色】色块：用于设置组成体积光的雾的颜色。
- ⊙ 【衰减颜色】色块：用于更改衰减颜色。体积光是随距离而衰减的，会从【雾颜色】渐变到【衰减颜色】。
- ⊙ 【指数】复选框：取消该复选框时，密度会随距离线性增大。只有需要渲染体积雾中的透明对象时，才选中该复选框。
- ⊙ 【密度】文本框：用于设置雾的密度。雾越密，从体积雾反射的灯光也就越多。密度为 2%~6% 时，可以获得最具真实感的雾体积。
- ⊙ 【最大亮度】文本框：用于设置可以达到的最大光晕效果。
- ⊙ 【最小亮度】文本框：用于设置可以达到的最小光晕效果。
- ⊙ 【过滤阴影】选项：用于通过提高采样率获得更高质量的体积光渲染。
- ⊙ 【采样体积】文本框：用于设置体积的采样率。其数值范围为 1~10000。
- ⊙ 【衰减】选项组：用于设置单个灯光的【开始范围】和【结束范围】的衰减参数。

【例9-5】在创建的场景中添加体积光效果。

(1) 选择【文件】|【重置】命令，恢复 3ds Max 至初始状态。

(2) 创建一个平面模型和茶壶模型，并调整它们的位置，如图 9-24 所示。

图 9-24　创建平面模型和茶壶模型并调整它们的位置

(3) 在【前】视图中如图 9-25 所示位置创建一个目标聚光灯。然后在【前】视图中，创建两个泛光灯，创建后位置如图 9-26 所示。

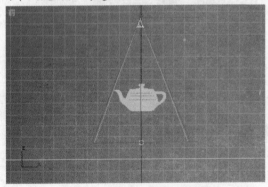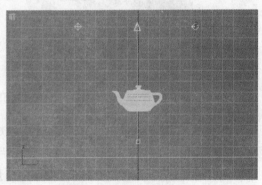

图 9-25　创建目标聚光灯　　　　　　　　　　图 9-26　创建泛光灯

(4) 在【顶】视图中，创建一个目标摄影机。然后在【透视】视图中，右击视口名称，在弹出的快捷菜单中选择【视图】|Camera01 命令，切换当前视图为 Camera01 视图。在视图中，调整摄影机视图，显示图 9-27 所示的范围。

(5) 选择【渲染】|【环境】命令，打开【环境和效果】对话框。单击【大气】卷展栏中的【添加】按钮，在打开的【添加大气效果】对话框中选择【体积光】选项，再单击【确定】按钮关闭对话框，在【环境和效果】对话框中显示【体积光参数】卷展栏。

(6) 单击【体积光参数】卷展栏中的【拾取灯光】按钮，然后在【前】视图中选择目标聚光灯。在【修改】命令面板的【常规参数】卷展栏中，选中【阴影】选项组中的【启用】复选框和【使用全局设置】复选框，使用灯光的投射阴影功能。选择 Camera01 视图，单击工具栏中的【快速渲染】按钮，渲染后的效果如图 9-28 所示。

图 9-27　调整摄影机视图显示范围　　　　图 9-28　应用阴影功能后的渲染效果

(7) 在【环境和效果】对话框的【体积光参数】卷展栏中，选中【指数】复选框，设置【衰减】选项组【开始】文本框中的数值为 50，如图 9-29 左图所示。然后选择目标聚光灯，在【修改】命令面板的【聚光灯参数】卷展栏中，设置【聚光区/光束】文本框中的数值为 10，如图 9-29 中图所示。选择 Camera01 视图，单击工具栏中的【快速渲染】按钮，渲染后的效果如图 9-29 右图所示。

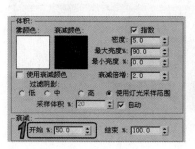

图 9-29　柔和化光束边缘

(8) 在【环境和效果】对话框的【体积光参数】卷展栏中，设置【密度】为 2，将光束变暗。选择 Camera01 视图，单击工具栏中的【快速渲染】按钮，渲染后的效果如图 9-30 所示。

提示

体积光效果可以指定给所有类型的灯光，不同的灯光需要进行设置的选项有所不同，如果将体积光指定给泛光灯，必须设置衰减参数，不然雾会向四周无限地发散并弥漫整个场景。

图 9-30　调整【密度】数值后的渲染效果

⑨.4 创建燃烧效果

燃烧是动画中常常会使用到的环境效果，通过在 3ds Max 的【环境和效果】对话框中，添加【火效果】选项可以制作燃烧效果。

在 3ds Max 中，要制作常见的火焰效果，可以通过使用辅助对象进行制作。

【例9-6】在场景中创建辅助对象，然后对其应用火焰效果。

(1) 选择【文件】|【重置】命令，恢复 3ds Max 至初始状态。

(2) 选择【创建】|【辅助对象】|【大气】|【球体 Gizmo】命令，打开【球体 Gizmo】创建命令面板，如图 9-31 所示。

(3) 选中【球体 Gizmo 参数】卷展栏中的【半球】复选框，在【透视】视图中创建一个半球辅助物体。然后在【球体 Gizmo 参数】卷展栏中，设置【半径】为 10，如图 9-32 所示。

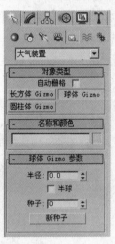

图 9-31 【球体 Gizmo】创建命令面板

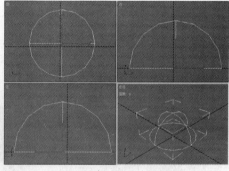

图 9-32 创建辅助物体

(4) 单击工具栏中的【选择并均匀缩放】按钮，在【前】视图中，沿 Y 轴向向上拖动半球辅助对象，制作出火焰的线框，如图 9-33 所示。

(5) 选择【渲染】|【环境】命令，打开【环境和效果】对话框。在该对话框中，单击【大气】卷展栏中的【添加】按钮，打开【添加大气效果】对话框。

(6) 选择该对话框中的【火效果】选项，再单击【确定】按钮，关闭【添加大气效果】对话框。

(7) 在【火效果参数】卷展栏的 Gizmos 选项组中，单击【拾取 Gizmo】按钮。然后在【前】视图中，选中火焰线框，拾取场景中创建的球体 Gizmo。这时 Gizmos 选项组的 Gizmo 下拉列表框中会显示所选取的 Gizmo 名称。

(8) 选择【透视】视图，单击工具栏中的【快速渲染】按钮，渲染后的场景效果如图 9-34 所示。

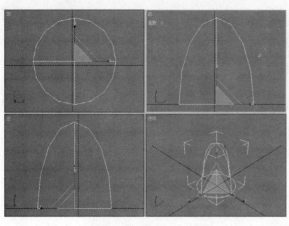

图 9-33　制作火焰的线框　　　　　图 9-34　创建的火焰效果

　　对于创建的火焰效果，可以在【环境和效果】对话框的【火效果参数】卷展栏中，调整所需参数选项，使火焰能够达到所要的画面效果。

　　在【火效果参数】卷展栏(如图 9-35 所示)中，可以通过【颜色】选项组设置所需的火焰颜色，还可以通过【图形】选项组和【特性】选项组调整火焰的类型、火焰大小、火焰的细节等参数选项，制作出令人满意的火焰效果。

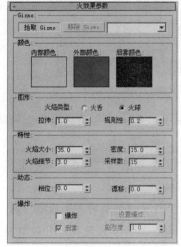

图 9-35　【火效果参数】卷展栏

> **提示**
>
> 　　【火效果参数】卷展栏中的【动态】选项组，用于制作火焰的燃烧动画效果。【动态】选项组中有【相位】和【飘移】两个参数选项，供用户调节使用。如果设置了动画效果，那么这两个参数选项的微调器显示红框。

⑨.5　上机练习

　　本章的上机实验通过制作烛光的场景，学习火焰特效的使用方法；通过为烛光增添光晕效果，学习体积光的设置方法。使用【火效果】环境特效来模拟火焰。创建产生体积光的泛光灯，添加体积光效果，然后加上【亮度和对比度】等渲染特效。最终的烛光效果如图 9-36 所示。

图 9-36　最终烛光的效果图

(1) 选择【文件】|【重置】命令，恢复 3ds Max 至初始状态。

(2) 打开【创建】|【辅助对象】命令面板，在下拉列表框中选择【大气和效果】选项，单击【球体 Gizmo】按钮，在【顶】视图中创建球体 Gizmo，在【球体 Gizmo 参数】卷展栏中设置【半径】为 2.5，并选中【半球】复选框(如图 9-37 所示)，效果如图 9-38 所示。

图 9-37　设置辅助对象参数

图 9-38　创建辅助对象

(3) 选择【前】视图，单击工具栏中的【选择并均匀缩放】按钮，沿 Z 方向向上拖动鼠标，并在该方向上对球体 Gizmo 进行拉伸，如图 9-39 所示。

(4) 选定球体 Gizmo，在【修改】命令面板的【大气和效果】卷展栏中单击【添加】按钮，在打开的对话框中选择【火效果】选项，然后单击【设置】按钮。

(5) 在【火效果参数】卷展栏中对火焰特效进行参数设置。设置【内部颜色】的红、绿、蓝为 255、255、243，【外部颜色】的红、绿、蓝为 247、183、46，其余参数设置如图 9-40 所示。

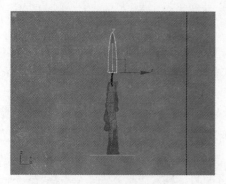

图 9-39　拉伸辅助对象

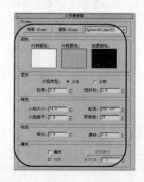

图 9-40　火焰特效的参数设置

(6) 在【灯光】创建命令面板中，单击【泛光灯】按钮，在【顶】视图中创建一盏泛光灯，使用【选择并移动】工具调节其位置，如图 9-41 所示。

(7) 在【修改】命令面板中参照图 9-42 所示修改其参数。选中【阴影】选项组中的【启用】复选框，打开阴影选项，将【倍增】参数设置为 0.65，展开【阴影参数】卷展栏，将【密度】设置为 0.75。在【远距衰减】选项组中，分别设置【开始】和【结束】文本框中的数值为 5 和 10，使范围外的物体受到的照射程度降低。

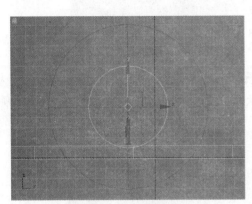

图 9-41　创建泛光灯

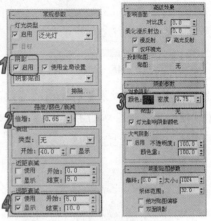

图 9-42　修改泛光灯参数

(8) 添加灯光后再次按 F9 键进行快速渲染，渲染后的效果如图 9-43 所示。在【灯光】创建命令面板中，单击【泛光灯】按钮，在蜡烛正上方再创建一盏泛光灯。在【修改】命令面板中，设置【倍增】文本框中的数值为 1.3；在【远距衰减】选项组中，分别设置【开始】和【结束】文本框中的数值为 5 和 10，如图 9-44 所示。

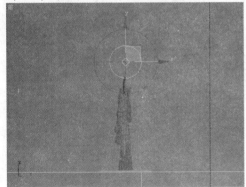

图 9-43　泛光灯范围效果图

图 9-44　泛光灯的参数

(9) 单击【常规参数】卷展栏中的【排除/包含】按钮，打开【排除/包含】对话框，选择【排除】单选按钮，添加所有的对象，如图 9-45 所示，这样该灯光将不会对场景中的物体产生照明和阴影效果。

(10) 选择【渲染】|【环境】命令，打开【环境和效果】对话框，在【大气和效果】卷展栏中单击【添加】按钮，在打开的对话框中选择【体积光】选项，单击【确定】按钮，然后参照图 9-46 所示设置体积光的参数。

图 9-45　设置泛光灯照射对象

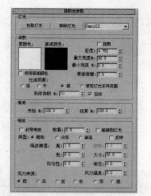

图 9-46　设置【体积光】参数

　　(11) 在【环境和效果】对话框的【效果】卷展栏中，单击【添加】按钮，选择【亮度和对比度】选项，并参照图 9-47 所示设置其参数，再次单击【添加】按钮，选择【色彩平衡】选项，并参照图 9-48 所示设置其参数。

图 9-47　设置【亮度和对比度】参数

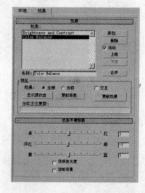

图 9-48　设置【色彩平衡】参数

　　(12) 按 F9 键进行快速渲染，得到最终的效果。

⑨.6　习题

　　1. 创建一个场景并在空间中添加标准雾。

　　2. 创建一个场景并在空间中添加体积光。

第10章

制作基础动画和粒子动画

学习目标

动画制作就是通过记录对象的变换、移动路线或指定对象的运动轨迹，使对象产生相应的运动效果。粒子系统是 3ds Max 中功能强大的动画制作工具之一。使用 3ds Max 提供的粒子系统可以模拟烟、火花、水流等动画效果。

本章重点

- ◉ 动画时间控件的使用
- ◉ 设置关键点动画的方法
- ◉ 创建与编辑暴风雪粒子系统的方法

10.1 使用动画时间控件

动画时间控件区域(如图 10-1 所示)用于在编辑动画过程中控制动画的播放顺序、播放长度以及播放模式等。该控件区域中各按钮的名称和功能，如表 10-1 所示。

图 10-1 动画时间控件区域

表 10-1 动画时间控件区域中各按钮的名称和功能

图 标	名 称	功 能
▶	播放动画	动画在当前视图播放
▶	选择播放	仅播放选定对象的动画

(续表)

图 标	名 称	功 能
⏸	停止动画	停止动画在当前视图的播放
⏸	选择停止	停止播放选定对象的动画
⏮	转至开头	移动时间滑块到第一个动画帧
⏭	转至结尾	移动时间滑块到动画的最后一帧
◀▶	关键点模式切换	单击此按钮时，按钮 ⏮ 和 ⏭ 分别变成按钮 ◀ 和 ▶ 的形式
⏱	时间配置	设置与时间相关的功能参数
3	当前帧	显示动画所处的当前帧

在动画时间控件区域中，单击【时间配置】按钮，即可打开【时间配置】对话框，如图 10-2 所示。

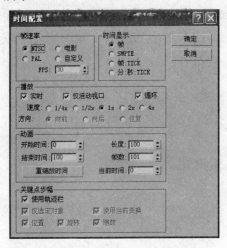

图 10-2 【时间配置】对话框

提示

选择 NTSC 单选按钮，会以美国和加拿大的视频标准制式播放动画，其帧速率为 30 帧/s; 选择 PAL 单选按钮会以欧洲、南美洲以及澳大利亚的视频标准制式播放动画，其帧速率为 25 帧/s; 选择【电影】单选按钮，会以电影视频标准制式播放动画，其帧速率是 24 帧/s; 选择【自定义】单选按钮，会以 FPS 文本框中设置的帧速率为标准播放动画。

在【时间配置】对话框中【帧速率】选项组提供了【NTSC】、【PAL】、【电影】、【自定义】4 种帧速率方式，用户可以根据实际情况为动画选择合适的帧速率。【时间显示】选项组用于设置动画帧在【时间滑块】上的显示形式。【播放】选项组的参数如下。

◎ 【实时】复选框：选中该复选框，即可在视口中以设置的【帧速率】播放动画。

◎ 【仅活动视口】复选框：选中该复选框，会以设置的帧速率在激活的视口中播放动画；取消选中该复选框，会以设置的帧速率在所有视口中播放动画。

◎ 【速度】选项：用于设定视口中动画的播放速率。

【动画】选项组的参数如下。

◎ 【开始时间】文本框：用于设置播放动画的起始帧位置。

◎ 【结束时间】文本框：用于设置播放动画的结束帧位置。

- ⊙ 【长度】文本框：用于设置从【开始时间】到【结束时间】之间的时间长度。当改变【开始时间】和【结束时间】文本框中的数值后，【长度】文本框中的数值会自动地相应改变；当改变【长度】文本框中的数值后，【开始时间】文本框中数值不变，而【结束时间】文本框中数值会相应改变。
- ⊙ 【当前时间】文本框：用于设置当前时间滑块的帧位置。
- ⊙ 【重缩放时间】按钮：单击该按钮，会打开如图 10-3 所示的【重缩放时间】对话框。该对话框用于拉伸或收缩活动时间段的动画，以适合指定的新时间段。

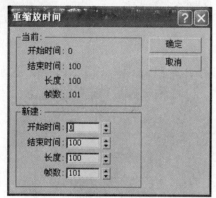

图 10-3 【重缩放时间】对话框

> **提示**
>
> 用户只需设置【开始时间】和【结束时间】文本框的数值，然后设置【长度】和【帧数】即可快速指定新时间段。

10.2 设置关键点动画

关键点动画是最基础的动画，它通过动画记录器记录动画的各个关键点，然后自动在每两个关键点间插补动画帧，从而使整个变化过程平滑完整。在 3ds Max 中，可以通过【自动关键点】按钮和【设置关键点】按钮设置关键点动画。

10.2.1 使用【设置关键点】按钮创建动画

设置关键点动画是相对于 3ds Max 原有的自动关键点动画模式而言的。设置关键点模式和自动关键点模式的区别在于，在设置关键点模式下，可以自由设定时间位置和任何关键帧。

【例 10-1】制作球体反弹动画。

(1) 选择【文件】|【重置】命令，恢复 3ds Max 至初始状态。

(2) 在【顶】视图中，创建一个长度为 300、宽度为 400、高度为 10 的长方体，如图 10-4 左图所示。在【前】视图中，创建一个位于长方体上方、半径为 20 的球体，如图 10-4 右图所示。

(3) 在【前】视图中，选择球体，然后单击动画控件区域中的【设置关键点】按钮 ，这时时间滑轨会变成红色。

(4) 单击动画控件区域中的【设置关键点】按钮 ，记录在 0 帧位置时的球体状态。

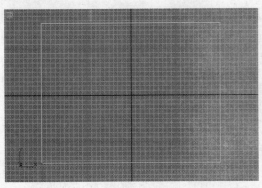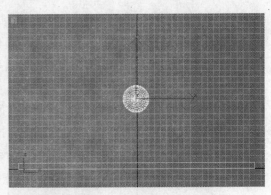

图 10-4　创建长方体和球体模型

（5）移动时间滑块到第 50 帧位置，使用工具栏中的【选择并移动】工具 ，移动球体至长方体面上，并保证两个物体刚好接触，如图 10-5 所示。然后单击【设置关键点】按钮 ，记录当前球体状态。

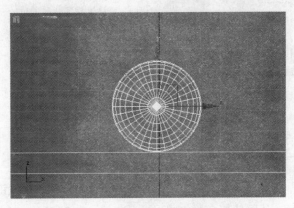

图 10-5　移动球体至长方体面上

（6）移动时间滑块到第 100 帧的位置，使用【选择并移动】工具移动球体至原位置。然后单击【设置关键点】按钮 ，记录当前球体状态。

（7）单击动画控件区域中的【设置关键点】按钮 设置关键点 ，这样球体运动的画面就制作完成了。单击动画控件区域中的【播放动画】按钮，可以浏览制作的动画效果。

⑩.2.2　使用【自动关键点】按钮创建动画

使用【自动关键点】按钮创建关键点动画是最基本、最常用的动画制作方法，通过启动【自动关键点】按钮开始创建动画，然后在不同的时间点上更改对象的位置、进行旋转或缩放，或者更改任何相关的设置参数，都会相应地自动创建关键帧并存储关键点值。

【例 10-2】制作飘动的窗帘动画。

（1）在【创建】命令面板中，单击【图形】按钮 ，然后在下拉列表框中选择【NURBS 曲线】选项。

(2) 在【NURBS 曲线】创建命令面板中，单击【点曲线】按钮，然后在【前】视图中创建如图 10-6 所示的两条曲线。

(3) 选择其中的一条 NURBS 曲线，打开【修改】命令面板，在【常规】卷展栏中单击【附加】按钮。然后单击另外一条 NURBS 曲线，将两条曲线合并为一个 NURBS 模型。

(4) 在【修改】命令面板中，展开【创建曲面】卷展栏。

(5) 在【创建曲面】卷展栏中，单击【规则】按钮，然后分别单击上下两条曲线来创建一个曲面，如图 10-7 所示。

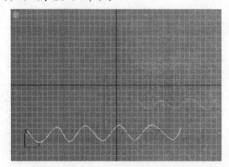
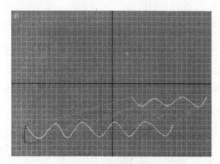

图 10-6　在【前】视图中创建 NURBS 曲线　　　　图 10-7　创建曲面

(6) 从图 10-7 中可以看出，现在创建的曲面仍然是平面的，没有立体感，需要进行进一步的编辑。在【修改器堆栈】中展开【NURBS 曲线】选项，选择【点】子对象，即可进入点子对象级。

(7) 在工具栏中，选择【选择并移动】工具 ✥。

(8) 在【点】修改命令面板的【点】卷展栏中，单击【点行】按钮 ▦，然后在【前】视图中选择右边的曲线，将其向上移动，如图 10-8 所示。

(9) 在【点】修改命令面板的【点】卷展栏中，单击【单个点】按钮 ▩，在【顶】视图中调整各个控制点的位置。然后在视口导航控件区域中，单击【缩放所有的内容】按钮 ▦，如图 10-9 所示。

(10) 在动画控制区域中，单击【自动关键点】按钮，启用自动创建关键点功能。

(11) 移动时间滑块至 50 帧位置，然后在【顶】视图中沿着 Y 轴移动窗帘的下摆，在 50 帧位置自动创建关键点。

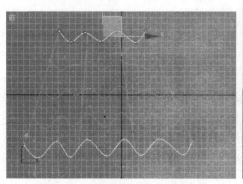
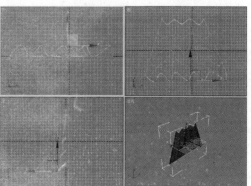

图 10-8　在【前】视图中移动曲线　　　　图 10-9　调整各控制点的位置之后

(12) 移动时间滑块至100帧位置，然后在【顶】和【左】视图中移动窗帘下摆，在100帧位置自动创建关键点。

(13) 单击【自动关键点】按钮，关闭自动创建关键点功能。然后单击【播放动画】按钮，观看窗帘飘动的动画效果。

⑩.3 使用【轨迹视图】窗口

【轨迹视图】窗口是一个功能十分强大的动画编辑工具。通过【轨迹视图】窗口，可以对动画中创建的所有关键点进行查看和编辑，也可以指定动画控制器，以便插补或控制场景对象的所有关键点和参数。在【轨迹视图】窗口中，所有对象都是以层次树的方式显示的，对对象的各种变换操作，也都以层次关系显示。基础动画的层次关系比较简单，而角色动画或更复杂的动画之间的层次关系就较复杂。

⑩.3.1 编辑关键点

如果对创建的动画不满意，可以对动画进行再次编辑设置，如添加关键点、删除关键点和修改关键点数值等。要编辑关键点，可以单击【曲线编辑器】按钮▦，打开【轨迹视图】窗口。在该窗口中，选择菜单栏中的【模式】|【摄影表】命令，即可显示摄影表。然后单击【轨迹视图】窗口工具栏中的【编辑关键点】按钮▦，以确保【轨迹视图】窗口处于【编辑关键点】模式。图10-10所示为【编辑关键点】工具栏。表10-2所示为【编辑关键点】工具栏中各工具按钮的名称和功能。

图 10-10　【编辑关键点】工具栏

表 10-2　【编辑关键点】工具栏中各工具按钮的名称和功能

图　　标	名　　称	功　　能
▦	编辑关键点	在编辑区显示【编辑关键点】模式
▦	编辑范围	在编辑区显示动画的起止范围
▦	过滤器	用于设置在层级树中显示的与对象相关的属性
✛	移动关键点	移动关键点的位置
◀▮▶	滑动关键点	水平移动选择的关键点或时间范围
⋌	添加关键点	添加一个关键点
▯	缩放关键点	沿水平方向缩放时间范围

1. 添加关键点

如果想要添加关键点，可以在【轨迹视图】窗口中添加关键点，也可以在【运动】命令面板中添加关键点。

(1) 在【轨迹视图】窗口中添加关键点

要在【轨迹视图】窗口中添加关键点，可以先在【轨迹视图】窗口中单击工具栏的【编辑关键点】按钮，再单击【编辑关键点】工具栏中的【添加关键点】按钮，然后在轨迹视图中所需位置单击，即可添加一个关键点，如图 10-11 所示。

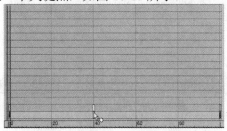

图 10-11　在轨迹视图中添加关键点

(2) 在【运动】命令面板中添加关键点

要在【运动】命令面板中添加关键点，可以先选择场景中需要添加关键点的对象，然后打开【运动】命令面板，拖动时间滑块至需要设置为关键点的位置。这时【PRS 参数】卷展栏中的【位置】按钮已经被选中，而【关键点信息】卷展栏中的信息为不可更改。在【PRS 参数】卷展栏的【创建关键点】选项组中，单击【位置】按钮，即可为当前帧位置添加关键点，如图 10-12 所示。

图 10-12　在【运动】命令面板中添加关键点

2. 修改关键点

修改关键点的方法同添加关键点的方法相似，可以在【轨迹视图】窗口中修改关键点，也可以在【运动】命令面板中修改关键点。

3. 删除关键点

删除关键点的方法同添加关键点的方法相似。可以在【轨迹视图】窗口中选择需要删除的关键点，再按 Delete 键即可；也可以在场景中选择需要删除关键点的对象，然后在【运动】命令面板中选择需要删除的关键点，再单击【PRS 参数】卷展栏【删除关键点】选项组中的【位置】按钮即可。

⑩.3.2 编辑时间

要编辑动画的时间，可以先选择【轨迹视图】窗口菜单栏中的【模式】|【摄影表】命令，然后单击工具栏的【选择时间】按钮，以确保【轨迹视图】对话框处于【编辑时间】模式。图 10-13 所示为【编辑时间】工具栏。表 10-3 所示为【编辑时间】工具栏中各工具按钮的名称和功能。

图 10-13　【编辑时间】工具栏

表 10-3　【编辑时间】工具栏中的各工具按钮的名称和功能

按　　钮	名　　称	功　　能
	选择时间	进入【编辑时间】模式，可以通过拖动鼠标来选择时间范围
	删除时间	删除选择的时间范围
	反转时间	颠倒选择的时间段的时间顺序
	缩放时间	缩放选择的时间范围
	插入时间	在选择的动画轨道上加入一段时间
	剪切时间	删除选择的时间段，同时将结果保存在剪贴板中
	复制时间	将选择的时间段复制到剪贴板中
	粘贴时间	将剪贴板中时间粘贴到当前位置

1. 插入时间

要插入时间，可以单击【轨迹视图】窗口工具栏中的【选择时间】按钮，再单击【编辑时间】工具栏中的【插入时间】按钮，然后在轨迹视图中需要插入时间的位置按住鼠标左键并拖动，选择所需插入的时间范围后释放鼠标即可，如图 10-14 所示。

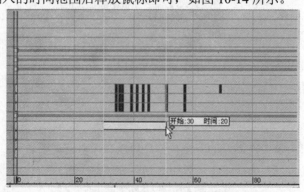

图 10-14　插入时间

2. 倒转时间

要在【轨迹视图】窗口中倒转时间，可以单击【轨迹视图】窗口工具栏中的【选择时间】按钮 ，然后在轨迹视图中按住鼠标左键并拖动，选择需要倒转的时间范围后释放鼠标左键，再单击【编辑时间】工具栏中的【反转时间】按钮 即可。

3. 删除时间

要在【轨迹视图】窗口中删除时间，可以单击【轨迹视图】窗口工具栏中的【选择时间】按钮 ，然后在轨迹视图中按住鼠标左键并拖动，选择需要删除的时间范围，再单击【编辑时间】工具栏中的【删除时间】按钮 即可。

4. 缩放时间

要在【轨迹视图】窗口中缩放时间，可以单击【轨迹视图】窗口工具栏中的【选择时间】按钮 ，然后在轨迹视图中按住鼠标左键并拖动，选择需要缩放的时间范围，再单击【编辑时间】工具栏中的【缩放时间】按钮 ，接着按住鼠标左键并拖动即可。向右拖动，会放大时间块；向左拖动，会缩小时间块。

10.4 粒子系统

粒子是通过粒子系统的发射器产生的。3ds Max 9 拥有功能强大的粒子系统，通过程序为大量小型对象设置动画，并创建各种特技。中文版 3ds Max 9 提供了两种不同类型的粒子系统：事件驱动粒子系统(又称粒子流)和非事件驱动粒子系统。和粒子系统一样，空间扭曲也是附加的建模工具，它相当于一个【力场】，使对象变形并创建出类似涟漪、波浪等特效，许多空间扭曲都是基于粒子系统的。

在非事件驱动粒子系统中，粒子基于时间可以自动生成，并且可以自定义粒子的生命周期和大小、形状等。中文版 3ds Max 9 共提供了 6 个内置的非事件驱动粒子系统，如表 10-4 所示。

表 10-4 粒子系统类型及其适用场合

粒子系统类型	粒子系统功能
喷射粒子系统	用于模拟雨、喷泉等水滴效果的粒子系统
超级喷射粒子系统	喷射粒子系统的高级版本，包含其所有功能及一些其他特性
雪粒子系统	用于模拟雪、纸屑等效果的粒子系统，能够生成翻滚的雪花
暴风雪粒子系统	雪粒子系统的高级版本，包含其所有功能及一些其他特性
粒子云粒子系统	用于填充特定的体积，可用于制作云朵、鸟群、星空等
粒子阵列粒子系统	主要用于创建复杂的对象爆炸效果，可结合粒子爆炸空间扭曲使用

计算机 基础与实训教材系列

⑩.4.1 超级喷射粒子系统

超级喷射粒子系统是由一点向外发射受控粒子的喷射系统，与早期的喷射粒子系统相比，它除了包含原有系统的所有功能外，还新增了一些特性，是喷射粒子系统的高级版本，常用于模拟汽车尾气、火箭飞机尾部喷气、喷头喷水等特殊效果。

要创建超级喷射粒子系统的发射喷射器，可以在【创建】命令面板中单击【几何体】按钮，选择下拉列表框中的【粒子系统】选项，打开【粒子系统】创建命令面板。然后在【对象类型】卷展栏中(如图 10-15 所示)单击【超级喷射】按钮。在视口中按住鼠标左键并拖动，会显示一个图标。该图标是超级喷射的粒子发射器，确定发射器的大小和方向后右击，即可创建超级喷射粒子系统的发射喷射器，如图 10-16 所示。

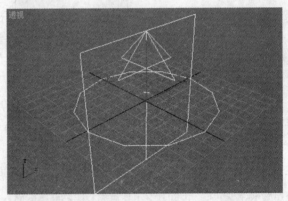

图 10-15　粒子系统创建面板　　　图 10-16　创建喷射粒子系统的发射喷射器

超级喷射粒子系统始终从中心发射粒子，与喷射器图标大小无关。在图 10-16 中，图标的指向是粒子喷射的初始方向。选中发射器，打开【修改】命令面板，可以在该命令面板中编辑所需参数选项。

超级喷射粒子系统的【基本参数】卷展栏用于调节发射器尺寸与控制粒子分布，如图 10-17 所示。

- 【粒子分布】选项组：在该选项组中，通过调整【轴偏离】和【平面偏离】文本框中的数值，设置粒子流与 Z 轴的角度及粒子围绕 Z 轴的发射角度。另外，还可以通过设置【扩散】文本框中的数值影响粒子相应的扩散程度。
- 【显示图标】选项组：用于设置视口中粒子发射器图标的大小。选中【发射器隐藏】复选框，可以在视口中隐藏发射器图标。
- 【视口显示】选项组：用于设置视口中粒子发射器发射粒子点的显示形状。

超级喷射粒子系统的【粒子生成】卷展栏用于调整粒子大小、形状、速度及生命周期，如图 10-18 所示。

图 10-17　【基本参数】卷展栏

图 10-18　【粒子生成】卷展栏

- ⊙ 【粒子数量】选项组：在该选项组中，选择【使用速率】单选按钮，可以设置每帧发射的固定粒子数；选择【使用总数】单选按钮，可以设置在系统使用寿命内产生的总粒子数。
- ⊙ 【粒子运动】选项组：用于调节粒子发射时沿法线的初始速度和速度变化的百分比。
- ⊙ 【粒子计时】选项组：用于调节粒子的发射时间和停止时间，以及粒子的寿命和所有粒子全部消失的时间限制。
- ⊙ 【粒子大小】选项组：用于调整粒子大小和变化百分比。

超级喷射粒子系统的【粒子类型】卷展栏用于更改粒子的类型和贴图类型，如图 10-19 所示。

图 10-19　【粒子类型】卷展栏

- ⊙ 【粒子类型】选项组：用于设置粒子的类型。
- ⊙ 【标准粒子】选项组：用于设置粒子的形状。
- ⊙ 【变形球粒子参数】选项组：在【粒子类型】选项组中，选中【变形球粒子】单选按钮时，该选项组为可用状态。该选项组用于设置变形球粒子聚集的程度和变化百分比，以及渲染过程中或视口中变形球粒子的粗糙程度。

◉ 【实例参数】选项组：在【粒子类型】选项组中，选中【实例几何体】单选按钮时，该选项组为可用状态。该选项组用于在视口中指定特定对象作为粒子，以及将拾取对象的子对象作为粒子进行使用。

◉ 【材质贴图和来源】选项组：用于为粒子指定贴图和贴图来源。

超级喷射粒子系统的【旋转和碰撞】卷展栏用于为粒子设置运动模糊，如图 10-20 所示。

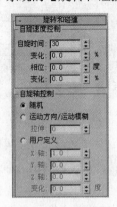

图 10-20　【旋转和碰撞】卷展栏

◉ 【自旋速度控制】选项组：用于设置粒子旋转一次所需的帧数、粒子的初始旋转度数、相位变化的百分比等。

◉ 【自旋轴控制】选项组：用于设置粒子运动的自旋轴和运动模糊。

◉ 【粒子碰撞】选项组：用于设置进行粒子碰撞测试的间隔数，以及粒子碰撞后速度恢复的程度和粒子反弹值的随机变化百分比。

⑩.4.2　暴风雪粒子系统

暴风雪粒子系统是雪粒子系统的高级版本，可以模拟雪花、落叶的运动效果。与其他粒子系统不同的是，它所产生的粒子从发射器发出以后，并不是以恒定的方向离开，而是可以通过参数设置使其以翻滚方式穿越空间。

要创建暴风雪粒子系统的发射喷射器，可以在【创建】命令面板中单击【几何体】按钮◉，选择下拉列表框中的【粒子系统】选项，单击【暴风雪】按钮。在视口中按住鼠标左键并拖动，绘制出粒子系统范围，确定大小后右击即可。暴风雪粒子系统的发射器是带有垂直发射方向的平面，向量方向为雪粒子发射的方向，矩形大小控制着暴风雪粒子作用的范围。

【例 10-3】在场景中制作飘雪动画。

(1) 选择【文件】|【重置】命令，恢复 3ds Max 至初始状态。在【创建】命令面板的下拉列表框中选择【粒子系统】选项，单击【雪】按钮。然后在【顶】视图中从左上角位置按住鼠标左键，并向右下角拖动，释放左键确定，创建【雪】粒子系统，如图 10-21 所示。拖动时间滑块，可以看到白色的粒子。

(2) 在【修改】命令面板的【参数】卷展栏中，参照图 10-22 所示的参数选项修改雪花的具体参数。

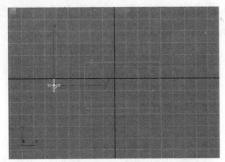

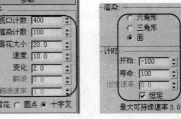

图 10-21　创建粒子系统　　　　　　图 10-22　修改雪花的具体参数

(3) 为了模拟真实世界雪花下落时随风飘摇的不规则效果，表现部分雪花在下落时不断地旋转翻滚，这里再用【暴风雪】粒子系统创建小部分的雪花。在【创建】命令面板中单击【几何体】按钮 ○，选择下拉列表框中的【粒子系统】选项，然后在【对象类型】选项组中，单击【暴风雪】按钮。

(4) 在【顶】视图中，创建暴风雪粒子系统，如图 10-23 所示。

(5) 在【修改】命令面板的【基本参数】卷展栏中，参照图 10-24 所示设置参数选项。然后参照图 10-25 所示，在【粒子生成】卷展栏中设置参数选项。

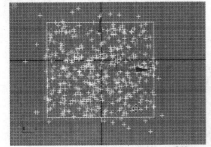

图 10-23　创建暴风雪粒子系统　　　　　图 10-24　设置【基本参数】卷展栏中参数

(6) 在【粒子类型】卷展栏中，选择【标准粒子】单选按钮。在【标准粒子】卷展栏中，选择【球体】单选按钮。然后在【旋转和碰撞】卷展栏中，参照图 10-26 所示设置参数选项，这样就完成了【暴风雪】粒子系统的参数设置。

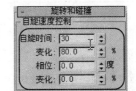

图 10-25　设置【粒子生成】卷展栏中参数　　　图 10-26　设置【旋转和碰撞】卷展栏中参数

计算机基础与实训教材系列

(7) 使用绘图软件创建一个白色渐变的圆形图像，作为贴图使用，如图 10-27 所示。

(8) 选中雪花粒子，打开【材质编辑器】对话框。然后在【明暗器基本参数】卷展栏中选择着色方式为(P)Phong。在【Phong 基本参数】卷展栏中，选中【自发光】的【颜色】复选框，并设置其颜色红为 120、绿为 120、蓝为 120，如图 10-28 所示。

图 10-27　雪花材质贴图

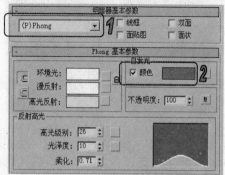

图 10-28　雪花材质基本参数

(9) 展开【贴图】卷展栏，将【漫反射】和【不透明度】贴图通道均设为【位图】贴图，并且选择刚才创建的雪花材质图片，完成后的【贴图】卷展栏如图 10-29 所示。将材质赋给雪花。

(10) 在【顶】视图中，创建一个目标摄影机，并调整其位置。

(11) 在【顶】视图中，创建一个泛光灯，并调整其位置，如图 10-30 所示。这样就完成飘雪动画的制作了。

图 10-29　贴图参数

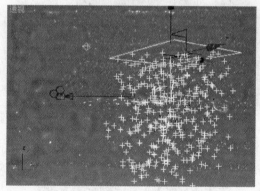

图 10-30　创建泛光灯并调整其位置

⑩.5　粒子系统与空间扭曲

空间扭曲是一种不可渲染的对象，有些可用于粒子系统，不管是事件驱动型还是非事件驱动型粒子系统。在粒子流系统中，空间扭曲通常结合 Force(力)控制器来改变粒子运动的轨迹。有 5 种空间扭曲可作用于粒子系统，分别是重力、粒子爆炸、风力、马达和推力。下面对这 5 种力作一简单介绍。

- 重力：模拟自然界中的重力效果，使粒子产生向下的力，例如，如果沿发射器箭头方向垂直向下，那么它所发射的粒子将产生加速度。
- 粒子爆炸：能创建一种冲击波，使粒子产生爆炸，产生碎片，该空间扭曲通常还作为一种动力学效果加以应用。
- 风力：用于模拟风吹动粒子系统所产生的粒子效果，风力具有方向性，顺着风力箭头方向的粒子呈加速状态，逆着的呈减速状态，另外，风力的参数中还包括很多模拟自然界风的功能参数，如湍流参数等。
- 推力：在粒子系统中，推力产生均匀的单向力，力没有宽度限制，宽幅与力的方向垂直。
- 马达：有些类似于推力，但又与推力不同，马达图标的位置和方向都会对围绕其旋转的粒子产生影响。

10.6 上机练习

本章的上机实验主要练习在 3ds Max 9 中创建关键点动画的操作方法与技巧，以及创建和编辑粒子动画的操作方法与技巧。其他内容，用户可根据理论指导部分进行练习。

10.6.1 制作文字片头动画

创建文本对象，使用【挤出】修改器制作成立体模型，然后设置材质，最终制作成一个文字片头动画。

(1) 选择【文件】|【新建】命令，新建一个场景。

(2) 单击【创建】命令面板中的选择【图形】选项，在打开的【对象类型】卷展栏中单击【文本】按钮。

(3) 在【文本】命令面板中，设置【文本】文本框中内容为【海阔鱼跃】，【大小】为60，【字体】为【黑体】。

(4) 在【前】视图中任意位置单击，即可创建文字。这时，在【顶】和【左】视图中文字显示为一条白线。这是因为文字没有厚度，不是立体对象，如图 10-31 所示。

(5) 选择场景中的文字对象，单击【修改】命令面板标签。

(6) 在【修改】命令面板的【修改器列表】下拉列表框中，选择【挤出】选项。

(7) 设置【数量】为15，即可使文字对象变成立体对象，如图 10-32 所示。

(8) 在时间控制区域中，拖动【时间滑块】至第 0 帧。然后单击工具栏中的【选择并移动】按钮 ✛。

计算机基础与实训教材系列

 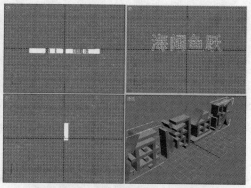

图 10-31　在场景中创建文字　　　　　　　图 10-32　创建文字对象的立体效果

(9) 在【顶】视图中，选择文字对象。然后按住鼠标左键沿 Y 轴向上拖动文字对象，直至该视图的上方释放鼠标左键，如图 10-33 所示。

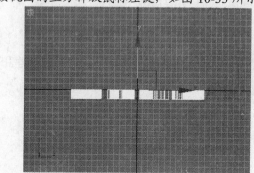 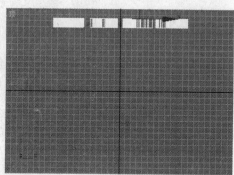

图 10-33　在【顶】视图中移动文字对象

(10) 单击时间控制区域中的【自动关键点】按钮，即可开启自动创建关键点功能。然后单击时间控制区域中的【设置关键点】按钮，即可创建第 0 帧关键点。

(11) 拖动时间控制区域中的【时间滑块】至第 100 帧。

(12) 在【顶】视图中，选择文字对象。然后按住鼠标左键沿 Y 轴向下拖动文字对象，直至该视图的下方释放鼠标。

(13) 单击工具栏中的【选择并旋转】按钮。然后在【顶】视图中，选择文字对象。再按住鼠标左键沿 X 轴向上拖动，将文字对象旋转 90° 后释放鼠标，如图 10-34 所示。同时，在第 100 帧会自动创建关键点。

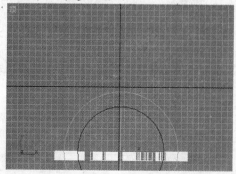 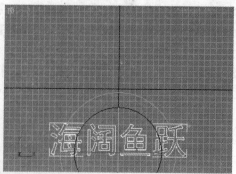

图 10-34　在【顶】视图中旋转文字对象

(14) 单击时间控制区域中的【自动关键点】按钮，停止自动创建关键点功能。

(15) 单击工具栏中的【材质编辑器】按钮，打开【材质编辑器】对话框。

(16) 选择场景中的文字对象，单击位于示例窗区域的第一个示例窗。

(17) 在【Blinn 基本参数】卷展栏中，设置【环境光】选项颜色为红色。

(18) 单击【材质编辑器】对话框中的【将材质指定给选定对象】按钮，将设置的材质指定给选择的文字对象。

(19) 在【创建】命令面板中，单击【灯光】按钮。

(20) 在【灯光】命令面板中，单击【对象类型】卷展栏里的【泛光灯】按钮。

(21) 在【前】视图中的任意位置单击，创建泛光灯光源。使用工具栏中的【选择并移动】工具，调整泛光灯的位置，如图 10-35 所示。

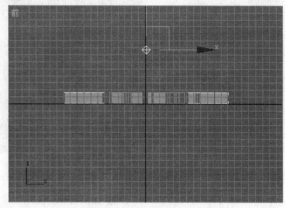

图 10-35　调整泛光灯位置

(22) 单击工具栏中的【渲染场景对话框】按钮，打开【渲染场景】对话框。

(23) 在【时间输出】选项组中，选择【活动时间段】单选按钮，设定渲染对象为当前所有的活动帧，即从第 0 帧到第 100 帧。然后在该选项组中，设置【每 N 帧】文本框中数值为 1。在【输出大小】选项组中，单击【320×240】按钮，即可设置输出动画的图像画面尺寸为 320×240。在【渲染输出】选项组中，单击【文件】按钮，会打开【渲染输出文件】对话框。在该对话框中，设置【文件名】为【海阔鱼跃】，在【保存类型】下拉列表框中选择【AVI 文件】选项。

(24) 设置完成后，单击【保存】按钮，打开【AVI 文件压缩设置】对话框。该对话框用于设置 AVI 文件压缩的参数选项。设置完成后，单击【确定】按钮即可。

(25) 【渲染场景】对话框中参数选项设置完成后，单击【渲染】按钮确定，即可打开【渲染】对话框，开始渲染动画。这样就完成了整个动画的制作。

⑩.6.2　制作药丸分解动画

本实例中通过使用粒子系统模拟大量的药丸，然后使用空间扭曲控制药丸的运行方式，最终制作成药丸分解动画。

(1) 选择【文件】|【重置】命令，恢复 3ds Max 至初始状态。单击【前】视图将其设为当前视图。在前视图中创建一个矩形，设置【长度】为85，【宽度】为17。

(2) 选择矩形后进入修改命令面板，在【修改器列表】下拉列表框中选择【编辑样条线】修改器，在【选择】卷展栏中单击【顶点】按钮进入顶点编辑模式，修改曲线的形状使之成为药丸胶囊的轮廓，如图 10-36 所示。

(3) 单击【顶点】按钮退出顶点编辑模式，然后在【修改器列表】下拉列表框中选择【车削】修改器，单击【最小值】按钮选择对齐方式，得到半个胶囊模型如图 10-37 所示。

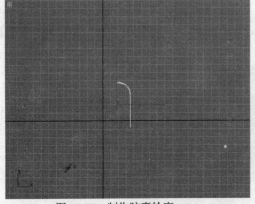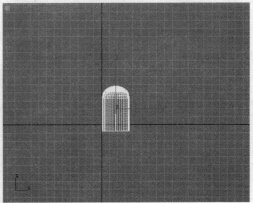

图 10-36　制作胶囊轮廓　　　　　　　图 10-37　胶囊模型

(4) 选择这半个胶囊模型，然后选择【工具】|【镜像】命令，在弹出的对话框中选择镜像轴为 Y 轴，选择复制方式为【复制】，单击【确定】按钮，如图 10-38 所示。

(5) 在【前】视图中移动复制的胶囊模型，使得这两个半胶囊模型组合成一个完整的胶囊。

(6) 这样就制作出了胶囊模型，下面继续制作药丸模型。由于场景中有很多运动的药丸模型，因此在这里使用粒子系统来模拟运动的药丸。进入【创建】|【几何体】面板，在下拉列表框中选择【粒子系统】选项，然后单击【超级喷射】按钮，在【顶】视图中创建一个适当大小的粒子发射器。

(7) 在【前】视图中移动粒子发射器到上、下半胶囊交界的地方，然后选择所有对象，使用旋转工具使得它们顺时针旋转25°，场景效果如图 10-39 所示。

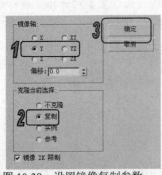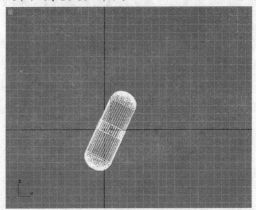

图 10-38　设置镜像复制参数　　　　　图 10-39　旋转场景中的对象

(8) 选择粒子发射器进入【修改】命令面板，展开【基本参数】卷展栏，设置粒子发射器的基本参数如图 10-40 所示。

(9) 展开【粒子生成】卷展栏，设置粒子发射器的一般参数，如图 10-41 所示。

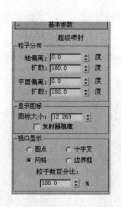

图 10-40　设置粒子基本参数

图 10-41　设置粒子发射器的一般参数

(10) 进入【创建】|【几何体】面板，在下拉列表框中选择【标准基本体】选项，单击【球体】按钮在【前】视图中创建一个【半径】为 4 的球体作为药丸模型。

(11) 选择粒子发射器，展开【修改】命令面板的【粒子类型】卷展栏，设置粒子类型为【实例几何体】，然后单击【拾取对象】按钮在视图中选择球体，如图 10-42 所示。

(12) 单击【播放动画】按钮播放动画，可以看到粒子发射器发射了大量的球体。

(13) 单击【自动关键点】按钮，启动动画制作模式。拖动时间滑块到 30 帧，在【前】视图中使用【选择并移动】工具，将胶囊对象从闭合状态变换为开放状态，如图 10-43 所示，然后单击【自动关键点】按钮，退出动画制作模式。

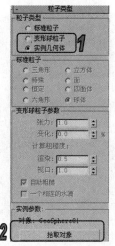

图 10-42　设置【粒子类型】卷展栏中参数

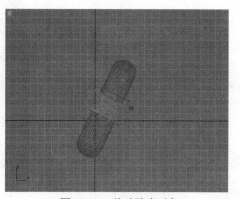

图 10-43　移动胶囊对象

(14) 单击【播放】按钮，可以观察粒子的运动状态，如图 10-44 所示。下面首先要解决粒子穿透胶囊的问题。

(15) 进入【创建】|【空间扭曲】面板，在下拉列表框中选择【导向器】选项，单击【导向板】按钮，在【前】视图中创建一个挡板对象，然后使用移动和旋转工具使它封住上方胶囊的入口，并使用缩放工具缩放到适当大小。

(16) 选择粒子系统，单击主工具栏上的 按钮，然后将粒子系统拖动到挡板对象上，释放鼠标，当挡板对象闪动一下时表示绑定成功。

(17) 单击【播放】按钮，可以看到粒子被挡板对象挡住，不能穿透上方胶囊对象，如图 10-45 所示。

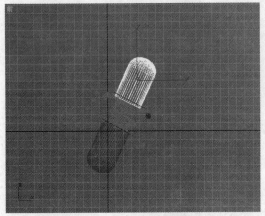 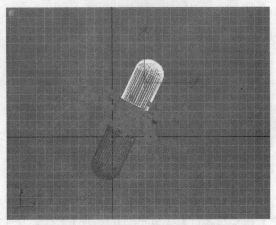

图 10-44　粒子运动状态　　　　　　图 10-45　挡板对象改变粒子的运动轨迹

(18) 选择挡板对象，在修改命令面板中设置挡板参数，如图 10-46 所示。

(19) 使用同样的方法，在下方胶囊的出口也制作一个挡板用以防止粒子穿透下方的胶囊对象。

(20) 单击【播放】按钮观看动画，此时粒子虽然不会穿透胶囊对象，但是粒子呈发射状，如图 10-47 所示，下面继续使用空间扭曲来控制粒子的运动。

 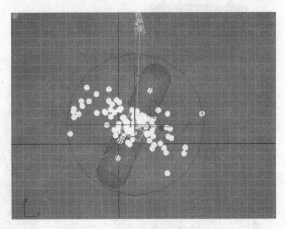

图 10-46　设置挡板对象参数　　　　　　图 10-47　粒子呈发射状运动

(21) 进入【创建】|【空间扭曲】面板，单击【导向球】按钮，在顶视图中创建一个较大的球体挡板对象将胶囊包围在球体内部。

(22) 选择粒子对象，选择主工具栏上的【约束空间扭曲】按钮，将粒子系统绑定到球形挡板上，这样粒子就会在球体内部反复运动，如图 10-48 所示。

(23) 选择球体挡板对象，在修改命令面板中按图 10-49 所示设定参数。这样得到的动画就比较完美了，但是粒子在运动中没有旋转，下面继续使用空间扭曲使得粒子在运动过程中旋转。

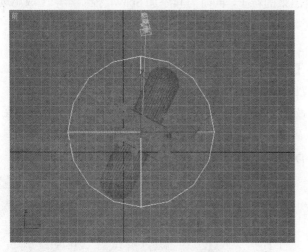

图 10-48　粒子在球体内部反复运动

图 10-49　设定球体挡板参数

(24) 进入【创建】|【空间扭曲】面板，在下拉列表框中选择【力】选项，单击【推力】按钮，在【顶】视图中创建一个马达对象，然后使用移动和旋转工具将它放置在适当的位置，如图 10-50 所示。

(25) 使用【约束空间扭曲】工具将粒子系统绑定到马达对象上，然后选择马达对象，在【修改】命令面板中按图 10-51 所示设定参数。

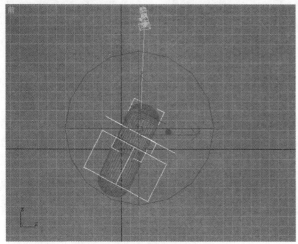

图 10-50　创建重力系统

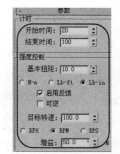

图 10-51　设置【推力】对象参数

(26) 单击【自动关键点】按钮，拖动时间滑块到 100 帧，然后把【基本扭矩】设为 20，这样随着时间的推移粒子将主要集中在球体表面。至此，动画已经制作完成。

⑩.6.3　模拟弹道效果

本实例中将子弹作为粒子源发射出来的粒子，同时为其添加 Spawn 控制器来生成尾迹，然后为尾迹设置类似玻璃的材质来得到类似水波的弹道镜头。

(1) 首先在场景中创建如图 10-52 所示的模型作为子弹，命名为 Bullet。

(2) 执行【创建】|【几何体】|【粒子系统】命令，在打开的粒子系统创建命令面板上单击【PF Source】命令，并在【顶】视图中拖动建立粒子源的发射器。

(3) 选中粒子发射器，打开【修改】命令面板，单击【设置】卷展栏下的【粒子视图】按钮，打开粒子视图。将系统自动建立的事件 Event01 重命名为"子弹事件"。从粒子仓库中拖放一个 Shape Instance 控制器放置到 Display 控制器的上方，如图 10-53 所示。

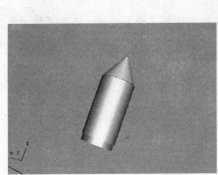

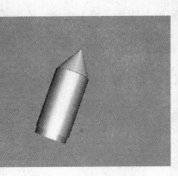

图 10-52　创建的子弹模型　　　　图 10-53　在粒子视图中添加 Shape Instance 控制器

(4) 选择 Shape Instance 控制器，在【属性】面板中单击【无】按钮，然后单击场景中的 Bullet 对象，将子弹模型作为粒子源使用。确保【获得贴图】和【获取材质】复选框处于选中状态，这样粒子就集成子弹模型的材质和贴图。

(5) 选择 Birth 控制器，在【属性】面板中将【数量】设置为 3，这表明在整个动画中只出现 3 发子弹。选择 Speed 控制器，在【属性】面板中将【速度】设置为 100，将【方向】设置为[沿图标箭头]。选择 Display 控制器，在【属性】面板中将【类型】设置为[几何体]。

(6) 播放动画查看子弹的飞行是否正常，如果出现子弹弹头指向与飞行方向不一致，读者可选择 Rotation 控制器，然后在【属性】面板中将【方向矩阵】设置为[世界空间]，修改 X、Y、

Z 轴的值。

(7) 下面来设计尾迹模型。打开标准基本体的创建命令面板，单击【球体】按钮在【顶】视图创建一个球体，其半径比子弹略小，由于尾迹的边缘必须光滑，【分段】必须设置得足够大，这里设置为 64。

(8) 单击主工具栏的【选择并非均匀缩放】按钮或按 Ctrl+E 快捷键，将球体沿 X 轴压扁，如图 10-54 左图所示。利用 Shift 键，将压扁的球体按"实例"方式复制 10 个。再次使用缩放工具将所有球体逐一锁定 YZ 坐标平面进行缩小，使它们从侧面看形成一个纺锤体，如图 10-54 右图所示。

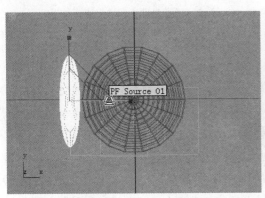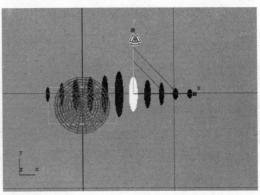

图 10-54　创建尾迹模型

(9) 在场景中选中所有的尾迹模型，选择【组】|【成组】命令，将新建的组命名为"尾迹组"。

(10) 返回粒子视图，在"子弹事件"Shape Instance 控制器上面添加一个 Spawn 控制器，在其属性面板中将粒子产生的方式设置为【按移动距离】，并将【步长大小】设置为 10，【同步方式】设置为[绝对时间]。在【速度】选项选中【继承%】单选按钮，并在右侧将值设置为 0，这样粒子产生后将不移动，而是停留在其产生的位置。

 注意

在设置【步长大小】时，不要将参数值设置过大，否则会因为粒子数量过多影响渲染速度，而效果不一定很好。

(11) 拖放一个 Shape Instance 控制器到粒子视图的空白位置，这样系统将自动新建一个事件，将这个事件重命名为[尾迹事件]。选中该 Shape Instance 控制器，在属性面板中单击【无】按钮，然后在场景中单击[尾迹组]对象，将其作为粒子源。选中【组成员】复选框，如图 10-55 所示，这一点很重要，否则进行粒子的实例替换时会将整个"尾迹组"作为一个整体，而选中该复选框后，将会在组中逐一取出子对象来替换粒子，从而形成尾迹的波纹效果。

(12) 将"子弹事件"和"尾迹事件"连接起来，如图 10-56 所示。

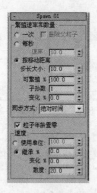

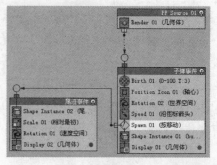

图 10-55　设置 Spawn(繁殖)控制器参数　　　图 10-56　连接"子弹事件"和"尾迹事件"

（13）播放动画，尾迹物体都是"卧倒的"，可以在"尾迹事件"中添加一个 Rotation 控制器来解决问题，方法和修改"子弹事件"中子弹发射方向时一样。

（14）播放动画时还会发现，尾迹在产生之后是一步到位的，而不是一个逐步扩大的过程，可以向"尾迹事件"中添加 Scale 控制器来解决，它位于 Shape Instance 控制器下方，在属性面板中将【类型】设置为[相对最初]，将【同步方式】设置为[粒子年龄]。

（15）在动画控制区单击【自动关键点】按钮，在粒子视图的"尾迹事件"中选中 Scale 控制器，在 0 帧时将【比例因子】设置为 0。然后将时间滑块拖动到 60 帧，设置【比例因子】为80。由于前面将同步方式设置成了粒子年龄，这样当尾迹粒子产生后，在其生命周期中的前 60帧中，其体积将由 0 增加到 80%。

（16）下面来设计子弹材质。按 M 键打开【材质编辑器】，单击【获取材质】按钮 ，在打开的【材质/贴图浏览器】中选中【材质库】单选按钮，然后单击【打开】按钮，进入中文版3ds Max 9 安装目录下的 materiallibraries 文件夹，选择 3dsmax.mat 选项，单击【打开】按钮，如图 10-57 左图所示。从材质列表中双击 Metal_ChromeFast 选项，将其提取到当前的【材质编辑器】中，然后将该材质赋予对象 Bullet，如图 10-57 右图所示。

图 10-57　设计子弹材质

（17）下面来制作尾迹的材质，尾迹类似水波效果，因而这里采用光线跟踪材质。在【材质编辑器】中选择一个空白样本球，单击【Standard】按钮，从打开的对话框中双击[光线跟踪]

选项。在光线跟踪材质的参数中，将【透明色】设置为白色，即 R、G、B 值 255、255、255，将【折射率】设置为 1.3，将制作的材质赋予"尾迹组"。

(18) 下面来设计场景的灯光和环境。由于使用了光线跟踪材质，该材质对环境和灯光依赖性很强，为了保证渲染的效果，灯光和环境的设置就显得十分重要。选择【渲染】|【环境】命令，打开【环境和效果】对话框，在【环境】选项卡中单击【环境贴图】下的【无】按钮，选择一张合适的位图作为背景。该位图不会直接出现在最终的渲染效果中，但它的颜色会对最终的效果有影响，因此要注意色调统一，最后不要有对比强烈的色彩，且不同色彩之间的过渡要自然，否则光线跟踪在渲染时会出现一些色带。这里选用了一个带有蓝天、白云和建筑的图片，但不带有草地。

(19) 最后是灯光的设置。这里设置了多个泛光灯，同时降低每个灯的亮度。这是因为一方面光源的数量多了，容易将尾迹材质玲珑剔透的效果表现出来，另一方面，降低每个灯的亮度可以避免场景中的光线过于刺眼。在本例的场景中设置了 36 个光源，排列成上下两个圆环，【倍增】均设置为 0.1，如图 10-58 所示。

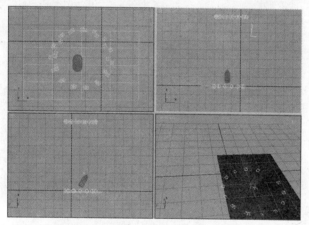

图 10-58　在场景中设置灯光

(20) 在视口中创建摄影机并进行调整，渲染后效果如图 14-59 所示。

图 11-59　模拟弹道轨迹

⑩.7 习题

1. 简述粒子流设计动画的一般流程。
2. 在场景中模拟新闻联播的片头动画。
3. 在场景中制作下雨效果。
4. 利用暴风雪粒子系统，模拟下雪动画。

计算机 基础与实训教材系列

制作简单角色动画

学习目标

大自然千变万化，如何在 3ds Max 中模拟人、动物等众多生物的运动，这就是角色动画所要解决的问题。创建角色动画是一件很复杂的工作，动物的运动都是有规律的，中文版 3ds Max 9 中也相应提供了模拟这些运动规律的一系列工具，如正向运动、反向运动、链接工具、骨骼工具、蒙皮工具等。

本章重点

- ◉ 层级与运动的关系
- ◉ 正向运动和反向运动
- ◉ 利用链接工具创建正向运动和反向运动动画
- ◉ 创建骨骼并为骨骼蒙皮
- ◉ 创建简单的人物或动物角色动画
- ◉ Character Studio 的群组动画功能

11.1 角色动画基础

要创建角色动画，就必须十分了解所要创建角色的运动规律。例如创建一匹骏马奔跑的动画，就必须十分清楚马在奔跑过程中 4 个蹄子落地的规律，以及奔跑过程中马身体各部位之间的相互关系。比如马腿抬起过程中，前蹄与前腿的先后运动关系，以及弯曲动作等，这转化到 3ds Max 中就是模型的各个组成部分之间相互运动的关系。最基本的运动关系有两种：正向运动和反向运动。

11.1.1 层级与运动的关系

在基础动画制作部分，对于层级的概念曾做了简单的一些介绍，主要是基于关键点动画的内容。在轨迹视图展开的层级中，大多数对象都是并列关系，对象的下面是一些基本的各种位置变换，对象之间基本上不存在什么深层次的运动链接关系。对于角色动画，对象的层次关系是十分复杂的。任何一种动物，其身体都是由许多部位组成的，如四肢、躯干等，而每个部位又由一些具体的骨骼、关节来组成，它们构成一种复杂的层次关系，如图 11-1 所示。动物在运动过程中，身体的各个部位、各个关节并不是相互独立的，不同身体部位之间通过某个关节链接在一起来共同完成一次动作，它们之间需要协调，这是不难想象的。

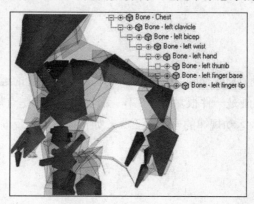

图 11-1 角色对象不同部位之间的层次关系

在层级关系中，主要的对象在上面，次要的在下面，所有对象按照这样的关系排列，形成一棵倒挂的树。在层级关系中，父对象控制所有的子对象以及其所在下一层级的对象，一个父对象可能有多个子对象，但一个子对象却只能有一个父对象。层级关系中的父对象和子对象同样是相对的，一个父对象可能是另一个对象的子对象，一个子对象也可能是另一个对象的父对象。

11.1.2 创建层级关系

在中文版 3ds Max 9 中，如果要创建简单的层级关系，可以利用主工具栏的链接工具；如果要创建相对复杂的层级关系，建议使用图表视图和骨骼系统。本节介绍使用链接工具创建层级关系的方法，关于图表视图和骨骼系统，将在后面进行介绍。

1. 创建链接关系

创建如图 11-2 左图所示的场景，场景中共有 5 个球体，从左到右分别为 Sphere01、Sphere02、Sphere03、Sphere04、Sphere05。单击主工具栏的【选择并链接】按钮，将打开链接模式，在视图中单击选中球体 Sphere05，然后将其拖动到球体 Sphere04 上，当光标变成链接图标时单击，即可将 Sphere05 链接到 Sphere04 上，如图 11-2 右图所示。

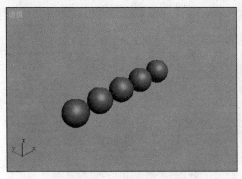

图 11-2　创建链接关系

　　【选择并链接】按钮总是将子对象链接到父对象上。例如本例中，Sphere05 将成为 Sphere04 的子对象，用同样的方法完成其他链接，将 Sphere04 链接到 Sphere03 上，Sphere03 链接到 Sphere02 上，Sphere02 链接到 Sphere01 上。由于在层级关系中，一个子对象只能有一个父对象，因而在创建链接时，如果将一个球体链接到多个父对象上，那么链接关系将以最近的一次为准。链接完成后，所有对父对象的变换都将影响到子对象，而父对象不受子对象的变换影响。

2. 显示链接关系

　　选中场景中的所有球体，打开【显示】命令面板，展开【链接显示】卷展栏，选中【显示链接】复选框，视图中将以直线显示出所有选中对象的链接关系，位于对象的轴心点之间，如图 11-3 所示。

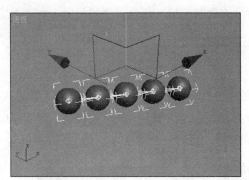

图 11-3　显示对象间链接关系

3. 解除链接关系

　　使用主工具栏的【断开当前选择链接】按钮，可以断开已经创建的链接，但只能作用于父对象。如果选定的对象既有父对象又有子对象，则单击【断开当前选择链接】按钮只能断开与父对象的链接而不能断开与子对象的链接。例如在场景中选中球体 Sphere03，它是球体 Sphere02 的子对象，但同时又是球体 Sphere04 的父对象，单击主工具栏的【断开当前选择链接】按钮，场景中的链接关系显示如图 11-4 左图所示。

如果要清除选定对象 Sphere03 的所有链接关系，只需双击该对象(双击 Sphere03 会在选中 Sphere03 的同时选中它所有的子对象)并单击【断开当前选择链接】按钮即可，此时场景中的链接关系显示如图 11-4 右图所示。

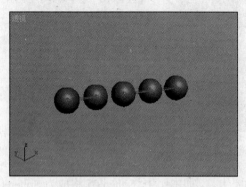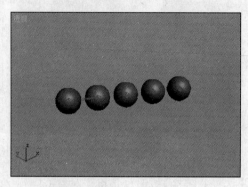

图 11-4　解除 Sphere03 的链接关系

⑪.1.3　浏览层级结构

角色模型一般都是很复杂的，包含许多不同的子对象，又有许多不同的链接，如何对对象进行层次管理，理清不同对象所处的层级，这是在设计动画时所必须考虑的问题。对于比较简单的层次关系，如果包含对象比较少，可以直接在视图中通过显示链接关系的方式来观察，如前面例子中的层次关系，球体之间都是单向的。如果层次关系比较复杂，包含很多子对象，如图 11-5 左图所示的骨骼模型，那么就必须借助一些工具。

1. 通过轨迹视图方式

对于图 11-5 的左图，要浏览各个对象之间的层次关系，可以利用轨迹视图的控制器窗口。单击主工具栏的【曲线编辑器】按钮，在打开的【轨迹视图】对话框中，使用滚动工具将控制器窗口移动到对象部分，展开其层级，将会按层次显示场景中的所有对象，如图 11-5 右图所示，单击对象前的⊕符号，可打开相应的子层级。

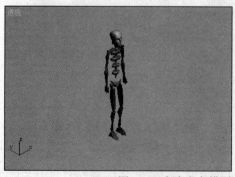

图 11-5　复杂角色模型及其层次结构

2. 通过图解视图方式

图解视图是基于节点的场景图，通过它可以访问对象的属性、材质、控制器、层次和不可见场景关系，特别是可以十分清晰地显示出具有大量对象的复杂层级关系。另外，在图解视图中，可以创建对象之间的层次，或为对象指定控制器、材质、修改器、约束等。

在视图中选中场景中所有的对象，单击主工具栏的【图解视图】按钮，即可打开场景的图解视图窗口，在该窗口中，显示出了场景中的所有对象以及它们之间的层次关系，如图 11-6 所示。

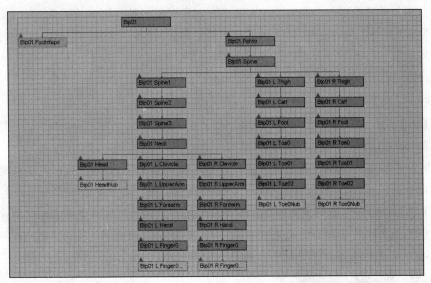

图 11-6　利用图解视图浏览对象层级结构

在窗口中，所有对象都以层级的方式显示，对象图标都是蓝色实心，表明对象已经进行了链接，并且都位于层次链中。可以通过每个对象图标左侧的三角形图标来展开下一个子层级，或塌陷到其父层级中。

⑪.1.4　在层级结构中选择对象

在复杂的层次结构中，要选择自己所需编辑的子对象，如果不掌握一定的技巧，并不是一件容易的事，最好的办法就是在创建每个子对象时，都为它们起与功能相关的名字，这样可以方便以后编辑选取。

从层级中选择子对象的方法基本上有 3 种：

- ◉ 通过轨迹视图的控制器窗口，如果不知道所选子对象所在的层次链，那么就只有将所有的层次打开，一个一个地寻找，这样比较麻烦。
- ◉ 通过图解视图的方式，由于图解视图中以方块图标的形式一级一级逐层显示场景中的所有对象，因而只要找到所选对象名即可轻松选取。

◉ 第 3 种方法更为直接，单击主工具栏的【按名称选择】按钮，将会打开【选择对象】对话框，如图 11-7 所示，里面窗口中列出了场景中所有对象名，在其中选择相应子对象的名称，单击【选择】按钮即可在场景中选中所需子对象。

11.2 正向运动原理及应用

正向运动又称为 FK(Forward Kinematics)，它是一种比较简单的运动关系，其原理是：在层次关系中，父对象的变换操作会影响到子对象，子对象对父对象具有继承关系，而父对象不受子对象变换操作的影响。使用手臂来移动手部就是正向运动的一个简单例子，下面通过例 11-1 模拟转动车轮来具体介绍一下正向运动的创建方法。

【例 11-1】创建正向运动关系。

(1) 首先在【前】视图中创建一个圆环，作为车轮的轮子。

(2) 在【前】视图中创建一个切角圆柱体，作为车轮的轴，使用主工具栏的【2.5 维捕捉工具】，将圆环与切角圆柱体的中心对齐。

(3) 在切角圆柱体与圆环之间创建一些线作为车轮与轴之间的连接(可以利用旋转复制对齐的方式创建这些连接线)。然后将这些线与轴进行成组，并为其命名为【车轴部分】。

(4) 在【前】视图中创建一条样条线，作为车轮向前滚动的轨迹，注意在创建样条线时，将【初始类型】和【拖动类型】均设置为平滑，这样创建出来的运动轨迹就显得比较平滑，而不会过分陡峭。创建出的全部模型效果如图 11-8 所示。

图 11-7 【选择对象】对话框

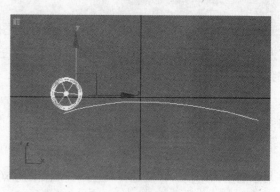

图 11-8 车轮模型

(5) 现在创建车轴与车轮之间的正向运动关系。观察现实中任意型号的车轮在运动时的状态，可以发现，是车轴先运动，然后驱动车轮的转动。因而，车轴应为父对象，车轮为子对象。单击主工具栏的【选择并链接】按钮，然后在【前】视图中单击选择车轮，将光标拖动到车轴，当光标变为链接图标时，单击便完成了车轴与车轮之间正向层级关系的建立，移动或旋转车轮，车不发生任何变化；移动或旋转车轴，那么车轮也跟着发生相应变化。

(6) 接下来用上一章所学的方法，为车轴的位置变换部分加入一个路径约束控制器，将【前】视图中的样条线指定为路径。

(7) 播放动画，如图11-9左图所示是其中一帧，可以发现车轴和车轮一起沿着指定的路线运动，但方式不对。实际情况是，车轮在前进时，自身也在转动，而且车轮底部应始终在路径之上。

(8) 选择车轮，在自动关键点模式下，利用上一章的知识，为车轮Z轴旋转曲线设计一运动轨迹。

(9) 为使整个轮子运动时始终与"路面"相切，选择车轮，单击命令面板的【层级】按钮，单击下面的【轴】按钮，在【调整轴】卷展栏下单击【仅影响轴】按钮，视图中将会出现车轮部分的3个粗色箭头，将它们调整到车轮底部与路径曲线相切的位置。用同样的方法，调整车轴部分的轴心，以与车轮重合。

(10) 再次播放动画，可以发现运动比较完美了，如图11-9右图所示。

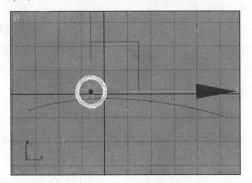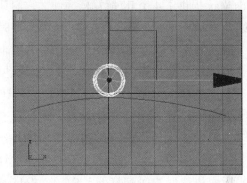

图11-9 利用层级面板调整轴心

11.3 反向运动原理及应用

反向运动又称为IK(Inverse Kinematics)，在层级关系中，反向运动是通过子对象的运动来决定和影响父对象，是一种相对正向运动比较复杂的运动关系。在3ds max中，反向运动被大量应用于角色动画的制作中，原因是它可以通过调节几个关节的姿势来确定角色在不同关键帧处的姿势，而系统会根据设定的解算方法，在这些关键帧之间自动进行差值计算。

反向运动与正向运动正好相反，例如要设置举起手臂的动画，正向运动是先移动肩部，然后旋转前臂、手腕等，而反向运动则是先移动手腕以确定腕部的位置，然后通过IK解决方案，对手臂进行旋转，移动肩部。又如上面的例11-1，要设置反向运动关系，也就是通过旋转车轮来带动车轴部分，不过这不符合运动规律。

下面介绍一下反向运动中一些常用的专业术语。

⊙ IK解算器：提供一种算法，在关键点之间自动进行插值，从而将IK解决方案应用到反向运动链中。

- 关节：IK 关节用于控制对象与其父对象如何一起进行变换。
- 开始关节与结束关节：定义 IK 解算器所管理的 IK 链的开始和结束位置。
- 末端效应器：IK 链中所选子对象的轴点。
- 终结器：可以将一个或多个对象定义为终结器，使用终结器，可以停止 IK 计算，使高于该层次的对象不受 IK 解决方案的影响。

⑪.3.1 常用 IK 解算器

IK 解算器对于实现反向运动动画至关重要，它的工作方式如下：通过在某部分层次中定义反向运动链，例如定义从肩部到手腕，IK 链的末端是 Gizmo，也就是目标，无论目标如何移动旋转，IK 解算器都尝试着移动最后一个关节的枢轴(也就是终端效应器)，来满足目标的需要，可以对链的部分进行旋转，以扩展和重新定位末端效应器，使其与目标相符，如图 11-10 所示。
3ds Max 提供了 4 个 IK 解算器插件，它们具有不同的解算方法。

- 历史独立型(HI)解算器：HI 解算器在时间上不依赖于上一个关键帧计算得到的 IK 解决方案，因而可以始终保持较快的计算速度，例如第 1000 帧和第 0 帧的使用速度基本上是相同的。对于大部分的角色动画和任何的 IK 动画而言，HI 解算器都是首选的解算方案，因为它能够实时地计算 IK 的值，而且速度很快。另外，IK 解算器允许创建多个链或重复链，这样就会存在多个目标，将目标链接到点、骨骼等虚拟对象上后，就可以创建简单的控制器来实现复杂链或层次的动画，但要注意的是，不同种类的解算器不能设置重复链，否则结果不可预测。

- 历史依赖型(HD)解算器：HD IK Solver(历史依赖型解算器)是一种依赖于时间的解算器，在序列中开始求解的时间越晚，计算解决方案所需的时间越长。因而，它只适合于短篇动画的制作，对于比较长的动画，最好使用 HI 解算器。相对于 HI 解算器，HD 解算器的优点在于可以对弹回、阻尼和优先级进行控制，此外，还具有查看 IK 链初始状态的快捷工具。

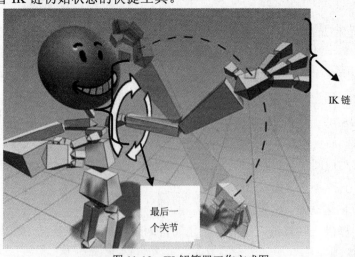

图 11-10　IK 解算器工作方式图

● IK 肢体解算器：专门用于设置人类角色的肢体动画的解算器，它是一种分析型解算器，无论动画有多少帧，都能保持较快的计算速度，另外它可以导出游戏引擎，因而适合游戏开发。要使用 IK 肢体解算器，IK 链上必须有 3 块骨骼或是含有 3 个以上元素的链接层次。将目标放置在第 3 个骨骼的轴点处，另外，第一块骨骼的关节必须为"球形"，也就是在 3 维方向上具有自由度，第二块骨骼也必须只能在一维方向上有自由度。不满足上面条件时使用 IK 肢体解算器是没有效果的。

● 样条线 IK 解算器：通过使用样条线来控制一组骨骼或其他链接对象的曲率。样条线的顶点称为节点，每个节点对应一块骨骼，样条线的节点数可能少于骨骼数目。通过移动节点，可以改变样条线的曲率，进而改变骨骼链的形态。因为节点可以在 3D 空间中任意移动，因而链接结构可以进行复杂的变形。使用样条线 IK 解算器具有很好的灵活性，适合于创建蛇、绳索等链状物体的动画。

　　除了以上介绍的 4 种 IK 解算器外，3ds Max 还提供了两个反向运动动画的非解算器方法：交互式 IK 和应用式 IK。它们是从早期版本延续下来的较老的 IK 解算方法，通常，推荐使用 IK 解算器。

● 交互式 IK：这是最基本的 IK 解算方法，通常配合自动关键点模式创建动画。建立好 IK 链后，执行【层次】|【IK】|【交互式 IK】命令，如图 11-11 所示，配合【自动关键点】按钮，在时间滑块的不同位置移动变换子对象，并记录成动画，这时 3ds Max 会在各个关键帧之间自动进行差值计算。这样制作出的动画并不精确，它使用了最少的关键帧。

图 11-11　使用交互式 IK

> **提示**
> 　　相对于没有使用 IK 对象的动画还是不同的，因为 IK 解决方案对多个对象和对象间的关节均发生了作用。

● 应用式 IK：使用应用式 IK，可以设置跟随动画。它与交互式 IK 不同，它需要创建一个 IK 系统和引导对象，通过将 IK 系统绑定到引导对象上，然后对引导对象设置动画，从而使 IK 系统"跟随"引导对象也产生动画。使用应用式 IK，可以创建非常精确的解算结果，程序会在每一帧上为每一个对象创建关键帧，而且运算速度很快，但是，大量的关键帧会为调整动画造成难度。

⑪.3.2 设计反向运动动画的流程

创建反向动画的一般流程如下:

(1) 创建具有关节结构的模型。

(2) 将各关节对象彼此进行链接并设置各自的轴心点。

(3) 确定轴心点的链接或限制方式。

(4) 对链接好的模型设置 IK 解算方案。

(5) 将模型链接或蒙皮到骨骼系统,使用 IK 控制器操纵骨骼系统,生成角色动画。

【例 11-2】模拟蒸汽活塞运动。

(1) 在场景中创建如图 11-12 所示的模型(读者也可通过本书提供的素材来获取),该模型主要由转轮、枢纽、曲柄和活塞 4 部分组成。活塞在运动时,过程是这样的:转轮旋转带动枢纽旋转,因而枢纽是转轮的子对象,枢纽旋转带动曲柄运动,因而曲柄是枢纽的子对象,而同时活塞的运动也会影响曲柄,由于曲柄不可能同时是枢纽和活塞的子对象,因而只能通过创建一个虚拟对象,在曲柄与枢纽间使用正向运动,在曲柄与活塞间使用反向运动。

(2) 单击主工具栏的【选择并链接】按钮,在视图中单击选中枢纽,将光标拖到转轮上,当光标变成链接图标时单击,完成枢纽和转轮之间的链接。

(3) 执行【创建】|【辅助对象】|【标准】命令,打开标准辅助对象的【创建】命令面板,如图 11-13 左图所示,单击【虚拟对象】按钮,在【左】视图中的枢纽和曲柄连接处单击,便创建了一个虚拟对象,如图 11-13 右图所示。

(4) 用同步骤(2)的方法将虚拟对象链接到曲柄上,将曲柄链接到活塞上。在主工具栏单击【图解视图】按钮,打开图解视图查看层级关系,如图 11-14 所示。

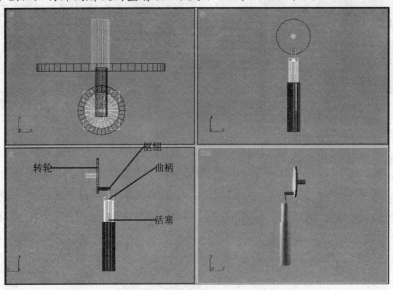

图 11-12　创建具有关节结构的模型

计算机基础与实训教材系列

提示

利用图解视图也可以创建层级关系，而且更为简洁和清晰。例如要将枢纽链接到转轮上，可以在没有进行任何链接的情况下打开图解视图，视图中将显示场景中的所有对象，包括灯光等，它们都将是并行关系（因为没有进行任何链接）。要将枢纽链接到转轮上，可首先单击选中枢纽，然后单击图解视图工具栏的【连接】按钮 ，在图解视图中将光标拖到转轮上，当光标变形时单击即可。

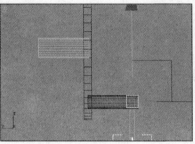

图 11-13　创建虚拟对象　　　　　　　　　　　图 11-14　查看层级关系

(5) 打开【层级】命令面板，单击【IK】按钮，打开反向运动控制面板，如图 11-15 所示。在视图中选中活塞，展开【滑动关节】卷展栏，取消【X 轴】、【Y 轴】选项下的【活动】复选框的选中状态，而仅保留【Z 轴】选项下【活动】复选框的选中状态，这样可以保证活塞只能沿 Z 轴运动。展开【转动关节】卷展栏，取消【X 轴】、【Y 轴】、【Z 轴】选项下的【活动】复选框的选中状态，这样可以禁止活塞在任何方向旋转。

(6) 选中曲柄，展开【滑动关节】卷展栏，取消【X 轴】、【Y 轴】、【Z 轴】选项下的【活动】复选框的选中状态；展开【旋转关节】卷展栏，取消【X 轴】、【Z 轴】选项下的【活动】复选框的选中状态，而仅保留【Y 轴】选项下【活动】复选框的选中状态。这样曲柄就只能沿 Y 轴进行旋转。

(7) 展开【对象参数】卷展栏，单击【绑定到跟随对象】选项的【绑定】按钮，在视图中选中虚拟对象，将光标拖到枢纽对象上单击，从而将虚拟对象绑定到枢纽上。

(8) 选中视图中的枢纽，在【层级】命令面板单击【轴】按钮，在【调整轴】卷展栏单击【仅影响轴】按钮，将枢纽的轴心点调整到如图 11-16 所示位置，这样可以保证枢纽在跟随转轮旋转时，能够带动曲柄在垂直方向上运动。

(9) 在动画控制区单击【自动关键点】按钮，打开自动点动画设置模式。将时间滑块移动到第 100 帧的位置，将转轮沿 Y 轴旋转 360°，展开【反向运动学】卷展栏，将【结束】设置为 100，单击【应用 IK】按钮，系统将自动进行 IK 解算并自动插入关键帧。

(10) 关闭【自动关键点】动画设置模式，播放动画，如图 11-17 所示，分别是动画过程中的部分帧效果。

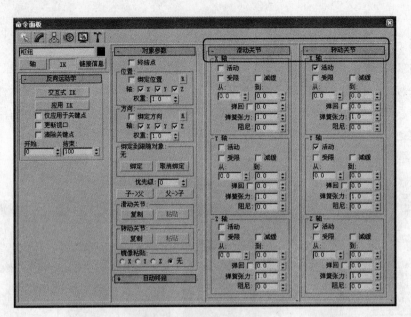

图 11-15　反向运动控制面板

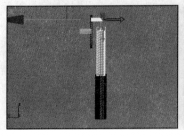

图 11-16　调整枢纽轴心点

图 11-17　蒸汽活塞运动效果

⑪.4　创建并编辑骨骼

　　骨骼是可以渲染的对象，对于任意一个角色来说，都可以用骨骼来进行描述，如图 11-18 所示。骨骼系统是骨骼对象的一个分层次的运动连接系统，可以将其做成动画并带动其他对象 的运动。对于角色动画来说，通常是先制作出角色的骨骼模型，接着对骨骼进行蒙皮，最后利 用骨骼系统快速生成并设置动画。

　　可以采用正向运动或反向运动来为骨骼设置动画，对于反向运动来说，骨骼几乎可以使用 所有的 IK 解算器，包括交互式 IK 和应用式 IK。在对骨骼设置动画时，需要注意的是，在调整 骨骼动作时，实际上调整的是骨骼的轴点而不是骨骼几何体，可以将骨骼视为关节，应该准确 理解骨骼对象的结构。

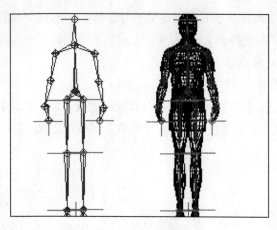

图 11-18　人体的骨骼模型

⑪.4.1　创建骨骼

执行【创建】|【系统】|【标准】命令，打开标准系统的创建命令面板，如图 11-19 左图所示。单击【骨骼】按钮，在视图中单击确定第一个骨骼的起始关节，移动光标并单击确定下一个骨骼的起始关节(由于骨骼是在两个轴点之间绘制的可视辅助工具，因此视图中看起来只绘制了一个骨骼，骨骼的起始关节是非常重要的，骨骼通过它们进行连接)，以后每次单击都可创建一个新的骨骼，后创建的骨骼是前一个骨骼的子对象，它们形成一个骨骼链，如图 11-19 右图所示。在创建过程中，右击可结束骨骼的创建，此时骨骼链末端会创建一个小的凸起的骨骼，在为骨骼指定 IK 解算器时，会用到该骨骼。

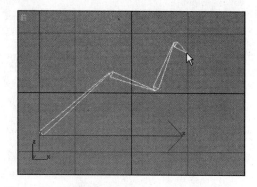

图 11-19　创建骨骼

如果要在一个骨骼上创建层次分支，可首先创建出该骨骼，然后右击结束骨骼的创建。再次单击选择该骨骼，然后在要创建骨骼分支的地方单击，即可从该单击处创建出新的骨骼分支，如图 11-20 所示。

在创建骨骼时，【创建】命令面板将会出现骨骼的参数控制卷展栏，如图 11-21 所示。

【IK 链指定】卷展栏可快速为创建的骨骼链指定 IK 解算器(提供 IKHISolver、IKLimb、

SplineIKSolver 解算器以供选择)，选中【指定给子对象】复选框，可将选择的 IK 解算器指定给新创建的所有骨骼(第一个骨骼除外)，选中【指定给根】复选框，可为包括第一个骨骼在内的所有新创建的骨骼指定 IK 解算器。

　　【骨骼参数】卷展栏用于控制骨骼的大小和形状，可通过【骨骼对象】选项组设置创建骨骼的【宽度】、【高度】和【锥化】程度。鳍是骨骼的重要参数，有助于用户清楚地查看骨骼的方向，鳍还可以用于近似估计角色的形状。骨骼有 3 组鳍：【侧鳍】、【前鳍】和【后鳍】，默认为禁用状态。

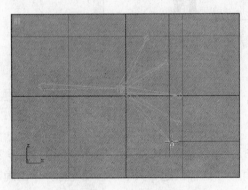

图 11-20　创建骨骼分支

图 11-21　骨骼的参数控制卷展栏

⑪.4.2　编辑骨骼

　　要修改骨骼及其结构，可通过【骨骼编辑工具】卷展栏进行。选择【动画】|【骨骼工具】命令，即可打开【骨骼工具】面板，展开【骨骼编辑工具】卷展栏，如图 11-22 所示。

图 11-22　骨骼工具参数面板

- ⊙ 【骨骼编辑模式】：启动该按钮后，可以通过移动子骨骼来更改父骨骼的长度，以及缩放或拉伸父骨骼。在该模式下，骨骼不能设置动画，不能使用自动关键点和设置关键点。
- ⊙ 【创建骨骼】：用于开始创建骨骼。
- ⊙ 【创建末端】：在当前选中骨骼的末端添加一个小骨骼，如果选中骨骼不是 IK 链的末端，那么小骨骼将当前选中骨骼与其下一段骨骼顺序链接。
- ⊙ 【移除骨骼】：删除当前选中的骨骼。
- ⊙ 【连接骨骼】：在选中骨骼与另一骨骼间创建连接骨骼。
- ⊙ 【删除骨骼】：与移除骨骼不同的是，不仅删除当前选中骨骼，也删除与之相连的父骨骼与子骨骼。
- ⊙ 【重指定根】：使当前选中骨骼成为骨骼结构的父对象。
- ⊙ 【细化】：将一个骨骼细分为两个。单击此按钮，然后在想要分割的地方单击即可。
- ⊙ 【镜像】：单击该按钮，将会打开【骨骼镜像】对话框，用于指定骨骼镜像或反转的轴。
- ⊙ 【骨骼着色】：用于为骨骼着色，或者对骨骼进行渐变着色，可以设置起始颜色和结束颜色。

11.4.3 将其他对象转化为骨骼

对于任何对象来说，都可以作为骨骼对象来显示，如图 11-23 所示。创建的方法是通过打开【骨骼工具】面板，在【对象属性】卷展栏中启用骨骼，然后转到选定对象的【显示】面板，并在【链接显示】卷展栏中选中【显示链接】和【链接替换对象】选项。将对象以骨骼形式在视口中显示，在设置动画时，可以大幅度地提高视口的响应速度。

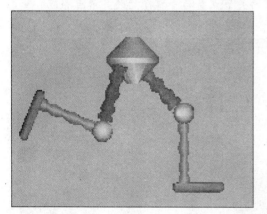 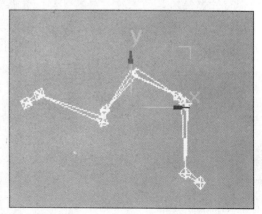

图 11-23 将对象转化为骨骼显示

11.4.4　骨骼与 IK 解算器

为骨骼添加 IK 解算器来设置角色动画是再完美不过了，HI 解算器可用于支持角色动画，HD 解算器可用于支持具有滑动关节的机械动画，IK 肢体解算器能够支持两条骨骼链，样条线 IK 解算器可用于提高复杂的多骨骼结构控制性能。对于人物角色动画，通常将 IK 肢体解算器用于躯干和手臂，将样条线 IK 解算器用于腿部来设置弯曲、抬腿等动作。为骨骼添加 IK 解算器后，可以通过【运动】面板和【层级】面板来对 IK 解算器的参数进行调整，要调整整个链的动画，也无须设置链中每个骨骼的关键帧，只需对一个节点进行更改即可。

11.4.5　为骨骼蒙皮并设置动画

在角色动画中，蒙皮是将类似"皮肤"的面片包裹到骨骼上，通过骨骼的变形来改变蒙皮对象。在进行蒙皮之前，准备蒙皮和骨骼是必不可少的，然后通过蒙皮修改器对骨骼进行蒙皮，并修改调节动画。应用蒙皮修改器并分配骨骼后，每个骨骼都有一个胶囊形状的"封套"，这些胶囊中的顶点随骨骼移动，在封套重叠处，顶点运动是封套之间的混合，初始的封套形状和位置取决于骨骼对象的类型，骨骼会创建一个沿骨骼对象的最长轴扩展的线性封套。对骨骼蒙皮并生成动画是创建角色动画的重要途径之一。

【例 11-3】利用骨骼蒙皮设计手臂弯曲动画。

(1) 在视图中创建一个手臂模型，作为蒙皮对象，如图 11-24 所示(提示：可采用多边形建模的方法，先创建出手臂的基本模型，然后进入顶点子对象对细节处进行修改；也可采用 NURBS 建模的方法，先绘制出手臂侧面剖线，然后进行 U 向放样，最后进入 NURBS 的 CV 子对象级进行修改。读者也可通过本书提供素材获得该蒙皮对象)。

(2) 在手臂模型的基础上，创建一个由两个骨骼组成的骨骼链，分别用于模拟上臂和小臂，注意保留骨骼链末尾的末端效应器骨骼。骨骼链的关节点要与手臂模型的关节点照应，如图 11-25 所示。

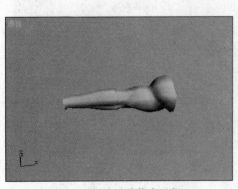

图 11-24　创建手臂蒙皮对象

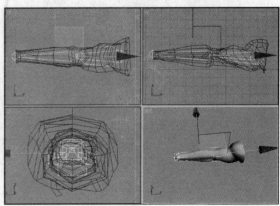

图 11-25　创建骨骼链

(3) 单击主工具栏的【按名称选择】对话框，在列表中选择 "Bone01"，单击【选择】按钮，在【修改】命令面板中展开【骨骼参数】卷展栏，在【骨骼对象】选项组将骨骼【宽度】和【高度】设置为 15.0，【锥化】设置为 60%，启用骨骼的侧鳍。用同样的方法将 "Bone02" 的骨骼【宽度】和【高度】设置为 12.0，【锥化】设置为 80%，启用骨骼的侧鳍。

(4) 选择手臂模型，打开【修改】命令面板，在修改器列表中选择蒙皮修改器。在【参数】卷展栏下单击【添加】按钮，打开【选择骨骼】对话框，从窗口中选择创建的 3 个骨骼(即构成骨骼链的那 3 个骨骼)，单击下面的【选择】按钮，这 3 个骨骼名称将出现在下面的列表中，如图 11-26 所示。

图 11-26　为蒙皮修改器添加骨骼

(5) 选择骨骼链的上臂(即 Bone01)，选择【动画】|【IK 解算器】|【HI 解算器】命令，在视图中拖动光标到骨骼链末尾的小骨骼上，当光标变形时单击，如图 11-27 所示。移动末端效应器骨骼的十字符号，发现手臂可以随着骨骼的运动而相应变化，但方向不正确，如图 11-28 所示。在【修改】命令面板展开【IK 解算器属性】卷展栏，将【旋转角度】设置为 90，再次移动末端效应器骨骼的十字符号，手臂可以正常运动。

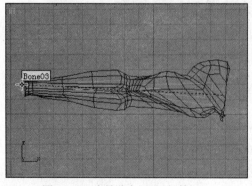

图 11-27　为骨骼应用 HI 解算器　　　　图 11-28　测试手臂弯曲效果(方向错误)

(6) 在【修改】命令面板的【参数】卷展栏下单击【编辑封套】按钮，在视图中单击上臂骨骼，这时视图中会出现一个围绕上臂骨骼的红色框，拖动红色框的坐标轴，使框的范围覆盖住整个手臂的上臂部分，同时包括臂肘一部分，框内红色部分为完全控制区，棕色部分为控制衰减区，蓝色部分为完全不受力区，如图 11-29 所示。在【参数】卷展栏下的封套属性部分，将衰减类型设置为【缓慢衰减】。

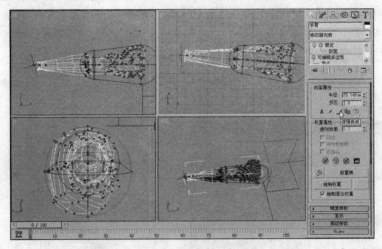

图 11-29　编辑骨骼封套

(7) 用同样的方法调整小臂骨骼的封套，将衰减类型设置为【快速衰减】。在自动关键点模式下，移动骨骼末端效应器来设置手臂弯曲动画。播放动画，效果如图 11-30 所示。

图 11-30　手臂弯曲动画效果

11.5　Character Studio 功能简介

Character Studio 是 3ds max 中功能最强的一个插件，提供了用于制作角色动画的整套工具，它可以兼容 BVH 和 CSM 数据，可以在关键帧简化数据之间转化，并提供了功能强大的过滤软件，能够以批处理的方式运行。它还可以让动画数据在角色之间转移，数据转换中会自动考虑角色的大小比例。Character Studio 由 3 个插件组成：Biped(两足动画)、Physique 和群组。

在中文版 3ds Max 9 中，Character Studio 的功能得到进一步的增强：扩展的骨骼扭曲可以覆盖整个两足动物的肢体，这样将允许在设置动画的肢体上发生扭曲的同时，在设置蒙皮的模型上更好地进行网格变形；可以采用"运动分析 HTR/HTR2"格式导入和导出文件，HTR2 和

HTR 基本相同，只是更适合流数据输入；提供了非两足动物对象支持的运动混合器，这将允许动画设计师为其自定义的骨骼导入运动剪辑，然后混合该剪辑来创建新的动画。

11.5.1　Biped

　　Biped 是 Character Studio 的一部分，也是 3ds Max 的一个系统插件，它拥有内置的 IK 系统，能够自动适应人体或两足动物骨架的结构，并且能对这些骨架细节进行扩展。创建完两足动物后，可以通过它的一系列参数来控制它并制作动画，两足动画有两种主要创建方法：足迹方法和自由形式方法。下面以足迹方法为例，来介绍一下两足动画的制作。

　　【例 11-4】　利用足迹方法创建两足动画。

　　(1) 将场景重置。执行【创建】|【系统】|【标准】命令，打开标准系统的创建命令面板。单击【Biped】按钮，在【左】视图底部单击并拖动光标便创建了一个两足角色，将【透视】视图最大化显示，如图 11-31 所示。

　　(2) 在视图中选中两足角色对象，打开【运动】命令面板，单击【参数】按钮，在 Biped 卷展栏单击【足迹模式】按钮 ⚏ (该按钮变成黄色显示)，【运动】命令面板将同时出现【足迹创建】和【足迹操作】卷展栏。在【足迹创建】卷展栏单击【创建多个足迹】按钮，将打开【创建多个足迹：行走】对话框，将【足迹数】设置为 8，如图 11-32 所示，单击【确定】按钮，视图中将显示两足角色的足迹，但它们不能控制两足角色运动。

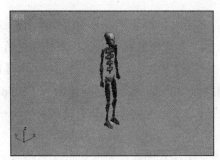
图 11-31　创建 Biped 角色

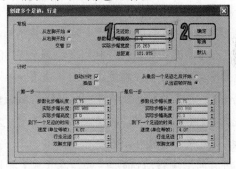
图 11-32　设置足迹数量

　　(3) 在【足迹操作】卷展栏单击【为非活动足迹创建关键点】按钮，在动画控制区单击【播放】按钮，两足角色开始行走，如图 11-33 所示。

图 11-33　两足角色开始行走

(4) 两足角色的行走过于单调，现在通过设计使两足角色的行走更富有特色一些。在【Biped】卷展栏再次单击【足迹模式】按钮将其禁用。单击【弧形旋转】按钮，在【透视】视图中旋转两足角色，使其面向用户角度。

(5) 将时间滑块移动到第 0 帧，确保两足角色某部位被选中的情况下，在【轨迹选择】卷展栏单击【躯干旋转】按钮 ↻，动画控制区将显示旋转关键点，如图 11-34 所示。

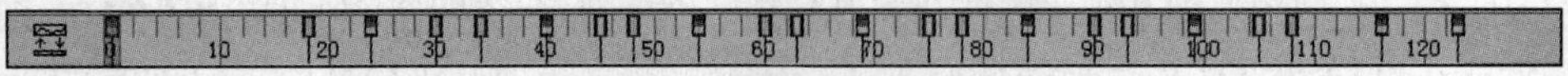

图 11-34　躯干旋转关键点

(6) 在动画控制区单击【关键点模式切换】按钮 ，启用关键点模式，该按钮将呈蓝色显示。在关键点模式下，在动画控制区单击【上一个关键点】和【下一个关键点】按钮可在关键点之间进行切换。

(7) 单击【下一个关键点】按钮，时间滑块将自动移动到第 24 帧的位置。选择两足角色骨盆，绕 X 轴旋转 10° 左右，以将臀部朝着腿部向下移动，如图 11-35 所示。在【运动】命令面板的【关键点信息】卷展栏单击【设置关键点】按钮 (否则设置的变换将被忽略)。用同样的方法分别在脚掌与地面接触的时间点对躯干进行旋转(要注意旋转的方向)。

(8) 为使两足角色在行走时脚与地面接触时更有弹性，将时间滑块移动到第 30 帧的时间点，在【左】视图中将表示骨盆的骨骼沿 Z 轴向下移动一段距离，在【运动】命令面板的【关键点信息】卷展栏单击【设置关键点】按钮 。用同样的方法分别在第 45、60、75、90、115 帧的时间点对骨盆进行移动。

(9) 下面来添加两足角色在行走时的摆臂效果。在动画控制区单击【自动关键点】按钮启用自动关键点动画设置模式。将时间滑块移至第 30 帧，在【前】视图中选择左侧绿色的手臂，沿 Z 轴向上移动一段距离。在主工具栏单击【按名称选择】按钮，在打开对话框中选择【Bip01 R UpperArm】，在【左】视图中将左上臂绕 Z 轴旋转约 -30°。选择前臂对象 Bip01 R Forearm 并进行旋转，使手靠近胸部，选择右侧蓝色手臂，在【左】视图中将其沿 Y 轴向左移动一段距离以形成摆臂效果，如图 11-36 所示。

(10) 将时间滑块移动到第 45 帧，在【前】视图中选择右侧蓝色的手臂，沿 Z 轴向上移动一段距离。在主工具栏单击【按名称选择】按钮，在打开对话框中选择【Bip01 L UpperArm】，在【左】视图中将左上臂绕 Z 轴旋转约 30°。选择前臂对象 Bip01 L Forearm 并进行旋转，使手靠近胸部，选择左侧绿色手臂，在【左】视图中将其沿 Y 轴向左移动一段距离形成摆臂效果。效果如图 11-37 所示。

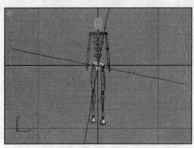

图 11-35　旋转躯干

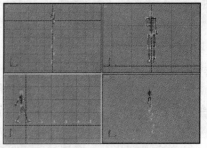

图 11-36　添加左侧手臂动作

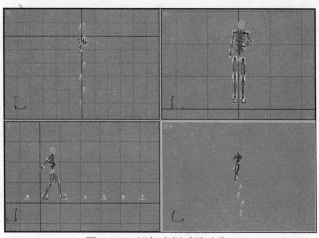

图 11-37　添加右侧手臂动作

(11) 在第 60、90 帧的时间点重复步骤(9)，在第 75、105 帧的时间点重复步骤(10)，禁用自动关键点动画设置模式，单击动画控制区的【播放】按钮，两足角色的行走效果如图 11-38 所示。

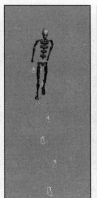

图 11-38　Biped 行走动画效果

11.5.2　Physique

Physique 是一个修改器，用于模拟皮肤下的骨骼和肌肉的运动，主要运用于网格，允许基本骨骼的运动并无缝地移动网格。它在基于点的对象上运行，使控制点变形，然后通过控制点反过来使模型变形。

和蒙皮修改器一样，在使用 Physique 之前，先要创建出网格对象和骨骼系统，网格对象可以是任何变形的基于顶点的对象，如面片、网格或图形。当对骨骼链(包括 Biped)应用蒙皮时，Physique 将使蒙皮变形，以与骨骼移动相匹配。

Physique 插件可以有效地控制和操纵皮肤表面及其外形，较好地解决了模仿皮下肌肉扭曲和运动的难题，对于三维角色动画制作具有重要意义。

⑪.5.3　群组动画

群组功能是 Character Studio 最主要的功能，用于模拟现实中多个角色的行为，例如一群蜜蜂等。群组是通过程序来实现运动和彼此的互动，它们的行为方式类似或截然不同，这将根据场景中其他因素的动态变化来决定，在制作群组动画时，仍然可以完全控制周围环境对角色的影响，包括地形起伏等因素。

群组动画有一个重要功能就是回避(图 11-39 所示)，因为角色在场景中运动时彼此会发生碰撞，如果它们之间彼此互相穿越，会影响真实性，群组系统提供了许多方法来实现适当的回避。制作群组动画时，通常是先将在群众对象中建立的行为应用到代理对象上，然后再把代理对象的动作应用到各个角色对象上去。群众对象相当于群组动画中的动画控制器，它可以控制任意数量的代理，代理将成为群组成员的代替品，可以将代理组合成队伍，并向个体或整个队伍指定行为。

群组模拟范围可以由简到繁，可以结合控制器一同使用，如处理两足动画时，运用运动流功能并结合认知控制器来处理；如果处理鱼鸟等非两足动画时，可以结合剪辑控制器等来处理。

图 11-39　群组动画示例

⑪.6　习题

1. 请试述在角色动画中层次与运动的关系。
2. 如何利用图解视图，快速建立对象之间的层次关系并为它们指定控制器？
3. 利用本章知识，创建一个人体的骨骼模型，并赋予相应的层次链接。

动画的渲染与输出

学习目标

渲染在 3ds Max 制作中的作用十分重要，通过渲染可以查看三维场景的真实效果。另外，按照制作要求设置场景的渲染效果后，可以通过输出，将三维场景转换成为图像格式的文件或视频格式的动画文件。

本章重点

◉ 快速渲染类型的设置方法
◉ 【公用】选项卡中参数选项设置方法
◉ 编辑 NURBS 曲面的操作方法

12.1 渲染基础

在 3ds Max 中，可以使用【渲染】菜单中的相关命令，也可以使用工具栏中的【渲染】按钮，打开渲染对话框渲染视口中创建的对象。

12.1.1 与渲染相关的命令和按钮

要熟练地掌握渲染的操作方法，需要先了解与渲染相关的命令和按钮的作用。在 3ds Max 中有如下与渲染相关的命令和按钮。

◉ 【渲染】命令：选择菜单栏中【渲染】|【渲染】命令，可以打开【渲染场景】对话框。在该对话框中，可以设置并执行与渲染输出有关的参数选项。
◉ 【显示上次渲染结果】命令：选择【渲染】|【显示上次渲染结果】命令，可以打开【渲染显示】窗口(如图 12-1 所示)显示上次渲染的结果。

- ◉ 【渲染场景对话框】按钮 🖼️：在工具栏中单击该按钮，也可以打开【渲染场景】对话框。

- ◉ 【快速渲染(产品级)】按钮 👁️：在工具栏中单击该按钮，能够以产品级方式快速渲染场景。【快速渲染场景】是指不需要打开【渲染场景】对话框设置参数，而直接以前次或默认设置参数渲染场景。

- ◉ 【快速渲染(ActiveShade)】按钮 🖼️：在工具栏中单击该按钮，能够以激活视图方式快速渲染场景。

- ◉ 【渲染显示】窗口：通过该窗口，不仅可以查看渲染结果的不同颜色通道，也可以保存渲染结果。

⑫.1.2　设置快速渲染类型

通过在工具栏的【渲染类型】下拉列表框(如图 12-2 所示)中设置快速渲染的类型，可以快捷地根据需要渲染对象，以节省动画或场景制作的时间。

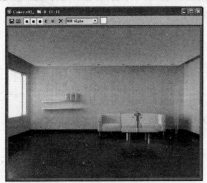 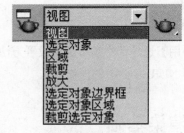

图 12-1　【渲染显示】窗口　　　图 12-2　【渲染类型】下拉列表框

在【渲染类型】下拉列表框中，各快速渲染类型的作用如下。

- ◉ 【视图】类型：渲染被激活的视口，这是默认选项。如果不在【渲染场景】对话框中设置，则只渲染视口中显示的模型。

- ◉ 【选定对象】类型：只渲染被选择的对象。

- ◉ 【区域】类型：仅对视口中的指定范围进行渲染。

- ◉ 【裁剪】类型：与【区域】类型相似，其不同之处在于该类型会在渲染时自动清除范围以外的部分。

- ◉ 【放大】类型：该类型是一种锁定纵横比的特殊修剪渲染方式。

- ◉ 【选定对象边界框】类型：以被选择对象的绑定盒的尺寸确定渲染的范围。

- ◉ 【选定对象区域】类型：与【选定对象边界框】类型相同，其不同之处在于该类型不会更新范围以外的区域。

- ◉ 【裁剪选定对象】类型：以被选择对象的范围框作为渲染区域。

12.2　设置【公用】选项卡

在 3ds Max 中，【渲染场景】对话框用于设置与渲染相关的各种参数选项。可以选择菜单栏中的【渲染】|【渲染】命令，打开【渲染场景】对话框，如图 12-3 所示。

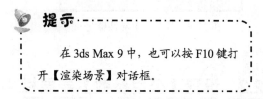

提示

在 3ds Max 9 中，也可以按 F10 键打开【渲染场景】对话框。

图 12-3　【渲染场景】对话框

12.2.1　设置控制渲染整体的参数选项

在【渲染场景】对话框中，用于控制渲染整体的参数选项及作用如下。

◉ 【产品级】单选按钮：选择该单选按钮，可以使用产品级的渲染器创建渲染。【产品级】是高质量图像画面的渲染效果。

◉ ActiveShade 单选按钮：选择该单选按钮，可以使用默认的扫描线渲染器创建渲染，帮助用户查看更改的照明或材质效果。该种渲染器的渲染，可以随着场景的变化交互更新。不过 ActiveShade 渲染的精确性通常要比产品级渲染低。

◉ 【视口】下拉列表框：用于设置要渲染的视口。默认情况下是当前激活的视口。

◉ 【锁定视图】按钮 ：单击该按钮，可以始终以【视口】下拉列表框中选择的视口为渲染视口。

◉ 【渲染】按钮：单击该按钮，可以按照该对话框中设置的参数选项渲染场景。如果选择 ActiveShade 单选按钮，该按钮会更改为 ActiveShade 按钮。这时，单击 ActiveShade 按钮，可以打开 ActiveShade 窗口进行渲染。

单击【渲染】按钮渲染场景时，会打开如图 12-4 所示的【渲染】对话框。该对话框用于显示渲染进度及统计场景对象的渲染信息。在【渲染】对话框中，单击【暂停】按钮可以暂停渲染进程；单击【取消】按钮，可以取消渲染进程的运行。

计算机基础与实训教材系列

图 12-4 【渲染】对话框

 提示

在渲染场景过程中，可以按 Esc 键取消渲染进程的运行。

⑫.2.2 设置【公用参数】卷展栏

【渲染场景】对话框中的【公用】选项卡用于设置渲染的公用参数选项。其中，大部分参数选项的设置都在【公用参数】卷展栏中。

1. 设置【时间输出】选项组

【公用参数】卷展栏中的【时间输出】选项组，用于设置渲染的帧范围。该选项组中各主要参数选项的作用如下。

- ⊙ 【单帧】单选按钮：用于设置渲染的帧范围为当前帧。
- ⊙ 【活动时间段】单选按钮：用于设置渲染的帧范围为当前所有的活动帧。
- ⊙ 【范围】单选按钮：用于设置渲染的帧范围的起始帧和终止帧。
- ⊙ 【帧】单选按钮：用于设置不同时间段的帧数，它们之间以逗号隔开。
- ⊙ 【每 N 帧】文本框：用于设置每隔多少帧渲染一幅图像。
- ⊙ 【文件起始编号】文本框：用于设置渲染生成的序列文件的起始编号，后面生成的文件将在此基础上自动加 1。

2. 设置【输出大小】选项组

【公用参数】卷展栏中的【输出大小】选项组，用于设置输出图片或视频文件的规格。该选项组中各主要参数选项的作用如下。

- ⊙ 【定制】选项：通过该选项的下拉列表框，可以选择预设渲染画面的规格；通过该选项的【宽度】和【高度】文本框中的数值设置所需渲染的画面规格。
- ⊙ 【图形纵横比】文本框：用于设置画面的宽高比例。
- ⊙ 【像素纵横比】文本框：用于设置像素的宽高比例。
- ⊙ 【光圈宽度】文本框：用于创建渲染输出的摄影机的光圈宽度，它的改变会改变摄影机的镜头值。

3. 设置【选项】选项组

【公用参数】卷展栏中的【选项】选项组，用于设置渲染的运算内容。该选项组中各主要参数选项的作用如下。

- ◉ 【大气】复选框：用于设置是否进行大气效果渲染。
- ◉ 【渲染隐藏几何体】复选框：用于设置是否渲染隐藏的几何体。
- ◉ 【效果】复选框：用于设置是否进行渲染特效渲染。
- ◉ 【强制双面】复选框：用于强制对模型进行双面渲染。
- ◉ 【视频颜色检查】复选框：用于调整输出像素的颜色符合 NTSC 标准或 PAL 标准。
- ◉ 【渲染为场】复选框：应用场扫描的方法渲染场景。这种方法是先隔行扫描，然后将两次扫描的结果合成在一起。

4. 设置【渲染输出】选项组

【公用】选项卡中的【渲染输出】选项组，用于设置保存渲染输出的图像和动画文件的参数选项。该选项组中各主要参数选项的作用如下。

- ◉ 【保存文件】复选框：用于设置是否保存渲染结果为文件。单击【文件】按钮，可以打开【渲染输出文件】对话框，如图 12-5 所示。

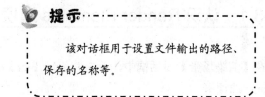

提示

　　该对话框用于设置文件输出的路径、保存的名称等。

图 12-5　【渲染输出文件】对话框

- ◉ 【使用设备】复选框：用于设置是否输出渲染结果至视频设备中。
- ◉ 【渲染帧窗口】复选框：取消该复选框，可以直接保存渲染结果为文件或输出至指定设备中，而不显示渲染的预览效果。
- ◉ 【跳过现有图像】复选框：选中该复选框并选中【保存文件】复选框时，渲染器可以在渲染时跳过序列中已经渲染到磁盘中的图像。
- ◉ 【网络渲染】复选框：选中该复选框，可以通过网络渲染场景。

⑫.2.3　设置【指定渲染器】卷展栏

通过设置【公用】选项卡【指定渲染器】卷展栏中参数选项，可以设定渲染使用的渲染器，如图 12-6 所示。默认情况下，【产品级】、【材质编辑器】和 ActiveShade 默认的都是【默认扫描线渲染器】，并且【材质编辑器】选项为锁定状态。可以通过单击每个选项右侧的按钮，打开【选择渲染器】对话框，选择所需渲染器，如图 12-7 所示。

图 12-6　【指定渲染器】卷展栏

图 12-7　【选择渲染器】对话框

12.3　设置 Render Elements 选项卡

在 3ds Max 中，可以单独保存渲染结果的个别属性为一种特定的文件效果。该文件效果就是渲染元素。使用渲染元素，可以在其他软件进行合成或特效处理时，提供基本素材。

12.3.1　认识 Render Elements 选项卡

在【渲染场景】对话框中，单击 Render Elements 标签，可以打开如图 12-8 所示的 Render Elements 选项卡。

在该选项卡的【渲染元素】卷展栏中，各主要参数选项的作用如下。

⊙ 【激活元素】复选框：用于设置是否渲染元件效果。

⊙ 【显示元素】复选框：用于设置是否在【渲染帧窗口】中显示元素渲染效果。

⊙ 【添加】按钮：用于添加渲染元素。

⊙ 【删除】按钮：用于删除列表中选择的元素类型。

⊙ 【元素渲染】列表框：用于显示要单独进行渲染的元素，以及它们的状态。

⊙ 【选定元素参数】选项组：用于设置编辑列表中选择的元素。

12.3.2　设置渲染元素类型

在【渲染元素】卷展栏中，单击【添加】按钮，可以打开如图 12-9 所示的【渲染元素】对话框。在该对话框中，可以选择所需的渲染元素类型。

图 12-8　Render Elements 选项卡

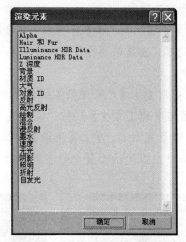

图 12-9　【渲染元素】对话框

【渲染元素】对话框中常用渲染元素类型的作用如下。

- ⦿ Alpha：用于进行透明效果处理。
- ⦿ Z 深度：是一种通过距离视图的远近表示场景的黑白效果的方法。
- ⦿ 背景：渲染场景中使用的背景单独成为一幅图片。
- ⦿ 大气：渲染场景中环境特效单独成为一幅图片。
- ⦿ 反射：渲染场景中模型的反射效果为一幅图片。
- ⦿ 高光反射：渲染场景中模型镜面效果为一幅图片。
- ⦿ 绘制：渲染场景中墨水阴影材质的填充效果为一幅图片。
- ⦿ 混合：用于多个渲染元素混合成一个渲染工具对场景进行渲染。
- ⦿ 墨水：渲染场景中墨水阴影材质的墨线为一幅图片。
- ⦿ 阴影：将渲染场景中阴影效果渲染为一幅图片。
- ⦿ 折射：将渲染场景中折射部分渲染为一幅图片。
- ⦿ 自发光：渲染场景中自发光材质的效果为一幅图片。

⑫.3.3　合成渲染元素

合成渲染元素有两种方法，一种方法是通过软件进行合成，如使用反射元素作为 3ds Max 材质的反射贴图，使用 Alpha 元素作为不透明贴图，最终制作出具有透明效果的材质；另一种方法是使用渲染元素类型中的混合元素，合成不同类型的渲染元素。

【例 12-1】创建茶壶模型并设置材质，然后设置添加的渲染元素进行渲染。

(1) 选择【文件】|【重置】命令，恢复 3ds Max 至初始状态。创建一个茶壶模型。

(2) 创建一个带有漫反射贴图和反射贴图的材质样本球，并赋予茶壶模型。

(3) 选择【渲染】|【渲染】命令，在打开的【渲染场景】对话框中单击 Render Elements 标签，打开该选项卡。

(4) 单击【渲染元素】卷展栏中的【添加】按钮，在打开的【渲染元素】对话框中选择【漫反射】选项。重复该操作步骤，选择【反射】选项。这时，两个渲染元素都显示在【元素渲染】列表框中。

(5) 分别选择【元素渲染】列表框中的【漫反射】和【反射】元素，再单击【选定元素参数】选项组中的【文件】按钮，设置这两个元素渲染后的图像文件保存路径。

(6) 设置完成后，单击【渲染】按钮，渲染后会显示出 3 个【渲染显示】窗口，如图 12-10 所示。其中左图所示为漫反射渲染效果，中图所示为反射渲染效果，右图所示为两者合成后的效果。

图 12-10　渲染后的【渲染显示】窗口

12.4　设置【渲染器】选项卡

在【渲染场景】对话框中，打开如图 12-11 所示的【渲染器】选项卡。该选项卡中的【默认扫描线渲染器】卷展栏，用于设置关于渲染精度、材质、贴图等参数选项，这样可以更好地根据需要设置渲染效果。

图 12-11　【渲染器】选项卡

12.4.1 设置【选项】选项组

【选项】选项组用于设置与渲染效果有关的参数选项，其中主要参数选项的作用如下。

- 【贴图】复选框：取消该复选框，可以在渲染时忽略所有贴图信息，从而加速测试渲染，可用于效果测试。默认情况下，该复选框处于选中状态。
- 【自动反射/折射和镜像】复选框：取消该复选框，可以忽略反射和折射贴图，以及镜面反射材质的跟踪计算等，可用于效果测试。默认情况下，该复选框处于选中状态。
- 【阴影】复选框：取消该复选框，可以忽略场景中所有灯光的投影设置，可用于效果测试。默认情况下，该复选框处于选中状态。
- 【强制线框】复选框：选中该复选框，可以强制场景中所有对象以线框方式渲染，通过下面的【线框厚度】文本框可以控制渲染后线条的粗细。
- 【启用 SSE】复选框：选中该复选框，对于模拟渲染和阴影贴图效果会有显著的提高。SSE 是指【流 SIMD(单指令、多数据)】。

12.4.2 设置抗锯齿与过滤

【抗锯齿】选项组用于消除锯齿边缘，对图像进行过滤处理，其中主要参数选项的作用如下。

- 【抗锯齿】复选框：选中该复选框，可以在渲染时消除对象边缘的锯齿现象，以产生光滑的边界，不过会影响渲染速度。
- 【过滤器】下拉列表框：在该下拉列表框中，可以根据渲染输出的需要选择不同的抗锯齿滤镜类型。在下面的【过滤器大小】文本框中可以设置抗锯齿程度，但是设置较高会引起图像的模糊。
- 【过滤贴图】复选框：用于对使用材质或贴图的图像进行过滤处理。

12.4.3 设置对象的运动模糊和图像模糊

要设置模型的运动模糊或图像模糊，先要对模糊的模型进行属性设定，然后设置渲染时运动模糊和图像模糊的相关参数选项。运动模糊主要应用在扫描线渲染过程中，通过为每帧创建对象的多个【时间片】图像来模糊对象。【对象运动模糊】选项组中主要参数选项的作用如下。

- 【应用】复选框：只有选中该复选框，运动模糊才会有效。场景中的模型只要设定了模糊方式，都将进行运动模糊处理。
- 【持续时间】文本框：用于确定模糊虚影的长度，该文本框中的数值越大，运动模糊效果越强烈。

- 【持续时间细分】文本框：用于确定在模糊运算的持续时间中渲染的每个模型副本的数量，该文本框中的最大数值为32。
- 【采样数】文本框：用于确定模糊重复复制对象的数量，该文本框中的最大数值为32。该文本框中的数值小于【持续时间细分】文本框中的数值时，会在持续时间中随机采样。通常情况下，两个文本框中数值相等时，可以生成较均匀光滑的模糊效果。

图像运动模糊是通过创建拖影效果模糊模型实现的，它是在扫描线渲染完成之后完成的。需要注意的是，不能将图像运动模糊应用到 NURBS 对象中。【图像运动模糊】选项组中主要参数选项的作用如下。

- 【透明度】复选框：用于启用模糊的透明效果，不过这样会增加渲染的时间。
- 【应用于环境贴图】复选框：当场景中设置环境贴图并设置摄影机移动时，选中该复选框可以对整个环境贴图同时进行图像运动模糊处理。

【例 12-2】创建管状体滚动动画，并设置对象运动模糊的渲染效果。

(1) 选择【文件】|【重置】命令，恢复 3ds Max 至初始状态。创建管状体滚动的动画。

(2) 右击管状体模型，在弹出的快捷菜单中选择【对象属性】命令，打开【对象属性】对话框。

(3) 在该对话框的【运动模糊】选项组中，选中【启用】复选框，再选择【对象】单选按钮。设置完成后，单击【确定】按钮。

(4) 选择菜单栏中的【渲染】|【渲染】命令，在打开的【渲染场景】对话框中打开【渲染器】选项卡。

(5) 在【默认扫描仪渲染器】卷展栏的【对象运动模糊】选项组中，选中【应用】复选框，设置【持续时间】为1，【采样数】和【持续时间细分】为12。

(6) 根据需要在【公用】选项卡中设置相关参数选项，然后单击【渲染】按钮渲染动画。图12-12 所示为对比设置与未设置运动模糊的效果。

图 12-12　对比设置与未设置运动模糊效果

12.4.4　其他参数的设置

【全局超级采样】选项组用于设置与采样器相关的参数选项。【自动反射/折射贴图】选项组用于设置对象曲面间的反射和折射贴图。增加该选项组的【渲染迭代次数】文本框中的数值，可以有效地改善图像的质量。选中【内存管理】选项组中的【节省内存】复选框，可以在渲染时占用较少内存空间，但会增加渲染的时间。

12.5　设置渲染完成的提示

通常简单场景的渲染时间较短，因此不需要设置渲染完成提示。不过，在场景较大且渲染时间较长时，就需要在渲染完成时提示用户渲染已经结束。3ds Max 中有声音提示和电子邮件通知两种渲染完成的提示方式。

12.5.1　声音提示

要设置渲染完成后提示声音，可以选择【自定义】|【首选项】命令，打开【首选项设置】对话框。在该对话框中，选择【渲染】选项卡，如图 12-13 所示。在该选项卡的【渲染终止警报】选项组中，设置渲染完成后的提示声音。

提示声音有如下两种方式。

◉ 发出嘟嘟声：选中【发出嘟嘟声】复选框，在渲染完成后会发出嘟嘟的声音。

◉ 播放声音：选中【播放声音】复选框，在渲染完成后会发出通过【选择声音】按钮设置的声音。

12.5.2　电子邮件通知

声音提示虽然比较方便，但是用户如果不在计算机附近或未开启计算机的声音设备，则无法听到提示。因此 3ds Max 中还提供了电子邮件通知的提示方式。在【渲染场景】对话框的【公用】选项卡中，打开如图 12-14 所示的【电子邮件通知】卷展栏。

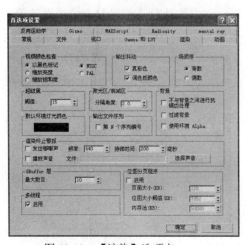

图 12-13　【渲染】选项卡

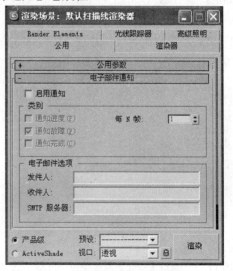

图 12-14　【电子邮件通知】卷展栏

在【电子邮件通知】卷展栏中，【启用通知】复选框用于设置是否使用电子邮件通知功能，【类别】选项组用于设置电子邮件所通知的信息内容。该选项组中的各主要参数选项作用如下。

- 【通知进度】复选框：用于通知渲染的进程信息。
- 【每 N 帧】文本框：用于设置发送一次进程信息的间隔帧数。
- 【通知故障】复选框：用于通知渲染失败的信息。
- 【通知完成】复选框：通知渲染成功的信息。

【电子邮件选项】选项组用于设置电子邮件的收发地址等信息。

- 【发件人】文本框：用于设置电子邮件的发出地址。
- 【收件人】文本框：用于设置电子邮件的接收地址。
- 【SMTP 服务器】文本框：用于设置发送电子邮件的服务器。

12.6 上机练习

本章的上机实验主要练习在 3ds Max 9 中设置不同快捷渲染类型渲染场景的效果，以及设置不同渲染器中参数选项的渲染场景的操作方法。

12.6.1 设置不同快捷渲染类型渲染场景

在 3ds Max 9 中，分别使用【视图】类型、【选定对象】类型、【区域】类型、【裁剪】类型、【放大】类型、【选定对象边界框】类型、【选定对象区域】类型和【裁剪选定对象】类型渲染场景。

(1) 选择【文件】|【重置】命令，恢复 3ds Max 至初始状态。

(2) 选择【文件】|【打开】命令，打开【打开文件】对话框。打开 3ds Max 9 安装光盘里的 Samples | Scenes | Design Visualization | vases.max 文件。调整【透视】视图中显示区域，如图 12-15 所示。

(3) 单击工具栏中的【快速渲染(产品级)】按钮，以默认的【视图】类型渲染场景，如图 12-16 所示。

图 12-15 调整【透视】视图中显示区域

图 12-16 【视图】类型的渲染结果

(4) 在【渲染类型】下拉列表框中，选择【选定对象】选项。然后在【透视】视图中，选择位于最前端的坛子对象，如图 12-17 左图所示。再单击工具栏中的【快速渲染(产品级)】按钮，即可以【选定对象】类型渲染场景，如图 12-17 右图所示。

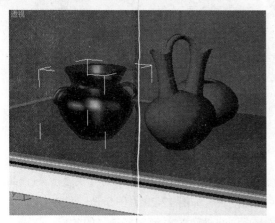

图 12-17 以【选定对象】类型渲染场景

(5) 在【渲染类型】下拉列表框中，选择【区域】选项。单击【渲染场景对话框】按钮 ，打开【渲染场景】对话框。在该对话框中，单击【渲染】按钮，在当前激活的视口中调整渲染范围框，如图 12-18 左图所示。

(6) 使用光标调整渲染范围框的大小，然后单击【透视】视图中的【确定】按钮，即可以设置的区域范围渲染场景，如图 12-18 右图所示。

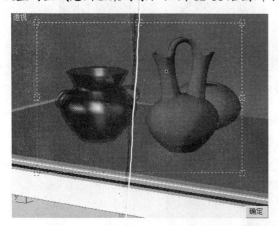

图 12-18 以【区域】类型渲染场景

(7) 选择【渲染类型】下拉列表框中的【裁剪】选项，再单击工具栏中的【渲染场景对话框】按钮，打开【渲染场景】对话框。在该对话框中，单击【渲染】按钮，在当前激活视图中调整裁剪渲染的范围，如图 12-19 左图所示。调整完成后，单击【确定】按钮，即可以设置的裁剪范围渲染场景，如图 12-19 右图所示。

图 12-19　以【裁剪】类型渲染

(8) 选择【渲染类型】下拉列表框中的【放大】选项，再单击工具栏中的【快速渲染(产品级)】按钮 ，然后在当前激活视图中调整所需放大的范围，如图 12-20 左图所示。调整完成后，单击【确定】按钮，即可以设置的放大区域渲染场景，如图 12-20 右图所示。

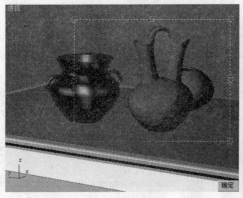

图 12-20　以【放大】类型渲染

(9) 选择【渲染类型】下拉列表框中的【选定对象边界框】选项，然后选择场景中的 3 个瓶罐对象和桌子对象，如图 12-21 所示。再单击工具栏中的【快速渲染(产品级)】按钮，可以打开如图 12-22 左图所示的【渲染边界框/选定对象】对话框。

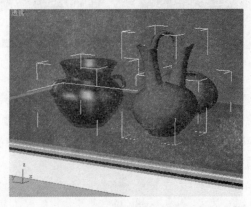

图 12-21　选择场景中的对象

(10) 在该对话框中，取消【约束纵横比】复选框，设置【宽度】为 500，【高度】为 250。设置完成后，单击【渲染】按钮，即可以【渲染边界框/选定对象】对话框中设置的场景范围渲染场景，如图 12-22 右图所示。

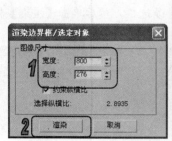

图 12-22　以【选定对象边界框】类型渲染

(11) 选择【渲染类型】下拉列表框中的【选定对象区域】选项，再选择场景中 3 个瓶罐对象，如图 12-23 左图所示。然后单击工具栏中的【快速渲染(产品级)】按钮，即可以【选定对象区域】类型渲染场景，如图 12-23 右图所示。

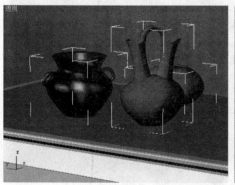

图 12-23　以【选定对象区域】类型渲染

(12) 选择【渲染类型】下拉列表框中的【裁剪选定对象】选项，再单击工具栏中的【快速渲染(产品级)】按钮，即可以【裁剪选定对象】类型渲染场景，如图 12-24 所示。从渲染结果可以看出，其与【选定对象区域】类型渲染基本一致，不同之处在于在【显示渲染】窗口中不显示未渲染区域。

12.6.2　设置不同渲染器中参数选项渲染场景

在【渲染场景】对话框的【渲染器】选项卡中，选中【强制线框】复选框、取消【贴图】复选框、取消【抗锯齿】复选框，进行场景的渲染。

(1) 选择【文件】|【重置】命令，恢复 3ds Max 至初始状态。

(2) 选择【文件】|【打开】命令，打开【打开文件】对话框，打开 3ds Max 9 安装光盘里的 Tutorials | walkthrough | great_wall_start.max 文件。

(3) 单击工具栏中的【渲染场景对话框】按钮，在【渲染场景】对话框中，选择【渲染器】选项卡。

(4) 在【渲染器】选项卡的【默认扫描线渲染器】卷展栏中，选中【强制线框】复选框。然后单击【渲染】按钮，即可以线框效果渲染场景，如图 12-25 所示。

(5) 取消【默认扫描线渲染器】卷展栏中的【贴图】复选框，然后单击【渲染】按钮，即可以不使用贴图效果渲染场景，如图 12-26 所示。

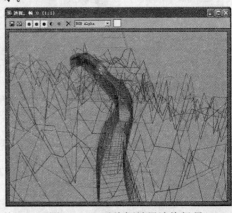

图 12-24　以【裁剪选定对象】类型渲染　　图 12-25　以线框效果渲染场景

(6) 取消【默认扫描线渲染器】卷展栏中的【抗锯齿】复选框，然后单击【渲染】按钮，即可以不抗锯齿效果渲染场景，如图 12-27 所示。

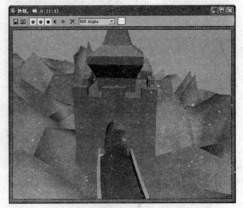

图 12-26　以不使用贴图效果渲染场景　　图 12-27　以不抗锯齿效果渲染场景

12.7　习题

1. 以线框效果渲染场景中对象。
2. 以【选定对象】类型方式渲染场景。